高职高专“十一五”规划·机械设计专业标准化教材

# 数控机床加工实训

李　刚　杨轶峰　主　编
赵海军　马永青　邱国梁　副主编
王　涛　唐　磊　李　兵　编　著

北京航空航天大学出版社

## 内容简介

以国家中级数控操作职业标准为基点，介绍采用国内外主流数控系统(如FANUC)的数控机床的各种加工方式，包括基础知识、加工工艺、编程方法和对刀操作方法。全书共分四篇13章。第一篇为数控车床实训，第二篇为数控铣床实训，第三篇为加工中心实训，第四篇为数控线切割机床实训。各章后均附有思考题和实训题，可供学生练习或作为实训课题。

本书可作为高等职业技术院校机电技术应用和机械制造等专业的实践教学教材，也可作为中级数控机床职业技能培训和职业技能鉴定的辅导教材，还可作为相关行业岗位培训教材或自学用书。

**图书在版编目(CIP)数据**

数控机床加工实训/李刚，杨轶峰主编. —北京：北京航空航天大学出版社，2007.11

ISBN 978-7-81124-163-1

Ⅰ.数… Ⅱ.①李…②杨… Ⅲ.数控机床—加工—专业学校—教材 Ⅳ.TG659

中国版本图书馆CIP数据核字(2007)第156200号

**数控机床加工实训**

李　刚　杨轶峰　主　编

赵海军　马永青　邱国梁　副主编

王　涛　唐　磊　李　兵　编　著

责任编辑：王　实

*

北京航空航天大学出版社出版发行

北京市海淀区学院路37号(100083)　发行部电话：010-82317024　传真：010-82328026

http://www.buaapress.com.cn　E-mail:bhpress@263.net

北京市媛明印刷厂印装　各地书店经销

*

开本：787×1 092　1/16　印张：14　字数：358千字

2007年11月第1版　2010年2月第2次印刷　印数：4001-7000册

ISBN 978-7-81124-163-1　定价：21.00元

# 前 言

随着信息技术在全球的迅猛发展，社会各行各业都发生了很大变化，尤其在加工制造业出现了喜人的局面，新的机械产品层出不穷，加工技术不断更新。这就要求即将成为生产战线技术骨干的高等职业技术院校学生全面了解和掌握机械加工的新技术。

数控加工作为一种新技术，在机械制造业得到广泛应用。社会需要大批既掌握数控编程知识，又具有数控机床操作能力的人才。为了适应现代化生产的需要，作者在教学实践的基础上，以培养和提高学生在数控加工过程中的工艺分析能力及实际加工的操作技能为目标编写了此书。全书内容丰富，实用性强，共分四篇13章。第一篇为数控车床实训，第二篇为数控铣床实训，第三篇为加工中心实训，第四篇为数控线切割机床实训。本书以国家中级数控操作职业标准为基点，较详实地介绍了国内外采用主流数控系统（如FANUC）的数控机床的加工方式，其中包括基础知识、加工工艺、编程方式和对刀操作方法等。各章后均附有思考题和实训题，可供学生练习或作为实训课题。

本书以突出操作技能为主导，在分析加工工艺的基础上应用多种实例，重点讲述对生产过程中常见的产品类型进行数控加工的操作方法和编程思路，并给出参考程序。本书的编写力求理论表述简洁易懂，步骤清晰明了，便于初学者学习使用；主要适用于高等职业技术院校机电技术应用和机械制造等专业的实践教学，也可作为中级数控机床职业技能培训和职业技能鉴定的辅导教材，还可作为相关行业岗位培训教材或自学用书。

本书由北京现代职业技术学院李刚和北京工业技师学院杨轶峰主编，北京现代职业技术学院赵海军、潍坊教育学院马永青、合肥通用职业技术学院邱国梁任副主编，宁波工程学院王涛、浙江纺织服装学院唐磊、北京工业技师学院李兵参与编写。其中，第一篇由王涛、马永青编写；第二篇由杨轶峰、唐磊编写；第三篇由李刚、赵海军编写；第四篇由李兵、邱国梁编写。全书由李刚负责统稿和定稿。

本书的编写得到了各方面的支持，特别是北京航空航天大学出版社在编写过程中给予了很多技术和资源上的大力支持，在此表示衷心的感谢！

限于编者的水平和经验所限，对于书中存在的欠妥和错漏之处，恳请读者批评指正。

编 者

2007年6月于北京

# 目录

## 第一篇　数控车床实训

# 第二篇　数控铣床实训



# 第三篇　加工中心实训

# 第四篇　数控线切割机床实训

# 第一篇

# 数控车床实训

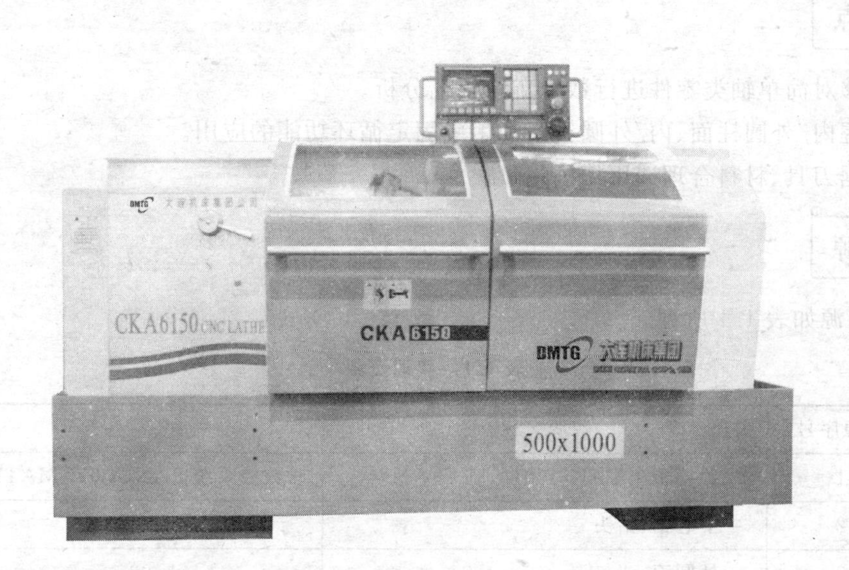


（本章所有程序试切用机床均为数控系统 FANUC）

# 第 1 章　轮廓加工

## 课题名称　外轮廓车削

## 课题目标

掌握运用固定循环指令加工内/外圆柱面、内/外圆锥面。

## 课题重点

☆ 能够对简单轴类零件进行数控车削工艺分析。

☆ 掌握内/外圆柱面、内/外圆锥面加工中固定循环功能的应用。

☆ 根据刀具、材料合理选用切削用量。

## 实训资源

实训资源如表 1.1 所列。

**表 1.1　实训资源**

| 资源序号 | 资源名称 | 备　注 |
|---|---|---|
| 1 | 数控车床 CAK6150 | 数控系统 FANUC0I－MATE |
| 2 | 中心钻、钻头 | $\phi3,\phi18$ |
| 3 | 外圆刀 | 93° |
| 4 | 镗孔刀 | |
| 5 | 切断刀 | |
| 6 | 百分表 | |
| 7 | 图纸(含评分标准) | |
| 8 | 游标卡尺 | |
| 9 | 千分尺 | |
| 10 | 材料(45＃钢) | $\phi50$ |
| 11 | 机床参考书和系统使用手册 | |

**注意事项**

1. 学生实训时必须在教师的指导下，严格按照数控车床的安全操作规程，有步骤地进行。

2. 工件和刀具装夹的可靠性。

3. 机床在试运行前必须进行图形模拟加工，避免程序错误、刀具碰撞工件或卡盘。

4. 程序中的刀具起始位置要考虑到毛坯尺寸的大小，换刀位置应考虑刀架与工件及机床尾座之间的距离足够大，否则将发生严重事故。

5. 加工内孔时应先使刀具向直径缩小的方向退刀，再 $Z$ 向退出工件，然后才能退回换刀点。

6. 车锥面时刀尖一定要与工件轴线等高，否则车出工件圆锥母线不直，呈双曲线形。

7. 加工零件过程中一定要提高警惕，将手放在“急停按钮”上，如遇紧急情况，迅速按下“急停按钮”，防止意外事故发生。

# 1.1 基础知识

## 1.1.1 刀 具

### 1. 刀具材料

目前，数控加工中常用的刀具材料有高速钢(HSS)、硬质合金、陶瓷、立方氮化硼和金刚石等。各种刀具材料对硬度的使用如下：

HSS、涂层 HSS、硬质合金、涂层硬质合金、陶瓷、立方氮化硼、金刚石等刀具

低←——— 被加工材料硬度 ———→高

**(1) 高速钢**

高速钢又称为锋钢、白钢，是一种除含碳较高外，还含有钨、铬、钒、钼和钴等强碳化物形成元素的高合金工具钢。高速钢刀具制造简单，刃磨方便，成本低，坚韧性好，能承受较大的冲击力。但它的红硬性差，不宜于高速切削，经常用于精加工或成型工件的加工。

1) 分 类

按用途可分为通用型高速钢、高性能高速钢和粉末冶金高速钢。

① 通用型高速钢：具有一定硬度(63～68HRC)、耐磨性、高的强度和韧性以及一定的切削速度，加工钢料时切削速度一般不高于 50～60 m/min，不适合高速切削和硬质材料切削。

常用代号为：W18Cr4V、W6Mo5CrV2 等。其中，W18Cr4V 具有较高的综合性能，W6Mo5CrV2 的强度和韧性高于 W18Cr4V，并具有热塑性和磨削性能好等优点，但热稳定性低于 W18Cr4V。

② 高性能高速钢：是在通用型高速钢的基础上通过增加碳和钒的含量或添加钴和铝等合金而得到的一种耐热性和耐磨性更高的新钢种；耐热性在 630～650 ℃时仍可保持 60HRC 的硬度。其耐磨性为普通高速钢的 1.5～3 倍。这种材料的刀具适用于加工奥氏体不锈钢、高温合金、钛合金和高强度钢等难加工材料。

常用代号为：9W18Cr4V2、W6Mo5Cr4V3 等。

③ 粉末冶金高速钢：采用粉末冶金方法(雾化粉末在热态下进行等静压处理)制得致密的钢坯，再经锻、轧等热变形而得到的高速钢型材，简称粉末高速钢。粉末高速钢组织均匀，晶粒细小，消除了熔铸高速钢难以避免的偏析，因而比相同成分的熔铸高速钢具有更高的韧性和耐

磨性，同时还具有热处理变形小、锻轧性能和磨削性能良好等优点。粉末高速钢中的碳化物含量大大超过熔铸高速钢的允许范围，使硬度提高到67HRC以上，从而使耐磨性能得到进一步提高。如果采用烧结致密或粉末锻造等方法直接制成外形尺寸接近成品的刀具、模具或零件的坯件，更可获得省工、省料和降低生产成本的效果。粉末高速钢的价格虽然高于相同成分的熔铸高速钢，但由于性能优越、使用寿命长，用来制造昂贵的多刃刀具如拉刀、齿轮滚刀、铣刀等，仍具有显著的经济效益。

粉末冶金高速钢主要牌号及化学成分如表1.2所列。

**表1.2　粉末冶金高速钢主要牌号及化学成分**

| 序号 | 牌　号 | 化学成分/% | | | | | | |
|---|---|---|---|---|---|---|---|---|
| | | C | Cr | W | Mo | V | Co | 其　他 |
| 1 | M2-PM | 0.95～1.05 | 3.75～4.50 | 5.50～6.75 | 4.50～5.50 | 1.75～2.20 | max0.50 | |
| 2 | M3-PM | 1.15～1.25 | 3.75～4.50 | 5.00～6.75 | 4.75～6.50 | 2.75～3.25 | max0.50 | |
| 3 | M4-PM | 1.25～1.40 | 3.75～4.75 | 5.25～6.50 | 4.25～5.50 | 3.75～4.50 | max0.50 | |
| 4 | M7-PM | 0.97～1.05 | 3.50～4.00 | 1.40～2.10 | 8.20～9.20 | 1.75～2.25 | max0.50 | |
| 5 | M35-PM | 0.88～0.95 | 3.80～4.50 | 6.00～6.70 | 4.70～5.20 | 1.70～2.00 | 4.50～5.00 | |
| 6 | M42-PM | 1.05～1.15 | 3.50～4.25 | 1.15～1.85 | 9.00～10.0 | 0.95～1.35 | 7.75～8.75 | |
| 7 | M48-PM | 1.42～1.52 | 3.50～4.00 | 9.50～10.50 | 4.75～5.50 | 2.75～3.25 | 8.00～10.00 | S≤0.07 |
| 8 | M50-PM | 0.78～0.88 | 3.75～4.50 | max0.20 | 3.90～4.75 | 0.80～1.25 | max0.50 | |
| 9 | M61-PM | 1.75～1.85 | 3.50～4.25 | 12.10～12.9 | 6.00～6.75 | 4.50～5.25 | max1.00 | P≤0.02 |
| 10 | ASP2015 | 1.50～1.60 | 3.75～5.00 | 11.75～13.0 | max1.00 | 4.50～5.25 | 4.75～5.25 | |
| 11 | ASP2017 | 0.80～0.85 | 3.80～4.50 | 2.85～3.25 | 3.90～4.20 | 0.95～1.35 | 7.75～8.75 | Nb:1.00 |
| 12 | ASP2030 | 1.25～1.35 | 3.80～4.50 | 6.00～6.70 | 4.70～5.20 | 2.70～3.20 | 8.10～8.80 | |
| 13 | ASP2053 | 2.30～2.60 | 3.80～4.50 | 4.00～4.50 | 2.80～3.50 | 7.75～8.20 | max0.50 | |
| 14 | ASP2060 | 2.15～2.45 | 3.80～4.50 | 6.00～6.80 | 6.70～7.30 | 6.20～6.80 | 10.10～10.8 | |
| 15 | ASP2080 | 2.30～2.60 | 3.8～4.30 | 10.50～11.5 | 4.80～5.30 | 5.80～6.20 | 15.50～16.5 | |
| 16 | S390-PM | 1.55～1.65 | 4.50～5.00 | 9.50～11.00 | 2.00～2.40 | 4.60～5.20 | 7.60～8.30 | |
| 17 | S390-PM-MOD | 1.65～1.75 | 5.95～6.35 | 10.0～10.75 | 3.10～3.40 | 4.00～4.50 | 7.70～8.30 | S≤0.02 |
| 18 | HS10-4-3-10PM | 1.21～1.34 | 3.80～4.50 | 9.00～10.00 | 3.20～3.90 | 3.00～3.50 | 9.50～10.5 | |
| 19 | HS18-1-2-5-PM | 0.75～0.83 | 3.80～4.50 | 17.5～18.50 | 0.50～0.80 | 1.40～1.70 | 4.50～5.00 | |
| 20 | HS12-1-4-PM | 1.20～1.35 | 3.80～4.50 | 11.5～12.50 | 0.70～1.00 | 3.50～4.50 | max0.50 | |
| 21 | CPM10V* | 2.35～2.55 | 4.75～5.50 | max0.50 | 1.10～1.45 | 9.3～10.25 | max0.50 | S≤0.09 |
| 22 | CPM10V-MOD | 2.80～3.00 | 7.75～8.25 | max1.00 | 1.20～1.60 | 9.25～10.25 | max0.50 | |

注：表中一般均要求P≤0.03%，S≤0.03%，N≤0.08%，O≤0.015%，Ar≤$0.05\times10^{-6}$。

* 为合金工具钢。

按化学成分，高速钢可分为三大类，即钨系高速钢、钨-钼系高速钢和钼系高速钢。它们的代表牌号相应为W18Cr4V，W6Mo5Cr4V2和Mo8Cr4VW，前两类是目前使用最普遍的钢种。在这三类钢的成分的基础上，为提高红硬性而加入5%～12%的Co，称为含钴高速钢；为了提高耐磨性发展了高碳、高钒等高硬度(65～70HRC)的超硬高速钢。钴高速钢、高钒高速钢主

要用来制造难加工材料所用的工具。国内常用的高速钢牌号及化学成分如表1.3所列。

**表1.3 国内常用高速钢牌号及化学成分**

| 序号 | 牌号 | 化学成分/% | | | | | | | | | | 其他 |
|---|---|---|---|---|---|---|---|---|---|---|---|---|
| | | C | W | Mo | Cr | V | Co | Si | Mn | S | P | |
| | | | | | | | | | | 不大于 | | |
| 1 | W18Cr4V | 0.70~0.80 | 17.50~19.00 | ≤0.30 | 3.80~4.40 | 1.00~1.40 | — | ≤0.40 | ≤0.40 | 0.030 | 0.030 | |
| 2 | 9W18Cr4V | 0.90~1.00 | 17.50~19.00 | ≤0.30 | 3.80~4.40 | 1.00~1.40 | — | ≤0.40 | ≤0.40 | 0.030 | 0.030 | |
| 3 | W18Cr4V2Co5 | 0.70~0.80 | 17.50~19.00 | 0.40~1.00 | 3.75~4.50 | 0.80~1.20 | 4.25~5.75 | ≤0.40 | 0.10~0.40 | 0.030 | 0.030 | |
| 4 | W18Cr4V2Co8 | 0.75~0.85 | 17.50~19.00 | 0.50~1.25 | 3.75~5.00 | 1.80~2.40 | 7.00~9.50 | ≤0.40 | 0.20~0.40 | 0.030 | 0.030 | |
| 5 | W12Cr4V5Co5 | 1.50~1.60 | 11.75~13.00 | ≤1.00 | 3.75~5.00 | 4.50~5.25 | 4.75~5.25 | ≤0.40 | 0.15~0.40 | 0.030 | 0.030 | |
| 6 | W14Cr4VMnXt | 0.80~0.90 | 13.50~15.00 | ≤0.30 | 3.50~4.00 | 1.40~1.70 | — | ≤0.50 | 0.35~0.55 | 0.030 | 0.030 | |
| 7 | W10Mo4Cr4V3Al | 1.30~1.45 | 9.00~10.50 | 3.50~4.50 | 3.80~4.50 | 2.70~3.20 | — | ≤0.50 | ≤0.50 | 0.030 | 0.030 | |
| 8 | W6Mo5Cr4V2 | 0.80~0.90 | 5.50~6.75 | 4.50~5.50 | 3.80~4.40 | 1.75~2.20 | | ≤0.40 | 0.40 | 0.030 | 0.030 | Xt加入量0.07<br>Al0.07~1.20<br>Al0.80~1.20 |
| 9 | 9W6Mo5Cr4V2 | 0.95~1.05 | 5.50~6.75 | 4.50~5.50 | 3.80~4.40 | 1.75~2.20 | — | ≤0.40 | 0.15~0.40 | 0.030 | 0.030 | |
| 10 | W6Mo5Cr4V2Al | 1.05~1.20 | 5.50~6.75 | 4.50~5.50 | 3.80~4.40 | 1.75~2.20 | — | ≤0.60 | ≤0.40 | 0.030 | 0.030 | |
| 11 | W6Mo5Cr4V3 | 1.00~1.10 | 5.00~6.75 | 4.75~6.50 | 3.76~4.50 | 2.25~2.75 | — | ≤0.45 | 0.15~0.40 | 0.030 | 0.030 | |
| 12 | W2Mo9Cr4V2 | 0.97~1.05 | 1.40~2.10 | 8.20~9.20 | 3.50~4.00 | 1.75~2.25 | — | ≤0.55 | 0.15~0.40 | 0.030 | 0.030 | |
| 13 | W6Mo5Cr4V2Co5 | 0.80~0.90 | 5.50~6.50 | 4.50~5.50 | 3.75~4.50 | 1.75~2.25 | 4.50~5.50 | ≤0.45 | 0.15~0.40 | 0.030 | 0.030 | |
| 14 | W6Mo5Cr4V2Co8 | 0.80~0.90 | 5.50~6.50 | 4.50~5.50 | 3.75~4.50 | 1.75~2.25 | 7.75~8.75 | ≤0.45 | 0.15~0.40 | 0.030 | 0.030 | |
| 15 | W7Mo4Cr4V2Co5 | 1.05~1.15 | 6.25~7.00 | 3.25~4.25 | 3.75~4.50 | 1.75~2.25 | 4.75~5.75 | ≤0.50 | 0.20~6.60 | 0.030 | 0.030 | |
| 16 | W2Mo9Cr4VCo8 | 1.05~1.15 | 1.15~1.85 | 9.00~10.00 | 3.50~4.25 | 0.95~1.35 | 7.75~8.75 | ≤0.65 | 0.15~0.40 | 0.030 | 0.030 | |

注：1 所有钢号的Cu含量不大于0.25%，Ni含量不大于0.30%。

2 钢材成品化学分析应符合表中规定。

3 为改善加工性能，允许S含量为0.06%~0.15%，并允许加入适量的稀土元素，但需在含量中注明。

4 在钨系高速钢中，钼含量允许到1.0%。钨、钼二者中，当钼含量超过0.3%时，钨含量应减少；在钼含量超过0.3%的部分，每1%的钼代替2%的钨，在这种情况下，在钢号“W”的后面加上“Mo”。

### (2) 硬质合金

硬质合金又名钨钢，指由难熔金属的碳化物（如碳化钨、碳化钛、碳化钽、碳化铌、碳化钒和碳

化铬等)以铁族金属钴或镍作粘结金属,用粉末冶金方法制造的合金制品。按其基本用途划分为:切削刀片、耐磨零件、矿用合金、型材和硬面材料。其号称“工业牙齿”,因其具有很高的硬度和耐磨性而用做切削工具、高压工具和采矿与筑路工程机械。目前,硬质合金产品主要是以碳化钨为骨料,以钴为粘结剂。常用的有钨钴类、钨钴钛类、钨钛钽(铌)类及超细晶粒硬质合金 4 种。

① 钨钴类硬质合金(YG):属 K 类,由碳化钨和钴组成。这类合金韧性较好,但硬度和耐磨性相对较差,适合于脆性材料的加工(如铸铁等)。主要成分为 WC+Co。

常用代号为:YG8,YG6,YG3。其中,YG8 适用于粗加工;YG6 适用于半精加工;YG3 适用于精加工。

② 钨钛钴类硬质合金(YT):属 P 类,由碳化钨、碳化钛和钴组成。这类合金耐热性和耐磨性较好,但抗冲击性能较差,适合于加工韧性较好的钢料等塑性材料。主要成分为 WC+TiC+Co。

常用代号为:YT5,YT15,YT30 等。其中的数字表示碳化钛含量,碳化钛含量越高,则耐磨性越好,但韧性低。YT5 适用于粗加工;YT15 适用于半精加工;YT30 适用于精加工。

③ 钨钛钽(铌)类硬质合金(YW):属 M 类,由在钨钛钴类合金中加入少量碳化钽(TaC)或碳化铌(NbC)组成,适用于加工钢、铸铁、有色金属及高温合金等难加工材料。主要成分为 WC+TiC+TaC(NbC)+Co。

常用代号为:YW1,YW2,YW3。

④ 超细晶粒硬质合金:一种高硬度、高强度和高耐磨性兼备的硬质合金,其 WC 粒度一般为 0.2~1.0 μm,大部分在 0.5 μm 以下,是普通硬质合金 WC 粒度的几分之一到几十分之一,具有硬质合金的高硬度和高速钢的强度。其硬度一般为 90~93HRA,抗弯强度为 2 000~3 500 MPa,比含钴量相同的 WC-Co 硬质合金要高,与加工材料的相互吸附-扩散作用较小,特别适用于耐热合金钢、高强度合金钢以及其他难加工材料。

常用代号为:YS2,YM051,YM052。

**(3) 特种刀具材料**

① 涂层刀具材料:在韧性较好的硬质合金基体上或高速钢基体上,采用化学气相沉积(CVD)法或物理气相沉积(PVD)法涂覆一薄层硬质和耐磨性极高的难熔金属化合物而得到的刀具材料。通过这种方法,使刀具既具有基体材料的强度和韧性,又具有很高的耐磨性。常用的涂层材料有 TiN,TiC,$Al_2O_3$ 等。其中,TiC(碳化钛)的硬度和耐磨性好;TiN(氮化钛)的抗氧化、抗粘结性好;$Al_2O_3$(氧化铝)的耐热性好。使用时可根据不同的需要选择涂层材料。早期涂层为单一涂层,现在发展到多层涂层。多层涂层的优点是:可以增强粘结力,同时也可以防止涂层的细微裂纹向下延伸,增强了涂层的强度。

② 陶瓷:主要成分是 $Al_2O_3$。陶瓷具有很高的硬度(78HRC)、耐磨性能及良好的高温力学性能(能耐 1 200~1 450 ℃高温),与金属的亲和力小,不易与金属产生粘结,并且化学性能稳定。因此,陶瓷刀具广泛用于钢、铸铁及合金和难加工材料的切削加工,可以用于超高速切削、高速干切削和硬材料切削。

③ 立方氮化硼(CNB):人工合成的一种高硬度材料,其硬度可达 7 300~9 000HV,可耐 1 300~1 500 ℃高温,与铁族元素亲和力小。但其强度低,焊接性差。目前主要用于加工淬硬钢、冷硬铸铁、高温合金和一些难加工的材料。

④ 金刚石:分为人造金刚石和天然金刚石两种。一般采用人造金刚石作为切削刀具材料。其硬度极高,可达 10 000 HV(一般的硬质合金为 1 300~1 800HV)。其耐磨性是硬质合金的80~120倍。但韧性较差,对铁族材料亲和力大,因此一般不适宜加工黑色金属,主要用于有色金属及非金

属材料的高速精加工。三种主要金刚石刀具材料——PCD、CVD 厚膜和人工合成单晶金刚石各自的性能特点为：PCD 焊接性、机械磨削性和断裂韧性最高，抗磨损性和刃口质量居中，抗腐蚀性最差；CVD 厚膜抗腐蚀性最好，机械磨削性、刃口质量和断裂韧性及抗磨损性居中，可焊接性差；人工合成单晶金刚石刃口质量、抗磨损性和抗腐蚀性最好，焊接性、机械磨削性和断裂韧性最差。

### 2. 常用刀具结构

常用刀具结构有整体式高速钢刀具、镶嵌式硬质合金刀具和机夹式刀具三种。整体式高速钢刀具刃磨成形的形式如图 1.1 所示。镶嵌式硬质合金刀具，即将硬质合金刀头焊接在刀柄上，如图 1.2 所示。机夹式刀具又可分为不转位和可转位两种，现在最常用的是机夹式可转位刀具。

图 1.1　整体式高速钢刀具

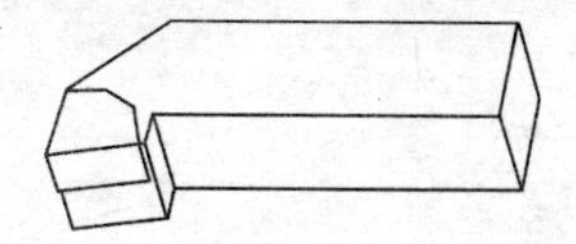

图 1.2　镶嵌式硬质合金刀具

### 3. 机夹式可转位刀具

#### (1) 刀杆特征

机夹式可转位刀杆特征如图 1.3 所示。

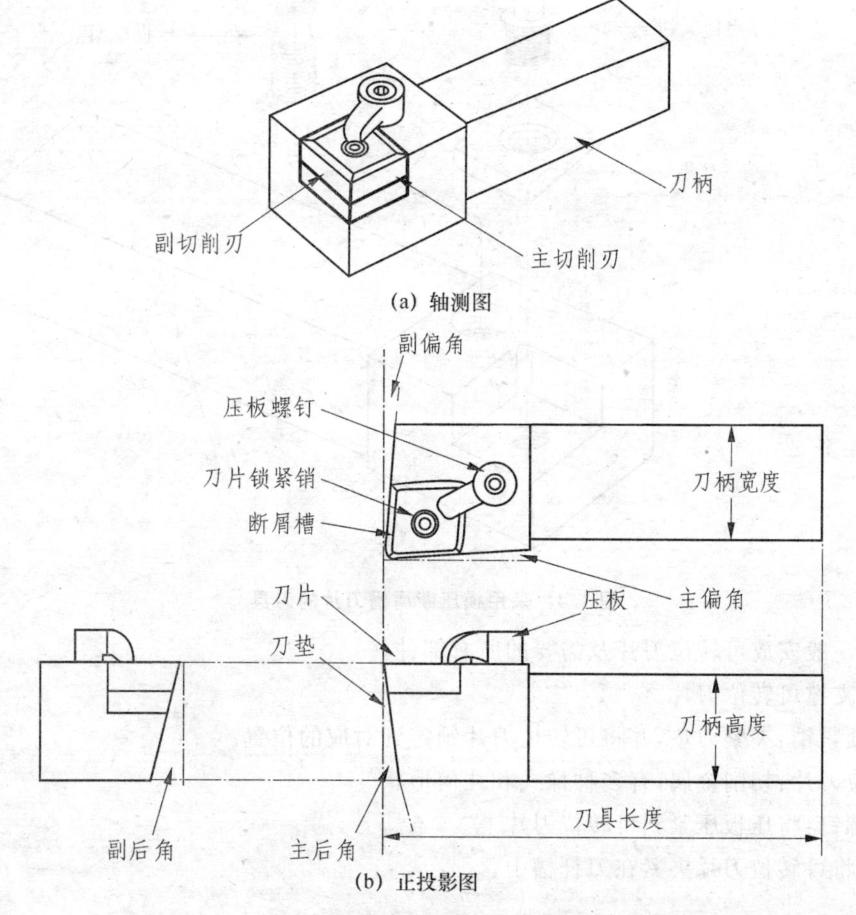


图 1.3　机夹式可转位刀杆特征

切削刃：刀片特征，用于切削工件，分为主切削刃和副切削刃。

刀柄：刀杆特征，用于安装到回转刀架上。

主后角：刀杆特征，用于在切削时防止刀杆与工件之间相接触。

主偏角：刀杆特征，可影响刀具耐用度、已加工表面粗糙度及切削力的大小。

副偏角：刀杆特征，用于减小副切削刃与已加工表面的摩擦。

**(2) 数控车床机夹式可转位刀具的组成**

数控车床机夹式可转位刀具的组成如图 1.4 所示。

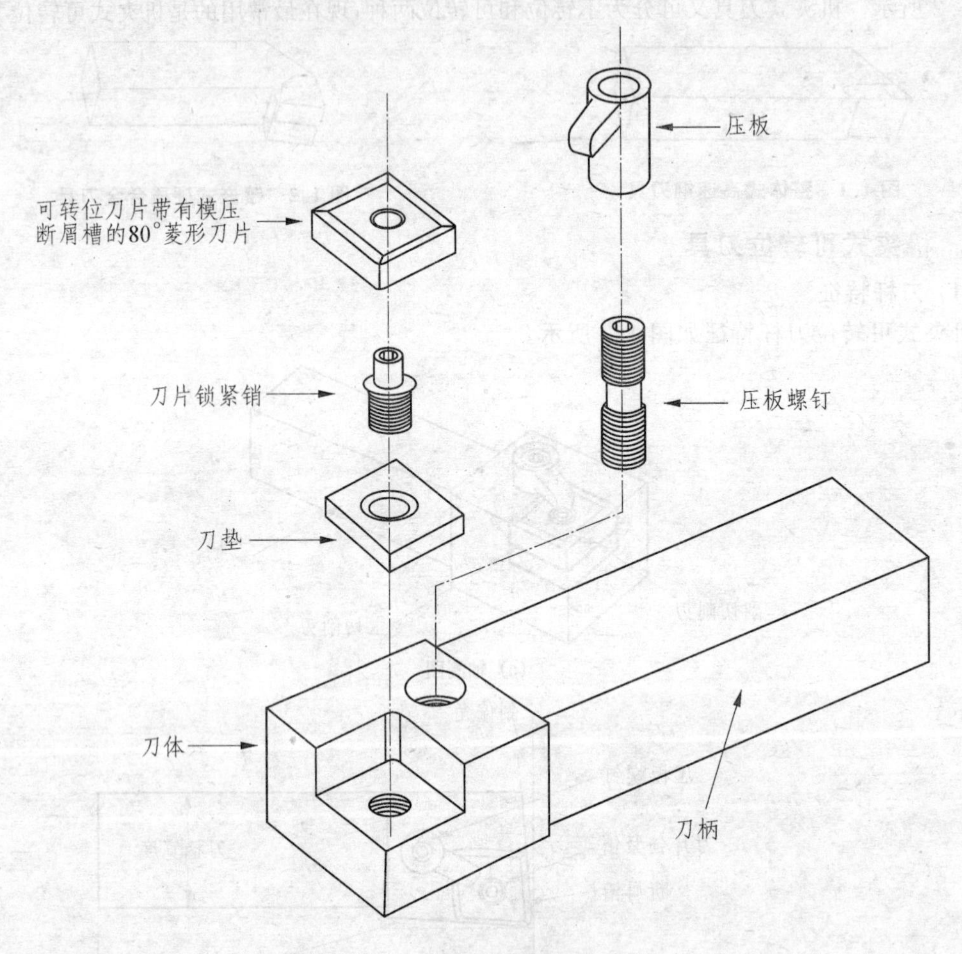


**图 1.4　采用模压断屑槽刀片的刀具**

刀体：一般安放可转位刀片及需要的所有部件。

刀垫：支撑可转位刀片。

刀片锁紧销：夹紧刀垫，并将可转位刀片锁定到对应的位置。

可转位刀片：切削金属，有多种样式和几何形状。

压板螺钉：将压板压紧到可转位刀片上。

压板：将可转位刀片夹紧在刀杆槽中。

(3) 刀片的几何形状

刀片的几何形状说明如图 1.5 所示。

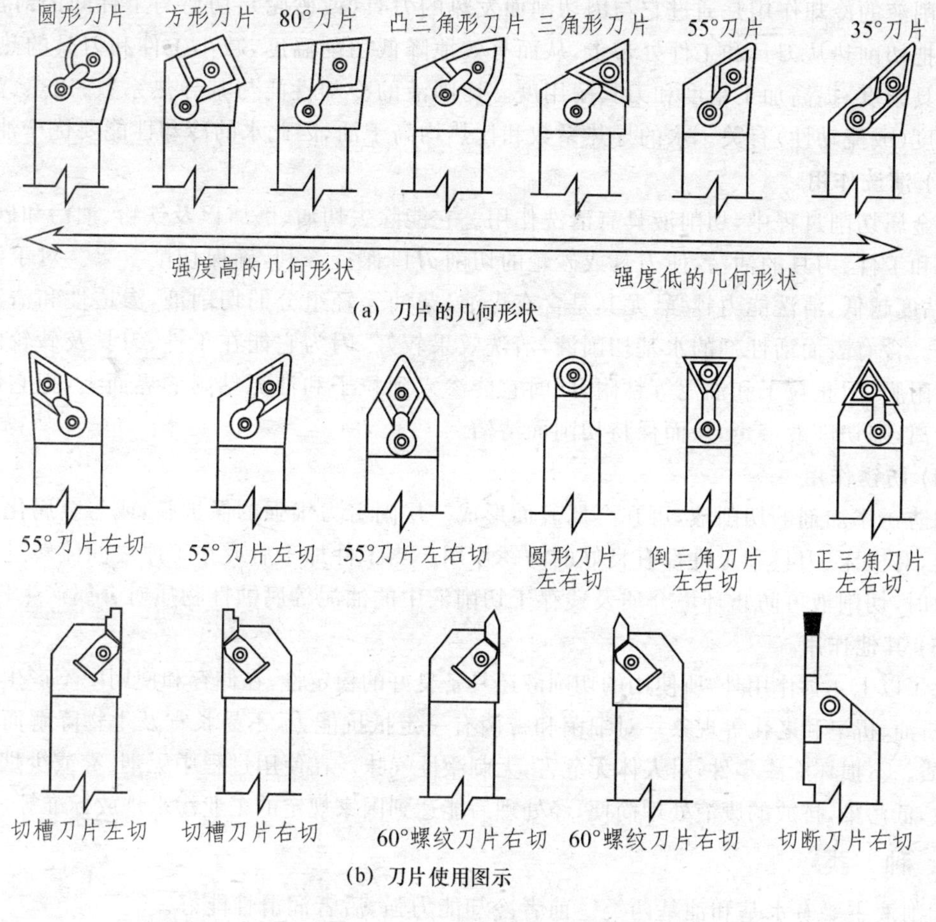


图 1.5 刀片的几何形状说明

## 1.1.2 切削液

### 1. 正确使用

车削时能否正确使用切削液,对刀具的寿命和工件的加工质量都有重大影响。正确选用切削液,可以降低切削力和切削温度,减缓刀具磨损,减小工件、刀具热变形和表面粗糙度,达到保证加工质量和提高生产率的目的。

### 2. 作 用

(1) 润滑作用

金属切削加工液(简称切削液)在切削过程中的润滑作用,可以减小前刀面与切屑及后刀面与已加工表面间的摩擦,形成部分润滑膜,从而减小切削力、摩擦和功率消耗,降低刀具与工件坯料摩擦部位的表面温度和刀具磨损,改善工件材料的切削加工性能。

在磨削过程中,加入磨削液后,磨削液渗入砂轮磨粒与工件及磨粒与磨屑之间形成润滑膜,使界面间的摩擦减小,防止磨粒切削刃磨损和粘附切屑,从而减小磨削力和摩擦热,提高砂轮耐用度以及工件表面质量。

(2) 冷却作用

切削液的冷却作用是通过它与因切削而发热的刀具(或砂轮)、切屑与工件间的对流和汽化作用把切削热从刀具和工件处带走,从而有效地降低切削温度,减小工件和刀具的热变形,保持刀具硬度,提高加工精度和刀具耐用度。切削液的冷却性能与其导热系数、比热、汽化热以及粘度(或流动性)有关。水的导热系数和比热均高于油,因此水的冷却性能要优于油。

(3) 清洗作用

在金属切削过程中,切削液具有清洗作用。它能除去切屑、磨屑以及铁粉、油污和砂粒,防止机床和工件、刀具的沾污,使刀具或砂轮的切削刃口保持锋利,确保切削效果。对于油基切削液,粘度越低,清洗能力越强,尤其是含有煤油、柴油等轻组分的切削液,渗透性和清洗性能就越好。含有表面活性剂的水基切削液,清洗效果较好,因为它能在工件、刀具及砂轮的表面形成吸附膜,阻止粒子和油泥等粘附,同时它能渗入到粒子和油泥粘附的界面上,把它们从界面上分离,随切削液带走,从而保持切削面清洁。

(4) 防锈作用

加防锈添加剂的切削液,可在金属表面形成一层附着力很强的保护膜,或与金属化合形成钝化膜,对机床、刀具和工件都有良好的防锈作用。当工件加工后或在工序之间流转过程中暂时存放时,切削液可防止环境介质及残存于切削液中的油泥等腐蚀性物质对金属产生侵蚀。

(5) 其他作用

除了以上 4 种作用外,所使用的切削液还具备良好的稳定性,在储存和使用中不产生沉淀或分层、析油、析皂和老化等现象。对细菌和霉菌有一定抵抗能力,不易长霉及生物降解而导致发臭、变质。不损坏涂漆零件,对人体无危害,无刺激性气味。在使用过程中无烟、雾或少烟雾。便于回收,低污染,排放的废液处理简便,经处理后能达到国家规定的工业污水排放标准等。

### 3. 种　类

切削液主要有水基和油基两类。前者冷却能力强,后者润滑性能好。

(1) 水基切削液

水基切削液的主要成分是水、化学合成水和乳化液。通常都加入防锈剂,也有加入其他的添加剂,如极压添加剂等。

(2) 油基切削液

油基切削液的主要成分是矿物油、植物油、动物油,或由它们组成的混合油。有时视需要加入极压添加剂或油性添加剂等。

### 4. 选择和使用

选择切削液,除考虑切削液本身的性能外,还要考虑工件材料、刀具材料和加工方法等因素,进行合理选择。具体说明如下:

① 粗加工时产生的切削热大,应选用冷却为主的切削液;精加工时为获得良好的表面质量,切削液应以润滑为主。

② 难加工材料的切削加工,均处于高温、高压边界摩擦状态,因而宜选用极压切削油或极压乳化液。

③ 硬质合金刀具的耐热性好,一般可不用切削液;如果使用切削液,应连续、充分地浇注,

以免因冷热不均产生很大的热应力而导致裂纹,损坏刀具。

④ 磨削的特点是温度高,同时产生大量的细末和砂粒,因此,其切削液应有良好的冷却、清洗性能和一定的润滑、防锈性能。

⑤ 硬质合金刀具和陶瓷刀具一般不用切削液。

⑥ 切削镁合金时,不能用水溶液,以免起火。

⑦ 切削铸铁零件时不需要切削液。

⑧ 在设置和验证期间,通过观察加工时的快速移动或切削运动来避免发生碰撞时也不需要切削液。

**注 意** 在数控车床实训中考虑到加工材料和所用刀具,采用以冷却为主的水基切削液。

## 1.1.3 切削用量(三要素)

### 1. 工件表面变化

工件表面的变化如图1.6所示。

待加工表面:未经刀具切削的表面。

过度表面:工件上刀具正在切削的表面。

已加工表面:由切削刃切削后形成的表面。

工件表面的切削加工具有三个要素,即切削速度、进给量和切削深度,如图1.7所示。

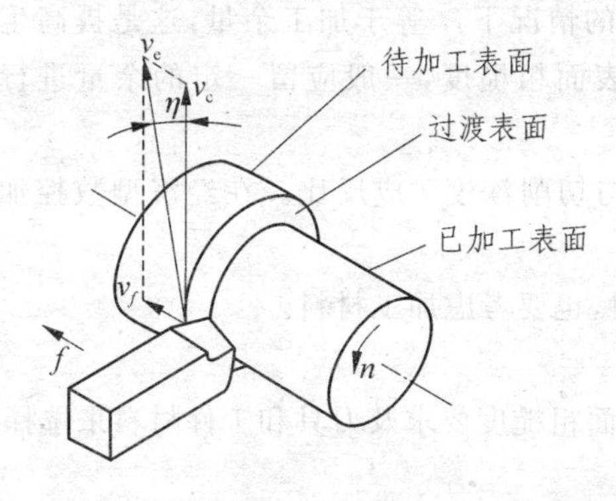


图1.6 工件表面

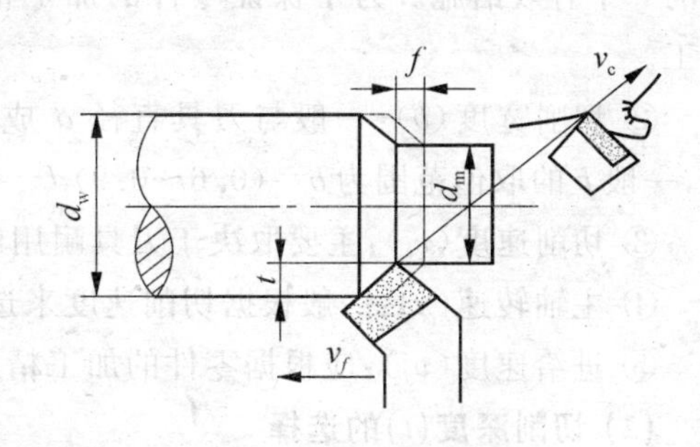


图1.7 切削三要素

#### (1) 切削速度

切削速度($v_c$)是切削刃上的切削点相对于工件主运动的瞬时速度。其表达式为

$$v_c = \frac{\pi \times d \times n}{1\,000} \tag{1-1}$$

式中:$n$——主轴转速,r/min;

$v_c$——切削速度,m/min;

$d$——工件直径,mm。

#### (2) 进给量

进给量($f$)是工件(主轴)每转过一圈,刀具沿进给方向与工件的相对移动量,即刀具在单位时间内沿进给方向上相对于工件的位移量。其表达式为

$$v_f = n \times f \tag{1-2}$$

式中：$v_f$——进给速度，mm/min；

$n$——主轴转速，r/min；

$f$——进给量，mm/r。

**(3) 切削深度**

切削深度（俗称背吃刀量）$t$ 是已加表面与待加工表面之间的垂直距离。其表达式为

$$t = \frac{d_w - d_m}{2} \tag{1-3}$$

当车内孔时，其表达式为

$$t = \frac{d_m - d_w}{2}$$

式中：$d_w$——待加工表面，mm；

$d_m$——已加工表面，mm。

### 2. 切削用量的选择

**(1) 数控加工切削用量的确定**

合理选择切削用量的原则：粗加工时，一般以提高生产效率为主，但也考虑经济性和加工成本；半精加工和精加工时，应在保证加工质量的前提下，兼顾切削效率、经济性和加工成本。

① 切削深度（$t$）：在机床、工件和刀具刚度允许的情况下，$t$ 等于加工余量，这是提高生产率的一个有效措施。为了保证零件的加工精度和表面粗糙度，一般应留一定的余量进行精加工。

② 切削宽度（$b$）：一般与刀具直径 $d$ 成正比，与切削深度 $t$ 成反比。在经济型数控加工中，一般 $b$ 的取值范围为 $b=(0.6\sim0.9)d$。

③ 切削速度（$v_c$）：主要取决于刀具耐用度；同时，也要考虑加工材料。

④ 主轴转速（$n$）：一般根据切削速度来选定。

⑤ 进给速度（$v_f$）：应根据零件的加工精度和表面粗糙度要求及刀具和工件材料来选择。

**(2) 切削深度（$t$）的选择**

1）进给量（$f$）的选择

切削深度选定以后，在机床、工件、刀具的刚性和强度、工件精度及表面粗糙度允许的情况下，进给量应选大些，以缩短走刀时间，提高生产效率。一般进给量选择如下：

粗车 $f=0.3\sim0.8$ mm/r；

精车 $f=0.08\sim0.3$ mm/r。

2）切削速度的选择

切削速度的选取必须根据下列因素具体考虑：

① 车刀材料　使用硬质合金车刀比高速钢车刀的切削速度快好几倍。

② 工件材料　当切削强度和硬度较高的工件时，因为产生的切削热和切削力都比较大，车刀容易磨损，所以切削速度尽量取低些。对于脆性材料，如铸铁，虽然工件材料强度不高，但车削时会形成崩碎的切屑，热量集中在刀刃附近不易散热，故切削速度也应选低些。

③ 表面粗糙度　要求表面粗糙度高的工件，如用硬质合金车刀车削，切削速度应取高些；如用高速钢车刀车削，切削速度应取低些。

④ 切削深度和进给量　当切削深度和进给量增大时，切削产生的切削热和切削力都较大，所以应适当降低切削速度。常见工件材料、所用刀具及相应的切削用量如表 1.4 所列。

**表 1.4　常见工件材料、所用刀具及相应的切削用量**

| 刀具材料 | 工件材料 | 粗加工 | | | 精加工 | | |
|---|---|---|---|---|---|---|---|
| | | 切削深度 $t$/mm | 进给量 $f$/(mm·$r^{-1}$) | 切削速度 $v_c$/(m·$min^{-1}$) | 切削深度 $t$/mm | 进给量 $f$/(mm·$r^{-1}$) | 切削速度 $v_c$/(m·$min^{-1}$) |
| 硬质合金 | 碳钢 | 5 | 0.3 | 220 | 0.4 | 0.12 | 260 |
| | 低碳钢 | 5 | 0.3 | 180 | 0.4 | 0.12 | 220 |
| | 高温合金（退火） | 5 | 0.3 | 120 | 0.4 | 0.12 | 160 |
| | 铸钢 | 5 | 0.3 | 80 | 0.4 | 0.12 | 140 |
| | 不锈钢 | 4 | 0.3 | 80 | 0.4 | 0.12 | 120 |
| | 钛合金 | 3 | 0.2 | 40 | 0.4 | 0.12 | 60 |
| | 灰铸铁 | 4 | 0.4 | 120 | 0.5 | 0.2 | 150 |
| | 球墨铸铁 | 4 | 0.4 | 100 | 0.5 | 0.2 | 120 |
| | 铝合金 | 3 | 0.3 | 1600 | 0.5 | 0.2 | 1600 |
| 陶瓷 | 淬硬钢 | 0.2 | 0.15 | 100 | 0.1 | 0.1 | 150 |
| | 球墨铸铁 | 1.5 | 0.4 | 350 | 0.3 | 0.2 | 380 |
| | 灰铸铁 | 1.5 | 0.4 | 500 | 0.3 | 0.2 | 550 |

## 1.1.4　编　程

### 1. 车床坐标系的设定

**(1) 坐标系**

数控车床的坐标系采用右手笛卡儿坐标系，如图 1.8 所示。

**(2) 坐标轴及其运动方向**

车床的运动指刀具与工件之间的相对运动，一般假定工件静止，刀具在坐标系内相对工件运动。

*Z* 轴的确定：*Z* 轴定义为平行于车床主轴的坐标轴，刀具远离工件的方向为正向。

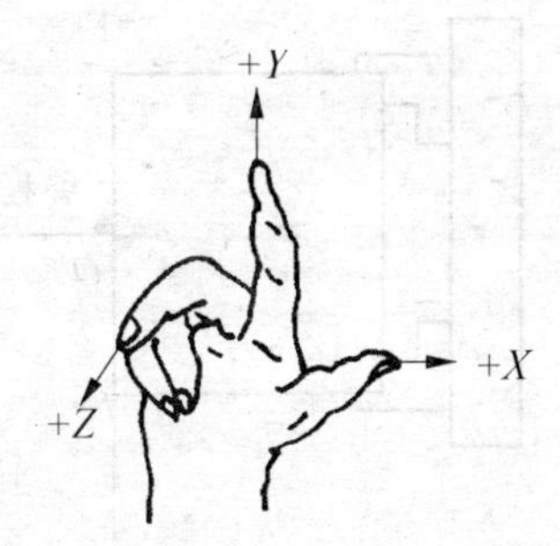

**图 1.8　右手笛卡儿坐标系**

*X* 轴的确定：*X* 轴定义为位于平行工件装夹面的水平面内，垂直工件回转轴线的方向为 *X* 轴，刀具远离工件方向为正向。

数控车床坐标系(配置前置刀架)的设置如图 1.9 所示。

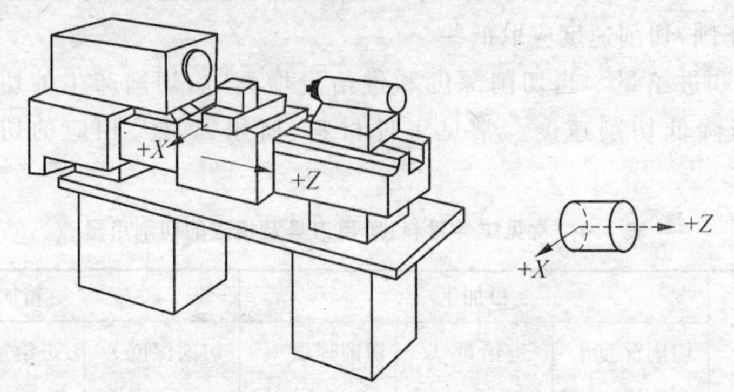


图 1.9　数控车床坐标系(配置前置刀架)

**(3) 坐标原点**

1) 车床原点

车床原点又称为机械原点,是车床坐标系的原点,如图 1.10 所示。该点是车床上的一个固定点,是机床制造商设置在车床上的一个物理位置,通常不允许用户改变。车床原点是工件坐标系、车床参考点的基准点。车床的机床原点通常设置在主轴的轴心线与装配卡盘的法兰端面的交点上。该点是确定机床固定原点的基准。

2) 车床参考点

车床参考点又称机床零点,如图 1.11 所示,是机床坐标系中一个固定不变的极限点,即运动部件 $X$、$Z$ 轴方向回到正向极限的位置。

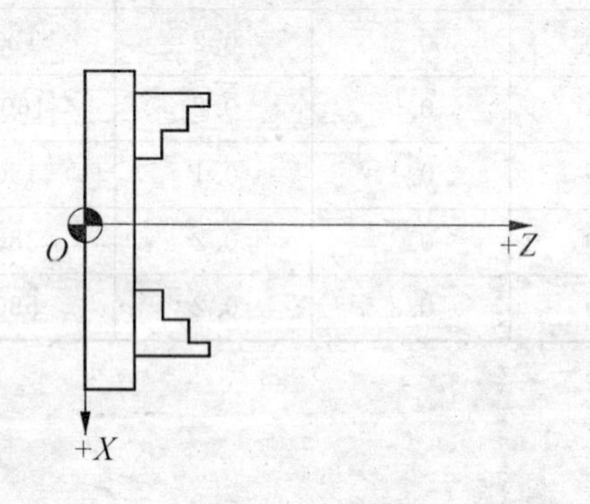


图 1.10　车床原点

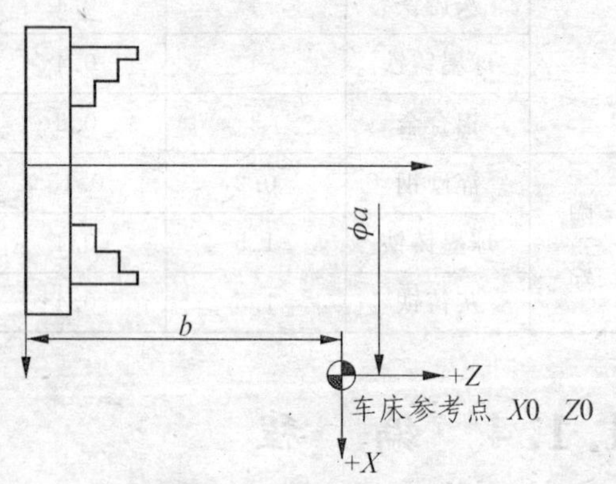


图 1.11　车床参考点

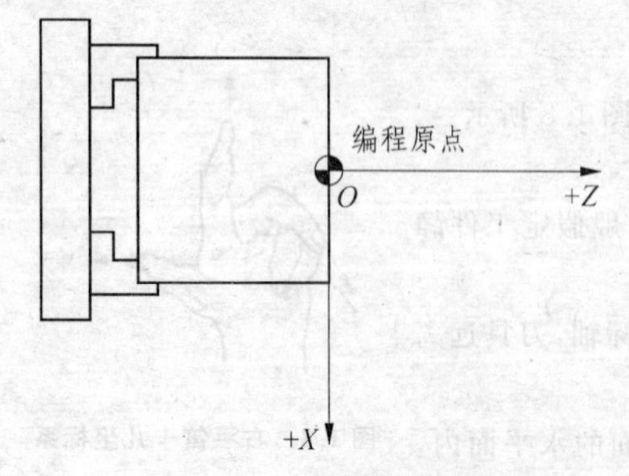


图 1.12　车床的编程原点

3) 编程原点

编程原点又称为工件原点,如图 1.12 所示。在工件坐标系中,它是确定工件轮廓编程和计算的几何基准点,由编程人员根据具体情况自行确定。

选取编程原点的原则如下:

① 最好与零件图上的设计基准或装配基准重合,以利于编程。

② 选在工件的对称中心上。

③ 便于对刀和测量。

## 2. 工件坐标系的设定

工件坐标系可在程序中用指令设定，有两种设定工件原点的方法。

**(1) 设置刀具起点的方法(G50)**

指令：G50

格式：G50 Xa Zb ；

说明：指令后的参数($a$,$b$)值分别是刀具起点距工件原点在 $X$ 向和 $Z$ 向的尺寸，如图 1.13 所示。

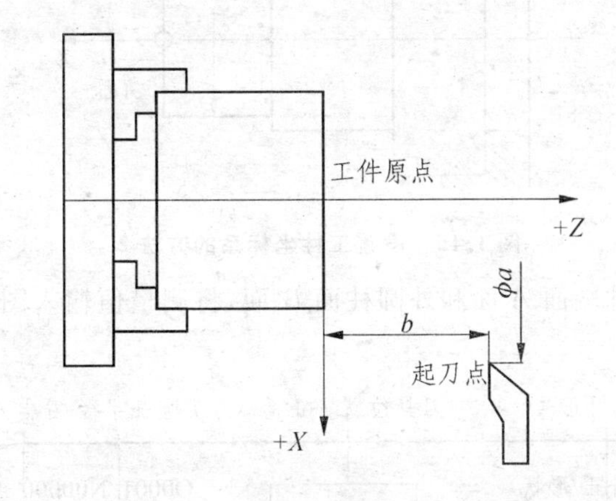


**图 1.13 设置工件坐标系的方法 1**

［例 1.1］ FANUC 系统车床上，分别设 $O_1$,$O_2$,$O_3$ 为工件坐标系，如图 1.14 所示。

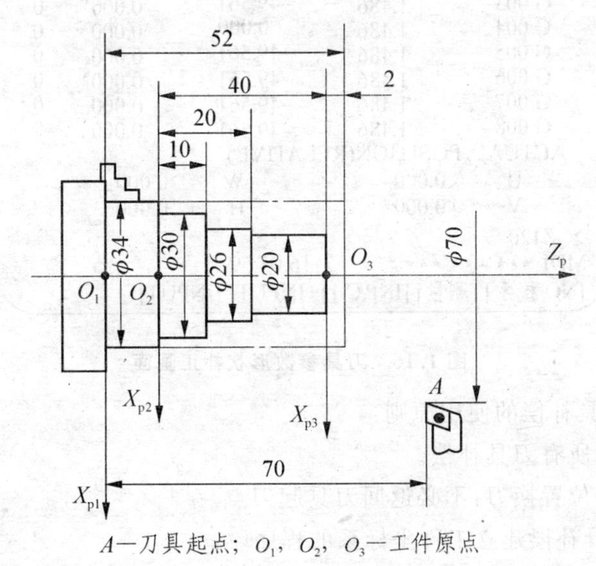


$A$—刀具起点；$O_1$，$O_2$，$O_3$—工件原点

**图 1.14 工件零点设定示例**

设 $O_1$ 为工件原点时，坐标设定为：G50 X70 Z70；

设 $O_2$ 为工件原点时，坐标设定为：G50 X70 Z60；

设 $O_3$ 为工件原点时，坐标设定为：G50 X70 Z20；

**(2) 用刀具补偿指令设定(T _ _ _ _)工件坐标系**

通过刀具补偿来设定工件坐标系，即将工件坐标系的位置作为刀具参数输入，由T _ _ _ _指令来调用。如图1.15所示为工件坐标系。

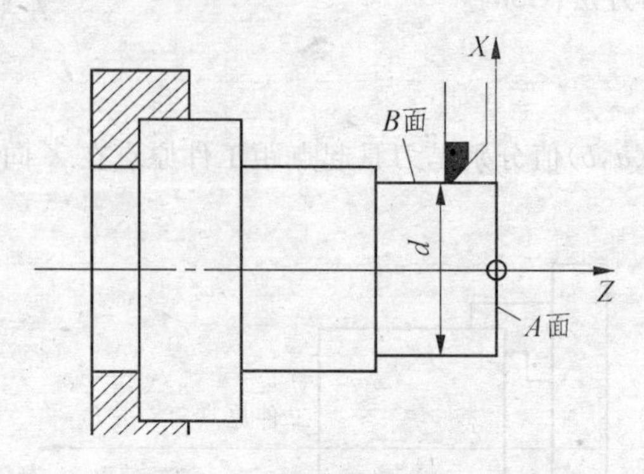


**图1.15　设置工件坐标系的方法2**

直接用刀具试切工件端面 $A$ 面和外圆柱面 $B$ 面，将测量值输入图1.16中的刀具位置补正值中。

刀具补正号　刀具位置补正值　刀尖圆弧半径　刀尖方向

补正/形状　　　　　　　　O0001 N00000

| NO. | X | Z | R | T |
| --- | --- | --- | --- | --- |
| G 001 | 0.000 | 1.000 | 0.000 | 0 |
| G 002 | 1.486 | -49.561 | 0.000 | 0 |
| G 003 | 1.486 | -49.561 | 0.000 | 0 |
| G 004 | 1.486 | 0.000 | 0.000 | 0 |
| G 005 | 1.486 | -49.561 | 0.000 | 0 |
| G 006 | 1.486 | -49.561 | 0.000 | 0 |
| G 007 | 1.486 | -49.561 | 0.000 | 0 |
| G 008 | 1.486 | -49.561 | 0.000 | 0 |

ACTUAL POSITION(RELATIVE)

U　0.000　　W　0.000

V　0.000　　H　0.000

> Z120

MDI ★★★ ★★★ ★★★　　16:05:59

[NO 检索] [测量] [INP.C.] [+INPUT] [INPUT]

**图1.16　刀具参数形状补正画面**

使用时要符合刀具补偿的使用原则：

① 换刀前要撤销所有刀具补偿。

② 可在任意安全位置换刀，不必返回刀具起刀点。

[**例1.2**]　用刀具补偿建立工件坐标系的程序段：

| 程序 | 说明 |
| --- | --- |
| N10 T0100; | 调用1号刀，取消1号刀具补偿 |
| N20 S800 M03; | 主轴正转，转速800 r/min |
| N30 G00 X50 Z3 T0101; | 调用已存的1号刀具补偿，建立工件坐标系 |
| … | 加工程序 |
| N120 G00 X100 Z100; | 快速返回换刀点 |
| N130 T0100; | 取消1号刀具补偿 |

```
N140 T0200;                  取消2号刀具补偿
N150 X50 Z3 T0202;           调用已存的2号刀具补偿,建立工件坐标系
…                            加工程序
N200 G00 X100 Z100;          快速返回换刀点
N210 T0200;                  取消2号刀具补偿
N220 M05;
N230 M30;
```

## 3. 程序的构成

### (1) 程序的组成

虽然每种数控系统的编程格式有所不同,但其程序的组成部分却有一定的相似性。现在以FANUC系统为例,说明程序的构成。

一个完整的程序,一般由程序头、程序内容和程序尾三部分构成,如表1.5所列。

表1.5 完整程序的构成

| | | |
|---|---|---|
| 程序头 | O0100;<br>N010 G90 G99 G00 X100.0Z100.0;<br>N020 M03 S600 T0101;<br>N030 M08; | 程序号<br>绝对编程、每分钟进给、换刀点<br>指定刀具号及主轴转速<br>切削液打开 |
| 程序内容 | N040 G00 X52.0 Z3.0;<br>N050 G71 U1.5 R0.5;<br>N060 G71 P70 Q150 U0.8 W0.1 F0.15;<br>…<br>N150 G01 X52.0;<br>N160 G70 P70Q150;<br>… | 指定循环起点<br>粗加工外圆复合循环程序<br><br>精加工外形程序<br><br><br>精加工外圆程序 |
| 程序尾 | N170 G00X100.0Z100.0;<br>N180 M09;<br>N190 M05;<br>N200 M30; | 退刀至换刀点<br>切削液关<br>主轴停转<br>程序结束,光标返回程序头 |

在实际应用编程时,发现在大多数程序中,程序头和程序尾的格式相对比较固定,没有太多变化,而程序内容则是随着加工工件的不同而千变万化。下面详细介绍程序的构成。

1) 程序头

程序头由程序号、换刀点、刀具号和切削液打开组成。确定加工工件的转速、旋向、进给量、刀具、刀具补偿号以及使用的切削液。对于一种系统的机床,这种构成是比较固定的,经常变化的是程序号和刀具号、刀具补偿号。

2) 程序内容

程序内容包括刀具的循环起点和刀具加工零件时的运动轨迹。循环起点的确定,随加工工件的毛坯大小而发生变化;运动轨迹也随不同的工件而变化。

3) 程序尾

刀具完成切削加工后,要返回换刀点,主轴停转,切削液关闭,程序结束,光标返回程序头。

### (2) 程序段格式

每一行程序即为一个程序段。程序段中包含:刀具程序指令、车床状态指令、车床刀具运动轨迹指令等各种信息代码。现在常用的格式为字地址可变程序段格式：

N□□□□ G□□ X□□… Y□□… Z□□… □□…□

程序段号 准备功能 运动坐标 其他坐标

F□□□□ S□□□□ T□□□□ M□□

工艺性指令 辅助功能

以上各部分的功能如下：

- 每个程序段的开头是程序段的行号，以字母 N 和 4 位数字表示。但在实际使用过程中，为了使用方便，不必 4 位数字都写全，如：N1，N2，N3；N10，N20，N30；N100，N110，N120。
- 准备功能指令由 G 和两位数字组成。
- 运动坐标由 X、Y、Z 和具体的数字组成。
- 其他坐标如圆弧半径 $R$。
- 工艺性指令包含 F 即进给速度 $v_f$、S 即主轴转速 $n$、T 即刀具号。
- 辅助功能指令包含 M 功能指令。

程序段通常有以下一些特点：

① 程序长度可变。如：

```
N1 G90 G99 G00 X100.0 Z100.0;
N2 T0101;
N3 M03 S600;
N4 M08;
```

上述程序段中，N2，N3，N4 都比较短，而 N1 则比较长。程序的长度可长可短，以易于编程为主。

② 不同组的代码可在同一程序段中使用，如：N1 行中的 G90，G99，G00。

③ 在同一行中不能有两个 M 代码。如果有两个 M 代码，则只有后一个代码有效。如：

```
M08 M03 S600;
```

则 M03 代码有效。

**(3) 程序字**

① 程序字的结构。程序字通常是由地址和跟在地址后的数字组成(在数字前有正、负号)。如：

```
G01,X20.0,Z-30.0;
```

② 字的分类。程序字基本上可以分为尺寸字(表 1.6)和非尺寸字(表 1.7)两种。

**表 1.6 尺寸字地址字母**

| 功 能 | 地 址 | 意 义 |
|---|---|---|
| 尺寸字地址字母 | X,Y,Z | 坐标轴地址指令 |
| | U,V,W | 附加轴地址指令 |
| | A,B,C | 附加回转轴地址指令 |
| | I,J,K | 圆弧起点相对于圆弧中心的坐标指令 |

表 1.7 非尺寸字地址字母

| 功能 | 地址 | 意义 |
|---|---|---|
| 程序段顺序号 | N | 顺序号地址符字母 |
| 准备功能 | G | 将控制系统预先设置为某种加工模式和状态 |
| 主轴转速功能 | S | 指定主轴转速 |
| 刀具功能 | T | 指定刀具号和刀具补偿号 |
| 进给功能 | F | 指定进给量 |
| 辅助功能 | M | 表示机床的辅助功能,如旋转和停止等 |

**注 意** 在尺寸字地址的编程过程中,建议使用点参考数据标记,并通过参考数据形成一张单独的坐标卡片,这样可以实现从一个程序段到另一个程序段连续的编程风格。在图形复杂或坐标点必须计算的情况下,可以有效地避免错误并提高效率。

## 4. 常用G、M代码详解

### (1) 代码组及其含义

1) 模态代码和一般代码(G代码)

模态代码:其功能在被执行后会继续维持。通常的模态代码如直线、圆弧和循环代码。每一个代码都归属其各自的代码组。在模态代码里,当前的代码会被加载的同组代码替换。

一般代码:原点返回代码称为一般代码。一般代码仅在收到定义移动的命令时起作用,如表1.8所列。

表 1.8 一般代码

| G代码 | 组别 | 说明 |
|---|---|---|
| G00 | 01 | 定位(快速移动) |
| G01 | | 直线切削 |
| G02 | | 顺时针切圆弧(CW,顺时针) |
| G03 | | 逆时针切圆弧(CCW,逆时针) |
| G04 | 00 | 暂停 |
| G20 | 06 | 英制输入 |
| G21 | | 公制输入 |
| G28 | 00 | 参考点返回 |
| G30 | | 回到第二参考点 |
| G32 | 01 | 单一螺纹切削(此代码在西门子系统中是G33) |
| G40 | 07 | 取消刀尖半径偏置 |
| G41 | | 刀尖半径偏置(左侧) |
| G42 | | 刀尖半径偏置(右侧) |
| G50 | 00 | 设定工件坐标 |
| G52 | | 设置局部坐标系 |
| G53 | | 选择机床坐标系 |

| G代码 | 组别 | 说明 |
|---|---|---|
| G70 | 00 | 精加工循环 |
| G71 | | 内外径粗切循环 |
| G72 | | 台阶粗切循环(径向粗切循环) |
| G73 | | 成形重复循环(闭合循环) |
| G74 | | Z向步进钻削(端面深孔加工) |
| G75 | | X向切槽 |
| G76 | | 螺纹切削复合循环 |
| G90 | 01 | (内外直径)切削循环 |
| G92 | | 单一螺纹切削循环 |
| G94 | | 端面切削循环 |
| G96 | 12 | 恒线速度控制 |
| G97 | | 恒线速度控制取消(恒转速度控制) |
| G98 | 10 | 每分钟进给(mm/min) |
| G99 | | 每转进给(mm/r) |

2）辅助功能(M 代码)

M 代码及其含义：辅助功能包括各种支持机床操作的功能，像主轴的启停、程序停止和切削液开关等。M 代码及其他代码功能说明如表 1.9 所列。

**表 1.9　M 代码及其他代码功能说明**

| M 代码 | 说　明 | 其他代码 | 说　明 |
|---|---|---|---|
| M00 | 程序停 | O | 程序号 |
| M01 | 选择停止 | S | 主轴转速 |
| M02 | 程序结束(复位) | T | 换刀指令 |
| M03 | 主轴正转（CW） | N | 程序段号 |
| M04 | 主轴反转（CCW） | R | 在 G71 中表示退刀量，在 G02/G03 中表示圆弧半径，在 G73 表示循环次数 |
| M05 | 主轴停 | | |
| M08 | 切削液开 | D | 补偿号，刀具半径补偿指令 |
| M09 | 切削液关 | F | 进给速度，进给速度的指令 |
| M30 | 程序结束光标并返回程序 | I | 坐标字，圆弧起点到圆弧中心的 $X$ 轴向坐标 |
| M40 | 主轴齿轮在中间位置 | K | 坐标字，圆弧起点到圆弧中心的 $Z$ 轴向坐标 |
| M41 | 主轴齿轮在低速位置 | L | 固定循环及子程序的重复次数 |
| M42 | 主轴齿轮在中速位置 | P | 暂停时间或程序中循环指令开始使用的顺序号 |
| M43 | 主轴齿轮在高速位置 | Q | 固定循环指令结束时使用的顺序号 |
| M98 | 子程序调用 | U | 坐标字，与 $X$ 轴平行的附加轴的增量坐标值 |
| M99 | 子程序结束 | W | 坐标字，与 $Z$ 轴平行的附加轴的增量坐标值 |
| | | X | 坐标字，$X$ 轴的绝对坐标值或暂停时间 |
| | | Z | $Z$ 轴的绝对坐标 |

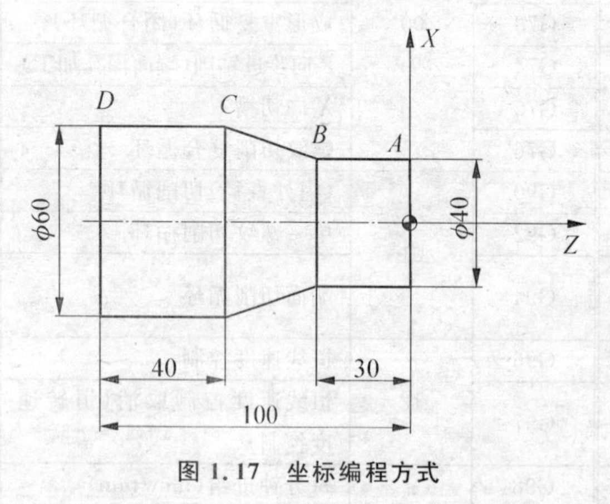


**图 1.17　坐标编程方式**

**(2) 坐标值编程方式**

CNC 车床坐标值编程方式有三种，即绝对值编程方式、相对值编程方式和混合编程方式，如图 1.17所示。其编程坐标指令如表 1.10 所列。

1）绝对值编程坐标指令

绝对值编程是用刀具移动的终点位置的坐标值进行编程的方法。它是用绝对值坐标指令 X、Z 进行编程。绝对值编程格式如下：

X __ Z __为绝对值坐标指令，地址 X 后的数字为直径值。

2）相对值编程坐标指令

相对值编程是用刀具移动量直接编程的方法。程序段中的轨迹坐标都是相对前一位置坐标的增量尺寸，用相对坐标指令 U、W 及其后面的数字分别表示 $X$、$Z$ 方向的增量尺寸。相对

值编程格式如下：

U __ W __为相对值坐标指令，地址 U 后的数字为 X 方向直径值的差值。

3）混合编程坐标指令

在一程序段中，可以混合使用绝对值坐标指令(X 或 Z)和相对值坐标指令(U 或 W)进行编程。混合编程坐标指令有两组指令：一组指令是 X 轴以绝对值、Z 轴以相对值的坐标指令(X,W)；另一组是 X 轴以相对值、Z 轴以绝对值的坐标指令(U,Z)。混合编程格式如下：

X __ W __为 X 轴以绝对值、Z 轴以相对值的坐标指令；地址 X 后的数字为直径值。

U __ Z __为 X 轴以相对值、X 轴以绝对值的坐标指令；地址 U 后的数字为 X 轴向直径值的差值。

**表 1.10　编程坐标指令**

| 绝对值编程 | 相对值编程 | 混合编程 |
|---|---|---|
| N01 G01 X0.0 Z0.0 F100； | N01 G01 X0.0 Z0.0 F100； | N01 G01 X0.0 Z0.0 F100； |
| N02 G01 X40.0 Z0.0 F80；　(A) | N02 G01 U40.0 W0.0 F80；　(A) | N02 G01 U40.0 Z0.0 F80；　(A) |
| N03 Z-30.0；　(B) | N03 W-30.0；　(B) | N03 W-30.0；　(B) |
| N04 X60.0 Z-60.0；　(C) | N04 U20.0 W-30.0；　(C) | N04 U20.0 Z-60.0；　(C) |
| N05 Z-100.0；　(D) | N05 W-40.0；　(D) | N05 W-40.0；　(D) |

**(3) 小数点编程**

CNC 车床编程时，可以使用小数点编程或脉冲数编程。用小数点编程时，轴坐标移动距离的计量单位是 mm；用脉冲数编程时，轴坐标移动距离的计量单位是数控系统的脉冲当量。

在编程时，一定要注意编写格式和小数点的输入。如 X70.0(或 X70.)表示 X 轴运动终点坐标为 70 mm。如果将上式误写为 X70，则表示 X 轴运动终点坐标为外 0.07 mm，相差 1 000倍。

## 5. 四个基本指令

G00：快速定位指令。

G01：直线插补指令。

G02：顺时针圆弧插补指令。

G03：逆时针圆弧插补指令。

**(1) G00 快速定位指令**

指令格式：G00 X(U)__ Z(W)__；

指令含义：X——定位终点的 X 轴坐标。

Z——定位终点的 Z 轴坐标。

这个命令把刀具从当前位置移动到命令指定的位置（在绝对坐标方式下为 X、Z)，或者移动到某个距离处（在相对坐标方式下为 U、W)。

1）适用范围

① 刀具由换刀点快速定位到循环起点(切削起始点)。

② 刀具由切削起始点快速返回到换刀点。

③ 刀具在切槽时的快速定位和快速退刀。

2）举 例

G00 快速定位范例如图 1.18 所示。

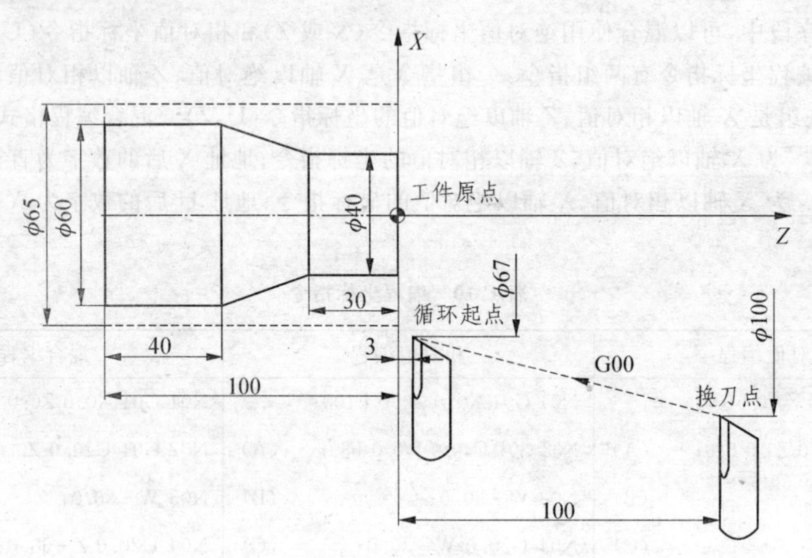


**图 1.18 G00 快速定位范例**

工件毛坯 $\phi65\times105$ mm，加工代码如下：

```
N01 G00 X100.0 Z100.0;   快速定位到换刀点
N02 G00 X67.0 Z3.0;      快速定位到循环起点
```

换刀点的确立：刀具离开工件原点一定距离，使刀架能安全地旋转换刀。

循环起点的确立：

① 车削外圆的确立方法

$X$ 轴：比毛坯直径＞2 mm；

$Z$ 轴：距离工件右端面正方向 3 mm。

例如：工件毛坯 $\phi65\times105$ mm。

循环起点代码为

```
G00 X67.0 Z3.0;
```

② 车削内孔的确立方法

$X$ 轴：比毛坯内孔直径＜2 mm；

$Z$ 轴：距离工件右端面正方向 3 mm。

例如：工件毛坯内孔 $\phi30$。

循环起点代码为

```
G00 X28.0 Z3.0;   X、Z 轴同时定位
```

为了提高安全系数，也可以写成以下方式：

循环起点代码为

```
G00 X28.0;  先 X 轴定位
Z3.0;       再 Z 轴定位
```

③ 切槽时的定位

根据图纸尺寸，直接定位到要切槽的位置，如图 1.19 所示。

例如：切槽时应考虑刀具定位在工件外，以 D 点的坐标（$X40.0\ Z-30.0$）为参考。

循环起点代码为

```
G00 X42.0 Z-30.0;快速定位到切槽起始点
```

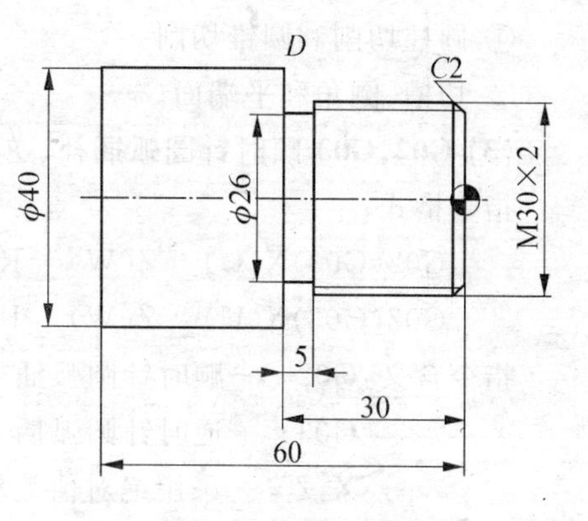


图 1.19 图 纸

**(2) G01 直线插补指令**

指令格式：G01 X(U)__ Z(W)__ F __；

指令含义：X，Z——切削终点的 X、Z 轴值（绝对坐标值）。

U，W——要求移动到的位置的增量坐标值。

F——切削时的进给速度 $v_f$。

直线插补以直线方式和命令给定的移动速率从当前位置移动到命令位置。

1) F 指令

F——切削时的进给速度 $v_f$，对应下面两种进给方式（见图 1.20）：

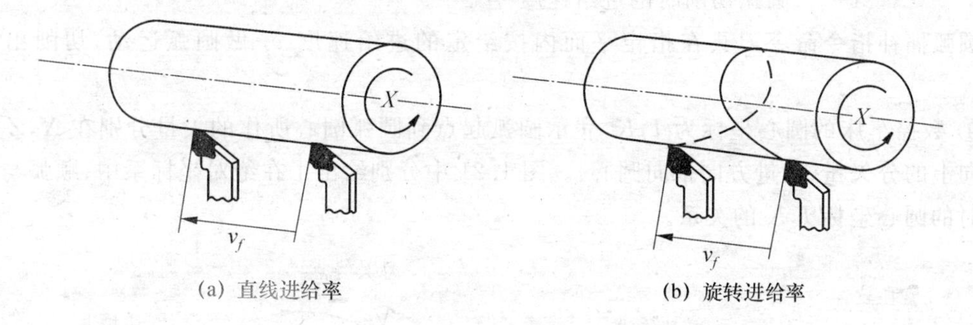


(a) 直线进给率 (b) 旋转进给率

图 1.20 进给率

• 直线进给率 G98：每分钟进给，即在 1 min 内，刀具移动的距离，mm/min。例如：

```
G98 F80;  1 min内刀具移动距离为 80 mm
```

• 旋转进给率 G99：每转进给，即主轴旋转一圈，刀具移动的距离，mm/r。例如：

```
G99 F0.1;  主轴旋转一圈,刀具移动距离为 0.1 mm
```

每分钟进给与每转进给之间有这样的关系：

$$v_f = f \times n$$

式中：$v_f$——每分钟进给，mm/min；

$f$——每转进给，mm/r；

$n$——主轴转速，r/min。

［例 1.3］ $n=500$ r/min，$f=0.15$ mm/r，求：$v_f=$？

$$v_f = f \times n = 0.15\ \text{mm/r} \times 500\ \text{r/min} = 75\ \text{mm/min}$$

**注　意**　G98 每分钟进给(mm/min)与 G99 每转进给(mm/r)对应的 $v_f$ 值不要弄错，否则会发生安全事故。

2）适用范围

① 圆柱切削和圆锥切削。

② 切槽、倒角和平端面。

**(3) G02,G03 顺时针圆弧插补、逆时针圆弧插补指令**

指令格式：

G02(G03)X(U)__ Z(W)__ R__ F__；

G02(G03)X(U)__ Z(W)__ I__ K__ F__；

指令含义：G02——顺时针圆弧插补(CW)。

G03——逆时针圆弧插补(CCW)。

X,Z——采用绝对值编程时，圆弧终点在工件坐标系中 $X$、$Z$ 轴的坐标值。

U,W——采用相对值编程时，圆弧终点相对于圆弧起点的增量值。

R——圆弧半径。

I——圆弧起点到圆心在 $X$ 轴的矢量坐标。

K——圆弧起点到圆心在 $Z$ 轴的矢量坐标。

F——圆弧切削时的进给速度 $v_f$。

圆弧插补指令命令刀具在指定平面内按给定的进给速度 $v_f$ 做圆弧运动，切削出圆弧轮廓。

① 数控车床的圆心坐标为 $I,K$，表示圆弧起点到圆弧圆心所作的矢量分别在 $X,Z$ 坐标轴方向上的分矢量(矢量方向指向圆心)。图 1.21 中分别给出了在绝对坐标系中，顺弧与逆弧加工时的圆心坐标 $I,K$ 的关系。

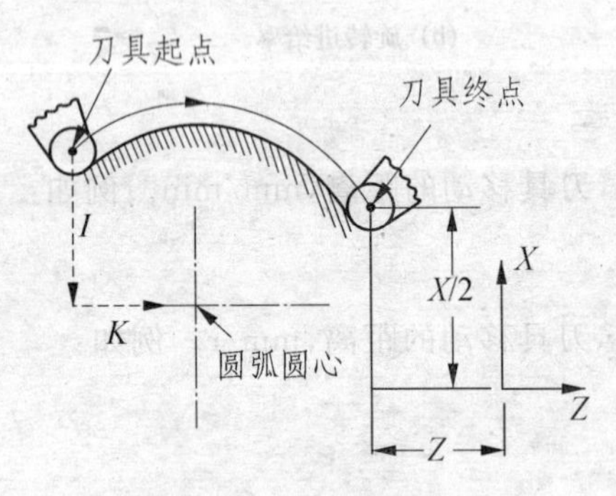


(a) 顺弧插补G02时的圆心坐标

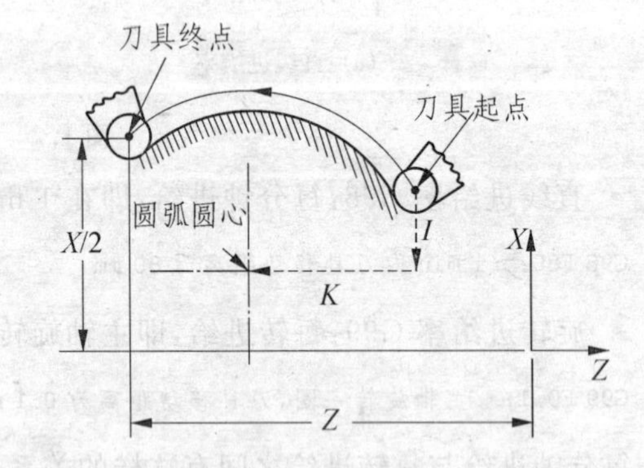


(b) 逆弧插补G03时的圆心坐标

**图 1.21　绝对坐标系中的圆心坐标**

② 当用半径指定圆心位置时，由于在同一半径 $R$ 下，从圆弧的起点到终点有两段圆弧，为区别二者，规定圆心角 $\alpha \leqslant 180°$ 时，用“$+R$”表示；$\alpha > 180°$ 时，用“$-R$”表示。

③ 当用半径 $R$ 指定圆心位置时，不能描述整圆。

圆弧插补指令分为顺时针圆弧插补指令(G02)和逆时针圆弧插补指令(G03)。数控车床的刀架位置有两种形式,即刀架在操作者一侧或在另一侧,根据刀架的位置判别圆弧插补时的顺逆,如图 1.22 所示。

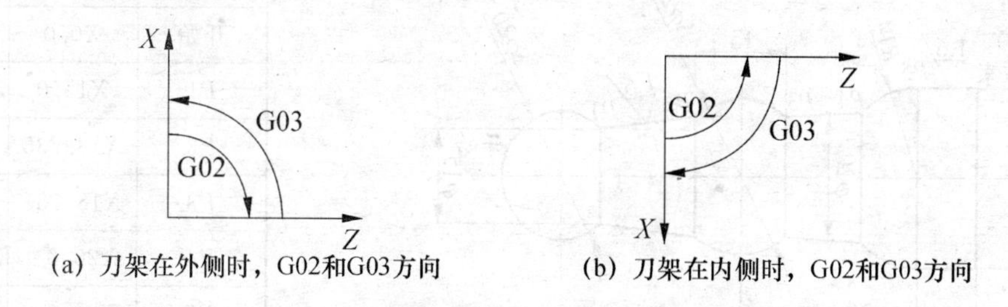


**图 1.22 圆弧的顺逆方向与刀架位置的关系**

[**例 1.4**] 图 1.23 中零件 $A \rightarrow B$ 为逆时针旋转,$C \rightarrow D$ 为顺时针旋转。用绝对值编程时的加工程序如下:

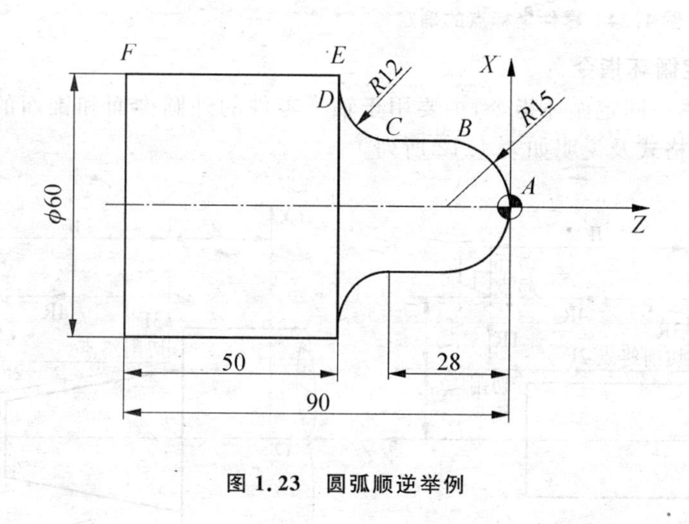


**图 1.23 圆弧顺逆举例**

```
…;
N50 G01 X0.0 F100.0;
N60 G01 Z0.0 F50.0;                          到圆弧起点 A
N70 G03 X30.0 Z-15.0 I0 K-15.0 F80;(R15.0)逆时针圆弧切削,到圆弧终点 B
N80 G01 X30.0 Z-28.0;                        直线切削 BC 段,到圆弧起点 C
N90 G02 X54.0 Z-40.0 I12.0 K0.0 F80;(R12.0)顺时针圆弧切削,到圆弧终点 D
N100 G01 X60.0;                              直线切削 DE 段
N110 G01 Z-90.0;                             直线切削 EF 段
```

**(4) 零件坐标点的确定**

对于比较复杂的图形或坐标点不易确定的图形,建议初学者采用如图 1.24 所示的方式:用笔把图形轨迹的各个坐标点一一标注下来,并列成表 1.11 的样式,确定好各坐标点的 $X$,$Z$ 轴的坐标;编程时,在程序的后面把坐标点依次写下来,可以有效地避免漏掉某个坐标点,并且可以保证编程思维的连续性，从而提高编程的正确率和效率。

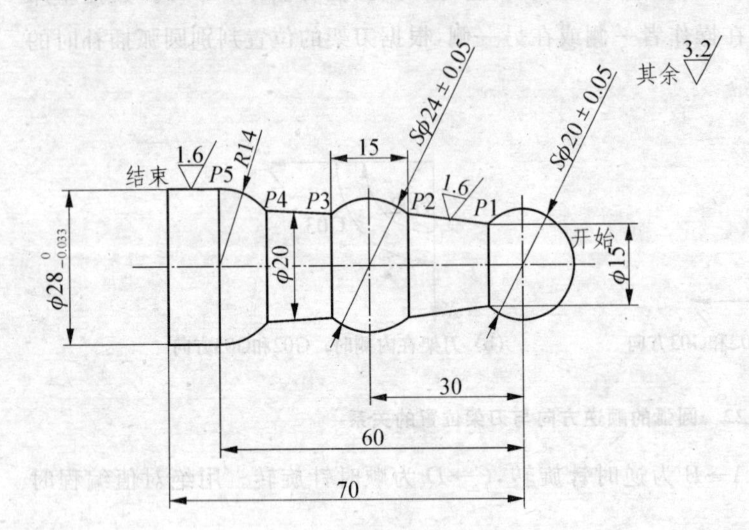


图 1.24　零件坐标点的确定

表 1.11　各点坐标

| 位　置 | X　轴 | Z　轴 |
| --- | --- | --- |
| 开始 | X0.0 | Z0.0 |
| P1 | X15.0 | Z-16.614 |
| P2 | X18.735 | Z-32.5 |
| P3 | X18.735 | Z-47.5 |
| P4 | X20.0 | Z-60.202 |
| P5 | X28.0 | Z-70.0 |
| 结束 | X20.0 | Z-80.0 |

**(5) 单一固定循环指令**

G90 指令是单一固定循环指令，主要用于轴类零件的外圆椎面和锥面的加工，如图 1.25 和 1.26 所示。其格式及说明如表 1.12 所列。

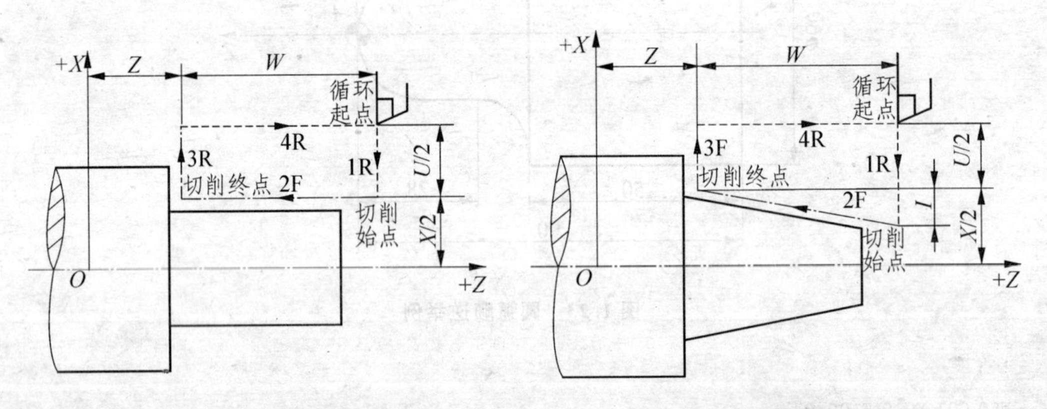


图 1.25　外圆柱面切削循环　　　　图 1.26　外圆锥面切削循环

表 1.12　G90 指令格式及说明

| 编程指令 | 指令格式 | 说　明 |
| --- | --- | --- |
| 外圆柱面切削固定循环指令 G90 | G90 X(U)__ Z(W)__ F__; | X,Z 为圆柱面切削终点坐标值 $X,Z$<br>U,W 为圆柱面切削终点相对循环起点的增量值 $U,W$，工顺序按 1R,2F,3R,4R 进行，见图 1.25 |
| 外圆锥面切削固定循环指令 G90 | G90 X(U)__ Z(W)__ R__ F__; | X,Z 为圆锥面切削终点坐标值 $X,Z$<br>U,W 为圆锥面切削终点相对循环起点的增量值 $U,W$<br>R 为圆锥面切削始点与切削终点的半径差 $I$，见图 1.26 |

[例 1.5] 加工如图 1.27 所示零件,利用单一固定循环指令,编写粗加工程序。

```
G90 X40.0 Z20.0 F50.0;        A→B→C→D→A
    X30.0;                    A→E→F→D→A
    X20.0;                    A→G→H→D→A
```

[例 1.6] 加工如图 1.28 所示锥面零件,利用单一固定循环指令,编写粗加工程序。

```
G90 X40.0 Z20.0 R-5.0 F50.0;  A→B→C→D→A
    X30.0;                    A→E→F→D→A
    X20.0;                    A→G→H→D→A
```

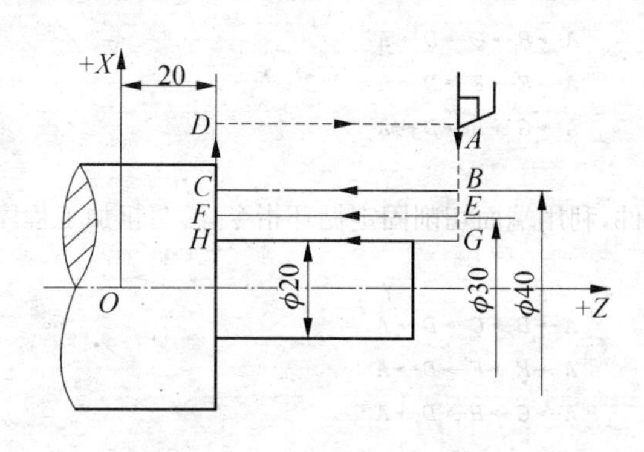


图 1.27 外圆柱面切削循环举例

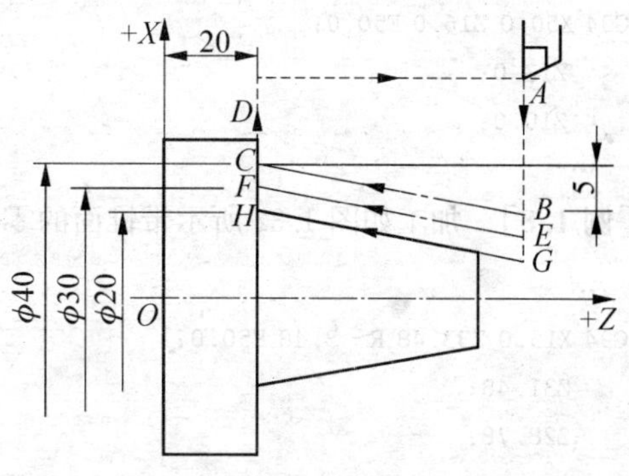


图 1.28 外圆锥面切削循环举例

**(6) 端面切削固定循环指令**

G94 指令是端面切削固定循环指令,用于一些距离短、面积大的零件的垂直端面或锥形端面的加工,直接从毛坯余量较大或棒料车削零件时进行的粗加工,以去除大部分毛坯余量。图 1.29和图 1.30 为固定循环切削。该编程指令的格式及说明如表 1.13 所列。

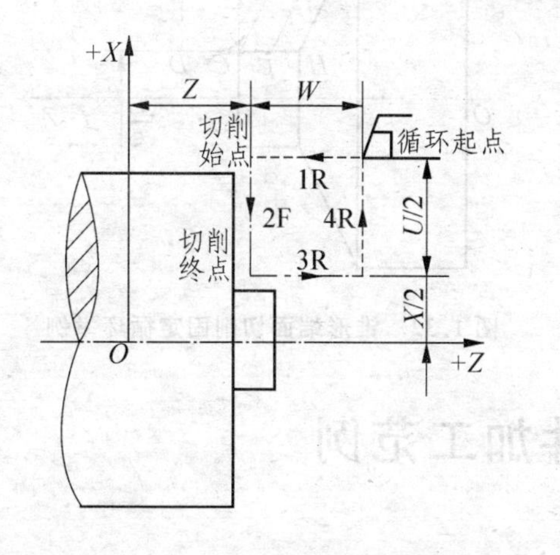


图 1.29 平端面切削固定循环

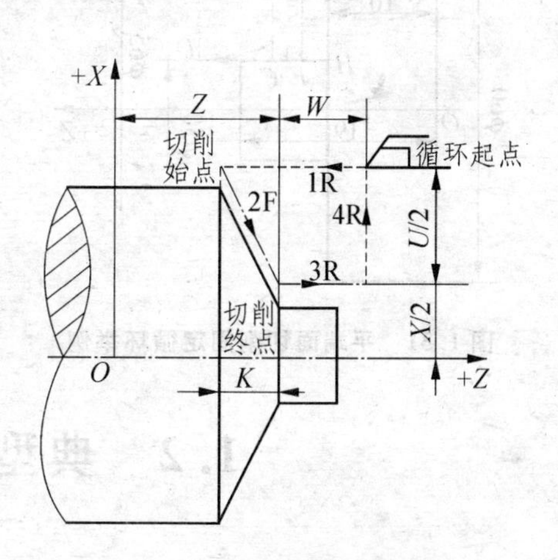


图 1.30 锥形切削固定循环

**表 1.13　固定循环指令格式及说明**

| 编程指令 | 指令格式 | 说　明 |
| --- | --- | --- |
| 平端面切削固定循环指令 G94 | G94 X(U)__ Z(W)__ F__; | X,Z 为平端面切削终点坐标值 $X,Z$<br>U,W 为平端面切削终点相对循环起点的增量值 $U,W$ |
| 锥形端面切削固定循环指令 G94 | G94 X(U)__ Z(W)__ K(或 R)__ F__; | X,Z 为锥形端面切削终点坐标值 $X,Z$<br>U,W 为锥形端面切削终点相对循环起点的增量值 $U,W$<br>K(或 R)为锥形端面切削始点与切削终点在 $Z$ 方向的坐标增量 $K$ |

［例 1.7］　加工如图 1.31 所示的零件,利用端面切削固定循环指令,编写粗加工程序。

```
G94 X50.0 Z16.0 F50.0;          A→B→C→D→A
    Z13.0;                      A→E→F→D→A
    Z10.0;                      A→G→H→D→A
  …
```

［例 1.8］　加工如图 1.32 所示带锥面的零件,利用端面切削固定循环指令,编写粗加工程序。

```
  …
G94 X15.0 Z33.48 R-3.48 F50.0;  A→B→C→D→A
    Z31.48;                     A→E→F→D→A
    Z28.78;                     A→G→H→D→A
  …
```

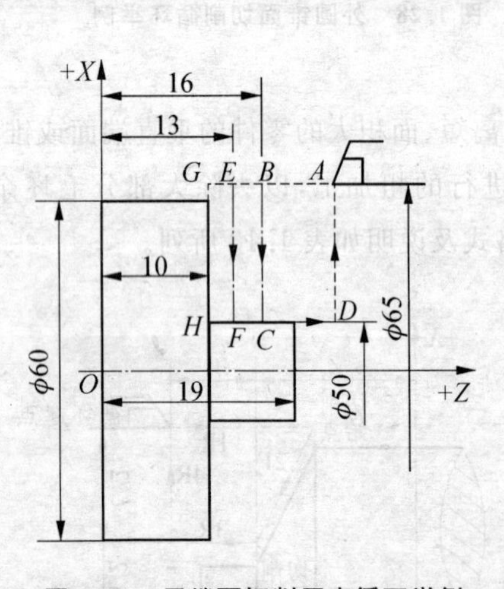

图 1.31　平端面切削固定循环举例

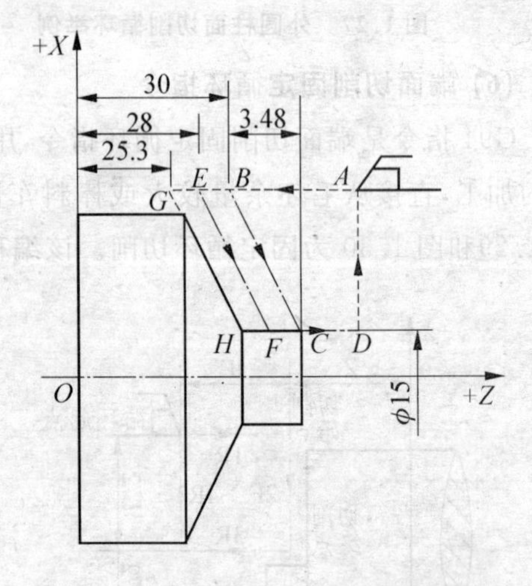

图 1.32　锥形端面切削固定循环举例

# 1.2　典型零件加工范例

## 1.2.1　图　纸

零件加工图纸如图 1.33 所示。

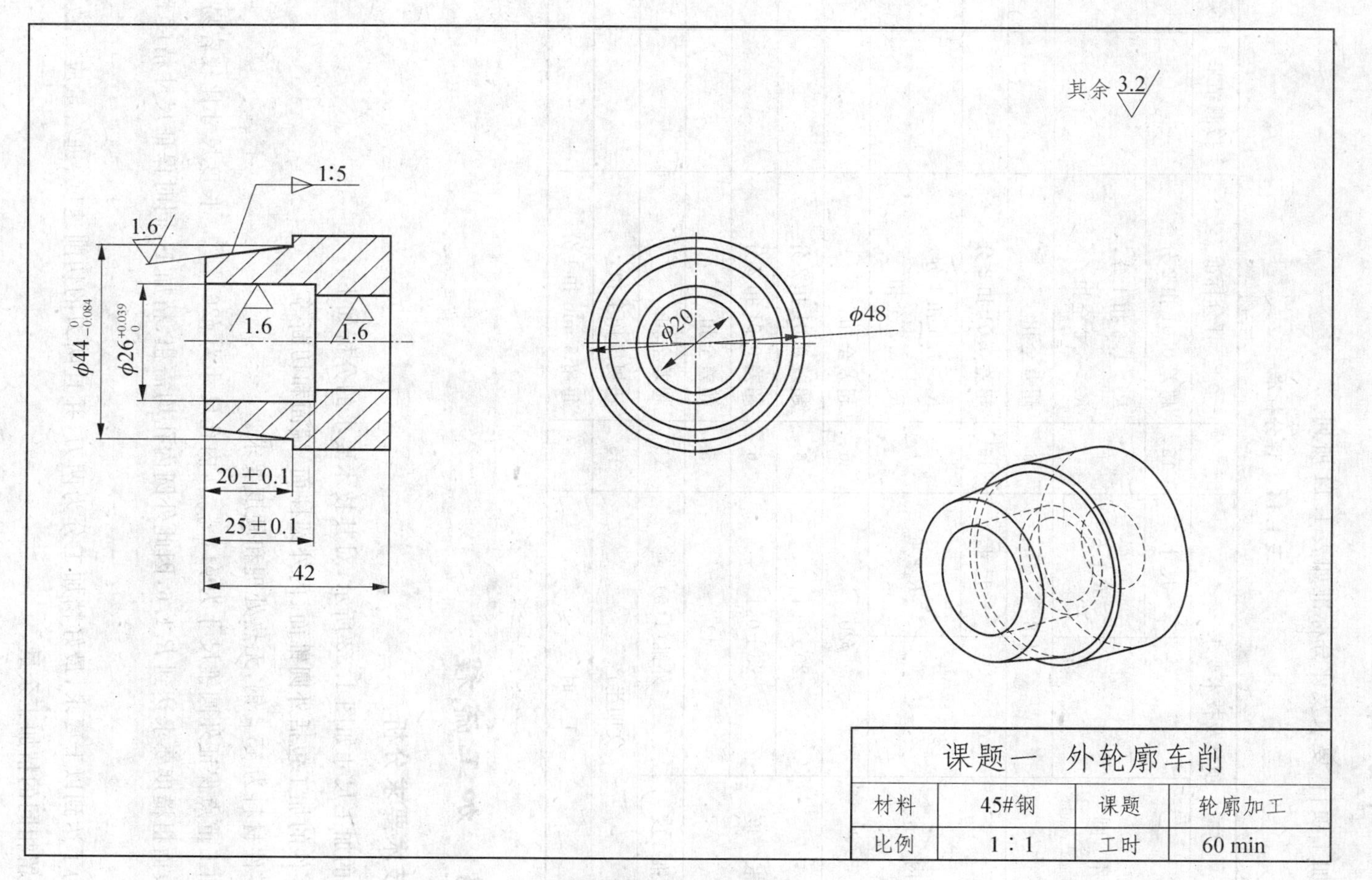
其余 3.2
1:5
1.6
1.6
1.6
φ44 0 −0.084
φ26 +0.039 0
20±0.1
25±0.1
42
φ20
φ48
课题一 外轮廓车削
材料
45#钢
课题
轮廓加工
比例
1：1
工时
60 min
图1.33 零件加工图纸

## 1.2.2　评分标准

零件加工项目、要求及评分标准如表1.14所列。

**表1.14　评分标准**

| 序号 | 项目及技术要求 | | | 配分 | 评分标准 | 检测结果 | 实得分 |
|---|---|---|---|---|---|---|---|
| 1 | 外圆 | $\phi44_{-0.084}^{\ 0}$ | 尺寸 | 15 | 超差0.01扣2分 | | |
| 2 | | | $R_a1.6$ | 4 | $R_a>1.6$扣1分，<br>$R_a>3.2$全扣 | | |
| 3 | | $\phi48$ | | 6 | 超差全扣 | | |
| 4 | 内孔 | $\phi26_{\ 0}^{+0.039}$ | 尺寸 | 15 | 超差0.01扣2分 | | |
| 5 | | | $R_a1.6$ | 4 | $R_a>1.6$扣1分，<br>$R_a>3.2$全扣 | | |
| 6 | | $\phi20$ | | 6 | 超差全扣 | | |
| 7 | 长度 | $20\pm0.1$ | | 6 | 超差0.01扣2分 | | |
| 8 | | $25\pm0.1$ | | 6 | 超差0.01扣2分 | | |
| 9 | | 42 | | 5 | 超差全扣 | | |
| 10 | 锥度 | 外锥(1∶5) | | 15 | 超差全扣 | | |
| 11 | 文明生产 | | | 15 | 违规操作全扣 | | |
| 12 | 工　时 | | | | 每超5 min扣1分 | | |

## 1.2.3　加工流程

### 1. 技术要求分析

零件的加工尺寸如图1.33所示，对其技术要求的分析如下：

① 零件的加工包括外圆锥面、内外圆柱面、端面和切断等。

② 零件材料为45＃钢，无热处理和硬度要求。

③ 加工重点保证外圆锥尺寸为$\phi44_{-0.084}^{\ 0}$，内孔尺寸为$\phi26_{\ 0}^{+0.039}$。长度尺寸比较容易保证。

④ 表面粗糙度要求达到$R_a1.6$，因此外圆内孔均需粗、精加工，同时保证尺寸精度和表面粗糙度。

⑤ 为了达到以上要求，最好精加工分为两刀，并且两刀的切削速度、进给量应一致，在刀具补偿中留相同的精加工余量。

### 2. 确定装夹方法和工件原点

确定装夹方法和工件原点的步骤如下：

① 毛坯为$\phi50$的棒料，采用三爪自定心卡盘装夹，伸出卡盘部分长度约为50 mm。考虑

到整个零件加工完毕后须切断，所以多伸出一点。

② 把工件右端面轴心处作为工件原点，并以此为工件坐标系编程。

### 3. 确定换刀点和循环起刀点

确定换刀点和循环起刀点的步骤如下：

① 换刀点在 $Z$ 向距离工件原点为 100 mm，$X$ 向为 $\phi 100$ 处。

② 循环起刀点在 $Z$ 向距离工件右端面为 3 mm，$X$ 向为 $\phi 52$ 处。

### 4. 选择加工刀具

刀具卡如表 1.15 所列。

**表 1.15 刀具卡**

| 实训课题 | | 外轮廓加工 | 零件名称 | 轮廓加工 | 零件图号 | 1 |
|---|---|---|---|---|---|---|
| 序 号 | 刀具号 | 刀具名称及规格 | 刀尖半径/mm | 数 量 | 加工表面 | 备 注 |
| 1 | T0101 | 93°外圆车刀 | 0.4 | 1 | 端面、外圆 | |
| 2 | T0202 | 镗孔刀 | 0.2 | 1 | 内孔 | |
| 3 | T0404 | $B$=3 mm 切断刀 | 0.2 | 1 | 切断 | |

### 5. 制定加工工序，确定切削用量

工序卡如表 1.16 所列。

**表 1.16 工序卡**

| 操作序号 | 工序内容 | T 刀具 | 转速 $n$/ ($r \cdot min^{-1}$) | 进给量 $f$/ ($mm \cdot r^{-1}$) | 切削深度 $t$/ mm |
|---|---|---|---|---|---|
| (1) | 车端面 | T0101 | 450 | 0.1 | |
| (2) | 粗车外表面 | T0101 | 450 | 0.25 | 1 |
| (3) | 粗镗内表面 | T0202 | 650 | 0.25 | 1 |
| (4) | 精镗内表面 | T0202 | 850 | 0.1 | 0.20 |
| (5) | 精车外表面 | T0101 | 850 | 0.1 | 0.20 |
| (6) | 切断 | T0404 | 250 | 0.08 | |
| (7) | 检测、校验 | | | | |

### 6. 数值计算确定点坐标

确定点坐标的步骤如下：

① 设定程序原点，以工件右端面与轴线的交点为工件坐标系。

② 当循环起点 $Z$ 坐标为 $Z3.0$ 时，计算粗加工外圆锥面时，切削终止点的直径 $D$ 值。

根据锥度公式

$$C=\frac{D-d}{L} \tag{1-4}$$

将 $C=\frac{1}{5}$，$D=44$，$L=20+3=23$ 代入式(1-4)，即

$$\frac{1}{5}=\frac{44-d}{23}$$

得 $d=39.4$，则 $R=\frac{39.4-44}{2}=-2.3$。

当 $X$ 轴还有 0.2 mm 余量时，外圆锥面的切削终点为：($X44.4$，$Z-20.0$)；

当 $X$ 轴还有 1.2 mm 余量时，外圆锥面的切削终点为：($X46.4$，$Z-20.0$)；

当 $X$ 轴还有 2.2 mm 余量时，外圆锥面的切削终点为：($X48.4$，$Z-20.0$)。

## 7. 参考程序

程序卡如表 1.17 所列。

**表 1.17 程序卡**

| 行 号 | 程 序 | 解 释 |
|---|---|---|
| | O0100； | 程序号 |
| N010 | G90 G99 G00 X100.0 Z100.0； | 绝对坐标，每转进给，换刀点 |
| N020 | M03 S450 T0101； | 主轴正转，1 号外圆刀 |
| N030 | G00 X52.0 Z3.0； | 快速到达外圆起刀点 |
| N040 | G94 X0 Z0.5 F0.1； | 加工端面 |
| N050 | Z0； | |
| N060 | G90 X48.5 Z-45.0 F0.25； | 粗加工外圆柱面，留 0.5 mm 余量 |
| N070 | G90 X48.4 Z-20.0 R-2.3； | 粗加工外圆锥面，留 0.4 mm 余量 |
| N080 | X46.4； | |
| N090 | X44.4； | |
| N100 | G00 X100.0 Z100.0 T0100； | 快速退刀到换刀点，并取消 1 号刀具补偿 |
| N110 | M05； | 主轴停转 |
| N120 | M01； | 选择停止，测量工件 |
| N130 | M03 S650 T0202； | 主轴正转，换 2 号刀 |
| N140 | G00 X16.0 Z3.0； | 快速到达内孔起刀点 |
| N150 | G90 X19.6 Z-45.0 F0.25； | 粗镗 $\phi$20 内孔 |
| N160 | G90 X21.6 Z-25.0 F0.25； | 粗镗 $\phi$26 内孔 |
| N170 | X23.6； | |
| N180 | X25.6； | |
| N190 | G00 Z100.0； | 内孔退刀先退 $Z$ 轴 |
| N200 | X100.0 T0200； | 再退 $X$ 轴，安全系数高，取消 2 号刀具补偿 |

续表 1.16

| 行 号 | 程 序 | 解 释 |
| --- | --- | --- |
| N210 | M05; | 主轴停转 |
| N220 | M01; | 选择停止,测量工件 |
| N230 | M03 S850 T0202; | 主轴正转,提高转速,精加工,换 2 号刀 |
| N240 | G00 X26.0 Z3.0; | 快速到达精镗起刀点 |
| N250 | G01 Z-25.0 F0.1; | 精镗 ϕ26 内孔 |
| N260 | X20.0; | 精镗 ϕ20 内孔 |
| N270 | Z-45.0; | |
| N280 | X18.0; | 径向退刀 |
| N290 | G00 Z100.0; | 内孔退刀先退 Z 轴 |
| N300 | X100.0 T0200; | 再退 X 轴,取消 2 号刀具补偿 |
| N310 | M05; | 主轴停转 |
| N320 | M01; | 选择停止,测量工件 |
| N330 | M03 S850 T0101; | 主轴正转,提高转速,精加工,换 1 号刀 |
| N340 | G00 X39.4 Z3.0; | 快速到达精车起刀点 |
| N350 | G01 X44.0 Z-20.0 F0.1; | 精车外圆锥面 |
| N360 | X48.0; | 精车 ϕ48 外圆柱面 |
| N370 | Z-45.0; | |
| N380 | X52.0; | 径向退刀 |
| N390 | G00 X100.0 Z100.0 T0100; | 快速退刀到换刀点,并取消 1 号刀具补偿 |
| N400 | M05; | 主轴停转 |
| N410 | M01; | 选择停止,测量工件 |
| N420 | M03 S250 T0404; | 主轴正转,换 4 号刀 |
| N430 | G00 X55.0 Z-45.0; | 快速到达切断起刀点 |
| N440 | G01 X18.0 F0.08; | 切断 |
| N450 | G00 X55.0; | 快速退刀 |
| N460 | X100.0 Z100.0 T0400 M05; | 快速退刀到换刀点,并取消 4 号刀具补偿 |
| N470 | T0100; | 返回 1 号刀 |
| N480 | M30; | 程序结束,光标返回程序头 |

# 实训作业

1. 工件材料:45#钢,毛坯 ϕ35 的棒料,用 G90 指令编程,如图 1.34 所示。要求:

(1) 零件技术要求分析。

(2) 确定零件的定位、装夹方案和工件原点。

(3) 确定换刀点和循环起刀点。

(4) 选择刀具。

(5) 制定加工工序,确定切削用量。

(6) 数值计算,确定坐标点。

(7) 填写程序单,并作简要说明。

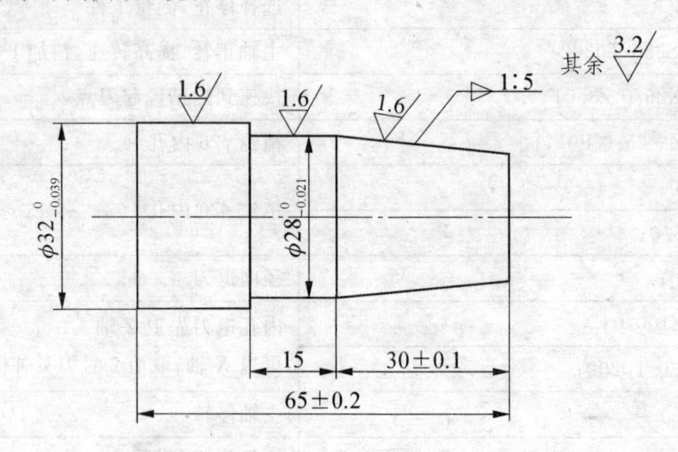


图 1.34　习题 1 用图

2. 工件材料:45＃钢,毛坯 $\phi 65$ 棒料,用 G94 指令编程,如图 1.35 所示。

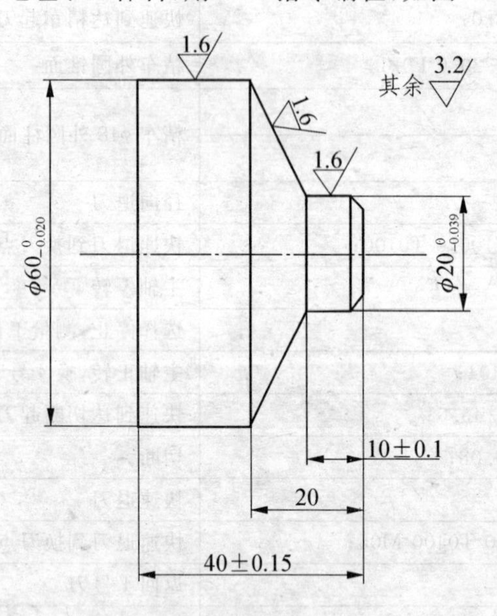


图 1.35　习题 2 用图

3. 回答下列问题:

(1) 使用 G90 和 G94 编程与 G01 编程在走刀轨迹方面有何不同之处?

(2) 数控车削加工中切削用量的选择对零件表面质量有何影响?

(3) 总结在数控车床上加工套类零件的操作步骤?

# 第2章 螺纹加工

## 课题名称 螺纹车削

## 课题目标

掌握螺纹加工指令的编程格式及特点。

## 课题重点

☆ 掌握螺纹的基础知识,并掌握必要的计算公式。

☆ 掌握螺纹加工指令 G92 的适用范围及编程技能技巧。

☆ 能合理选用数控车削加工螺纹的切削用量。

## 实训资源

实训资源如表 2.1 所列。

表 2.1 实训资源

| 资源序号 | 资源名称 | 备 注 |
|---|---|---|
| 1 | 数控车床 CAK6150 | 数控系统 FANUC0I - MATE |
| 2 | 外圆刀 | 93° |
| 3 | 外螺纹刀 | 60° |
| 4 | 切断刀 | |
| 5 | 图纸(含评分标准) | |
| 6 | 游标卡尺 | |
| 7 | 螺纹千分尺 | |
| 8 | 材料(45#钢) | $\phi35$ |
| 9 | 机床参考书和系统使用手册 | |

## 注意事项

1. 在螺纹切削期间进给倍率无效,应固定在100%的位置。
2. 不停止主轴而停止螺纹切削刀具进给是非常危险的,将会突然增加切削深度,从而导

致刀具损坏、工件报废。因此在执行循环程序时，不能在螺纹切削期间按循环暂停按钮。

3. 在螺纹切削时不能采用恒线速编程。这是因为切削螺纹可能分几刀来完成。当改变切深时，由于主轴速度发生变化可能产生乱牙，不能切削出正确的螺距，因此切削螺纹只能用恒转速编程，即采用 G97 编程。

4. 主轴速度倍率功能在切削螺纹时失效，主轴倍率固定在 100%的位置。

5. 多头螺纹切削，一般采用多进或多退一个螺距的方式来实现，如果采用变转角方式，则要注意相移角的输入值。

6. 刀尖应与主轴中心线等高。

7. 螺纹车刀安装时，应使用螺纹样板进行装夹。

# 2.1　基础知识

## 2.1.1　车外螺纹

### 1. 螺纹的种类

数控车床可以加工圆柱螺纹、圆锥螺纹和端面螺纹，如图 2.1 所示。

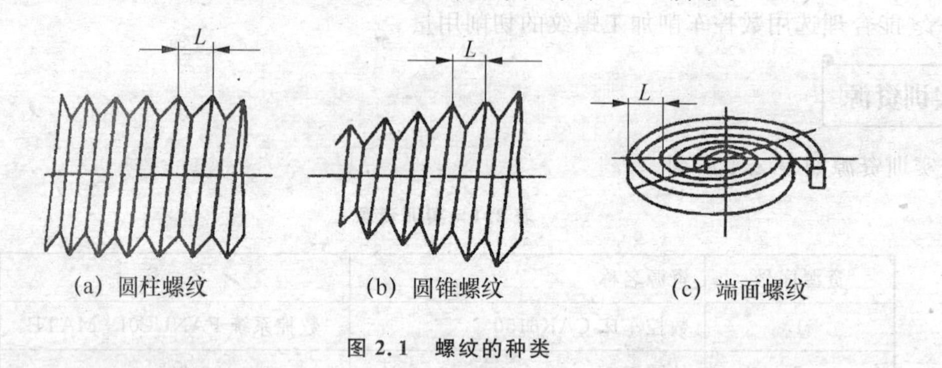


图 2.1　螺纹的种类

### 2. 常见螺纹的种类代号

#### (1) 米制螺纹

米制螺纹牙型如图 2.1 所示。米制螺纹有粗牙螺纹系列和细牙螺纹系列，主要通过螺距来区分。它们通过装配内、外螺纹时的螺纹配合程度来划分等级。其标识如图 2.2 所示。

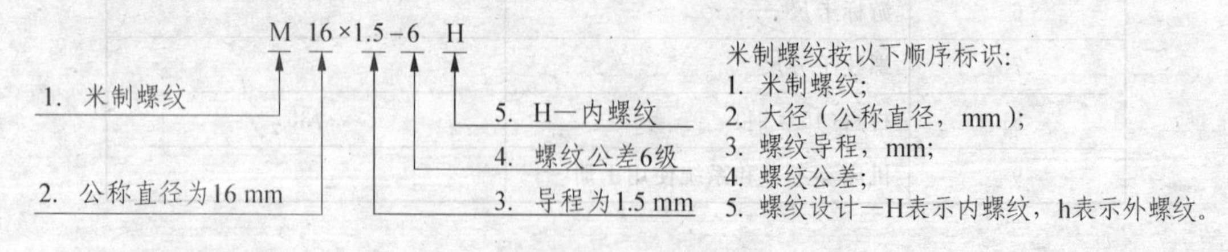


图 2.2　米制螺纹标识

#### (2) 英制螺纹

美国通常称螺纹为 UN 螺纹，分粗牙螺纹系列(UNC)、细牙螺纹系列(UNF)和超细牙螺纹系列(UNEF)。根据螺栓上单位长度的螺纹数(TPI)来区分这几种螺纹。它们通过装配

内、外螺纹时的螺纹配合程度来划分等级。其标识如图 2.3 所示。

UN 螺纹按以下顺序标识：
1. 大径(公径直径)；
2. 单位英寸上的螺纹数(TPI)；
3. 螺纹形式—用 UN 表示；
4. 螺纹系列—C 表示粗牙螺纹,F 表示细牙螺纹,EF 表示超细牙螺纹；
5. 螺纹等级—1 表示松配合,2 表示一般配合,3 表示紧配合；
6. 螺纹设计—A 表示外螺纹,B 表示内螺纹。

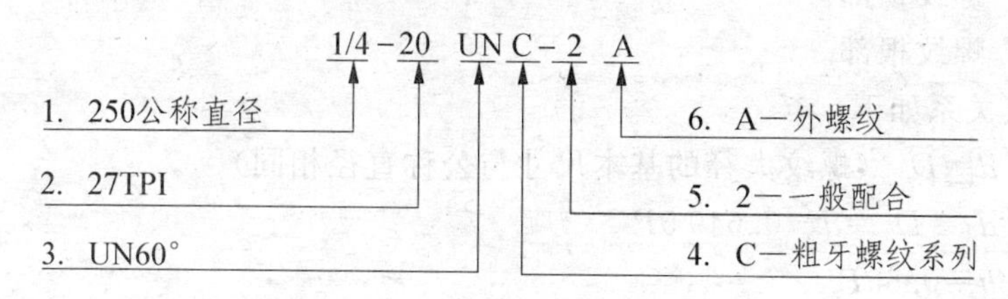


图 2.3 英制螺纹标识

(3) 管螺纹

管螺纹分为用螺纹密封的和非螺纹密封的两种。螺纹密封的管螺纹的内螺纹有圆锥和圆柱两种形式,外螺纹只有圆锥一种形式。

1) 螺纹密封的管螺纹形式

圆锥内螺纹:Rc 1 ½;

圆柱内螺纹:Rp 1 ½;

圆锥外螺纹:R1 ½。

2) 管螺纹的配合

圆锥内螺纹与圆锥外螺纹的配合:Rc 1 ½/R1 ½;

圆柱内螺纹与圆锥外螺纹的配合:Rp 1 ½/R1 ½;

当螺纹为左旋时,Rc 1 ½/R 1 ½-LH。

## 3. 普通螺纹各基本尺寸计算

普通螺纹各基本尺寸如图 2.4 所示。

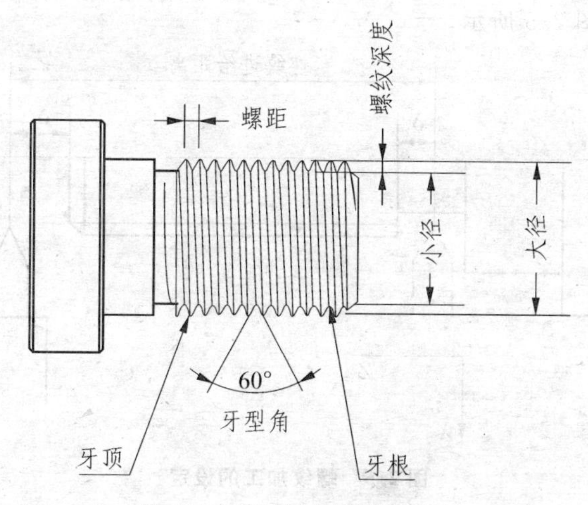


图 2.4 普通螺纹的基本尺寸

螺纹特征说明：

① 大　径　螺纹的最大直径，表示公称尺寸。

② 小　径　螺纹的小直径，也是牙根的直径尺寸。

③ 螺纹深度　螺纹牙顶到螺纹牙根的深度。

④ 螺　距　相临两牙间的距离。

⑤ 牙型角　牙型两侧边的夹角。

⑥ 牙　顶　螺纹顶部。

⑦ 牙　根　螺纹根部。

各参数及其关系如下：

螺纹大径　$d=D$　（螺纹大径的基本尺寸与公称直径相同）

中　径　$d_2=D_2=d-0.6495P$

牙型高度　$h=0.65P$

螺纹小径　$d_1=d-1.3P$

式中：$P$——螺纹的螺距。

**注　意**　① 高速车削三角形螺纹时，受车刀挤压后会使螺纹大径尺寸胀大，因此车螺纹前的外圆直径，应比螺纹大径小。当螺距为 1.5～3.5 mm 时，外径一般为 0.2～0.4 mm。

② 车削三角形内螺纹时，因为车刀切削时的挤压作用，内孔直径会缩小（车削塑性材料较明显），所以车削内螺纹前的孔径（$D$）应比内螺纹小径（$D_1$）略大些；又由于内螺纹加工后的实际顶径允许大于 $D_1$ 的基本尺寸，所以实际生产中，普通螺纹在车内螺纹前的孔径尺寸，可以用下列近似公式计算：

车削塑性金属的内螺纹时：$D\approx d-P$；

车削脆性金属的内螺纹时：$D\approx d-1.05P$。

## 4. 螺纹行程的确定

在数控车床上加工螺纹时，由于机床伺服系统本身具有滞后特性，会在螺纹起始段和停止段发生螺距不规则现象。为避免这种现象的产生，要设引入距离 $\delta_1$ 和超越距离 $\delta_2$，即升速进刀段和减速退刀段，如图 2.5 所示。

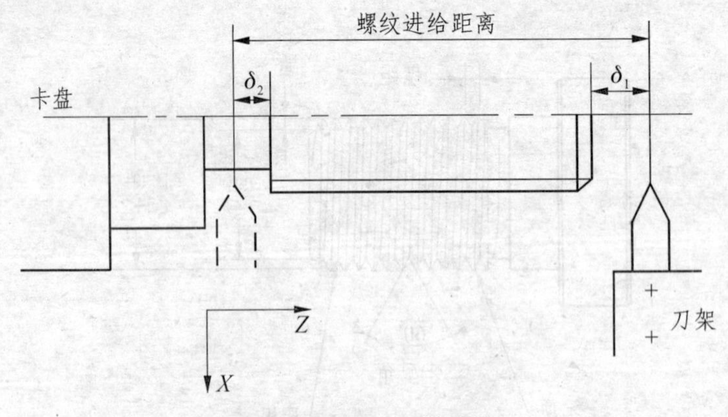


图 2.5　螺纹加工的设定

升速进刀段：$\delta_1=(2\sim3)P$，$P$ 为螺距，对于大螺距和高精度的螺纹取大值；

减速退刀段：$\delta_2=0.5\delta_1$。

若螺纹的收尾处没有退刀槽时，一般按 45°退刀收尾。

### 5. 螺纹的切削方法

螺纹加工属于成型加工。为了保证螺纹的导程，加工时主轴旋转一周，车刀的进给量必须等于螺纹的导程，进给量较大；另外，螺纹车刀的强度一般较差，故螺纹牙型往往不是一次加工而成的，需要多次进行切削，如欲提高螺纹的表面质量，可增加几次光整加工。在数控车床上加工螺纹的方法有直进法和斜进法两种，如图 2.6 所示。

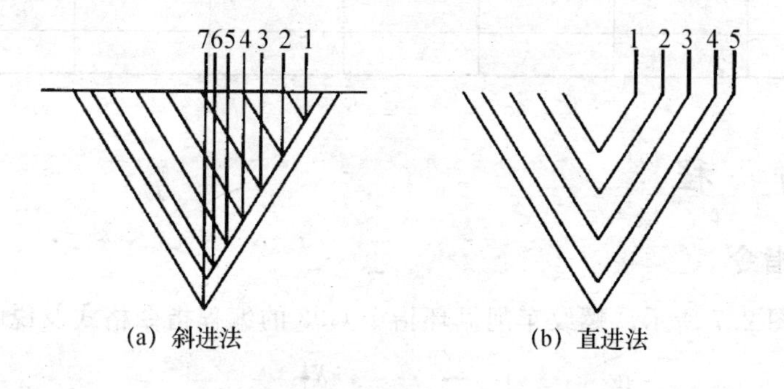


(a) 斜进法　　(b) 直进法

**图 2.6　螺纹加工方法**

直进法适合加工导程较小的螺纹，斜进法适合加工导程较大的螺纹。常用螺纹切削的进给次数和切削深度如表 2.2 所列。

**表 2.2　常用螺纹切削的进给次数与切削深度**

| 米制螺纹 | | | | | | | |
|---|---|---|---|---|---|---|---|
| 螺距 $P$/mm | 1.0 | 1.5 | 2 | 2.5 | 3 | 3.5 | 4 |
| 牙深（半径值） | 0.649 | 0.974 | 1.299 | 1.624 | 1.949 | 2.273 | 2.598 |
| 进给次数及切削深度（直径值） 1次 | 0.7 | 0.8 | 0.9 | 1.0 | 1.2 | 1.5 | 1.5 |
| 2次 | 0.4 | 0.6 | 0.6 | 0.7 | 0.7 | 0.7 | 0.8 |
| 3次 | 0.2 | 0.4 | 0.6 | 0.6 | 0.6 | 0.6 | 0.6 |
| 4次 | | 0.16 | 0.4 | 0.4 | 0.4 | 0.6 | 0.6 |
| 5次 | | | 0.1 | 0.4 | 0.4 | 0.4 | 0.4 |
| 6次 | | | | 0.15 | 0.4 | 0.4 | 0.4 |
| 7次 | | | | | 0.2 | 0.2 | 0.4 |
| 8次 | | | | | | 0.15 | 0.3 |
| 9次 | | | | | | | 0.2 |

续表 2.2

| 英制螺纹 | | | | | | | | |
|---|---|---|---|---|---|---|---|---|
| 牙/in | | 24 | 18 | 16 | 14 | 12 | 10 | 8 |
| 牙深(半径值) | | 0.698 | 0.904 | 1.016 | 1.162 | 1.355 | 1.626 | 2.033 |
| 进给次数及切削深度(直径值) | 1次 | 0.8 | 0.8 | 0.8 | 0.8 | 0.9 | 1.0 | 1.2 |
| | 2次 | 0.4 | 0.6 | 0.6 | 0.6 | 0.6 | 0.7 | 0.7 |
| | 3次 | 0.16 | 0.3 | 0.5 | 0.5 | 0.6 | 0.6 | 0.6 |
| | 4次 | | 0.11 | 0.14 | 0.3 | 0.4 | 0.4 | 0.5 |
| | 5次 | | | | 0.13 | 0.21 | 0.4 | 0.5 |
| | 6次 | | | | | | 0.16 | 0.4 |
| | 7次 | | | | | | | 0.17 |

# 2.1.2　编　　程

## 1. 车螺纹指令

螺纹车削如图 2.7 所示。螺纹车削循环指令 G92 的编程指令格式及说明如表 2.3 所列。

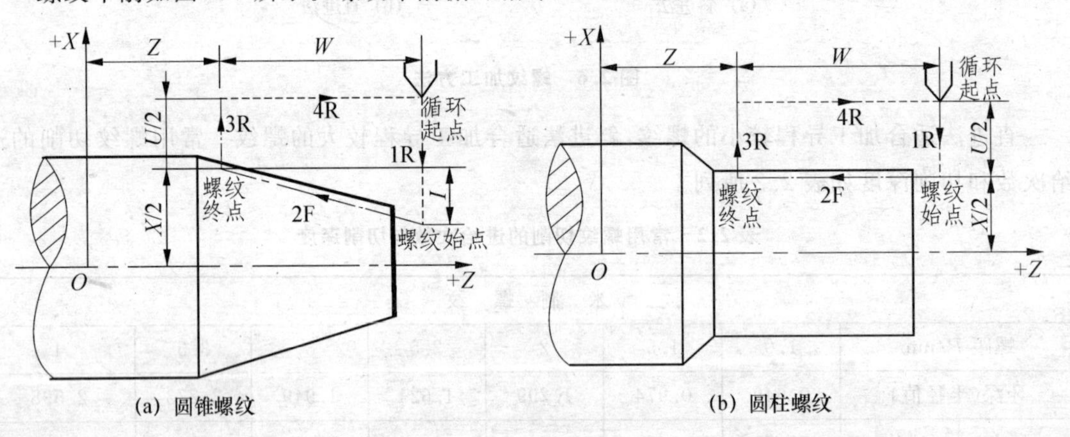


(a) 圆锥螺纹　　(b) 圆柱螺纹

图 2.7　螺　纹

表 2.3　编程指令格式及说明

| 编程指令 | 指令格式 | 说　明 |
|---|---|---|
| 圆柱螺纹指令 G92 | G92 X(U)__ Z(W)__ F__; | X,Z 为螺纹终点坐标值 $X,Z$<br>U,W 为螺纹终点相对循环起点的增量值 $U,W$<br>F 为进给速度 $v_f$,采用与螺距相应的旋转进给速度 |
| 圆锥螺纹指令 G92 | G92 X(U)__ Z(W)__ R__ F__; | X,Z 为螺纹终点坐标值 $X,Z$<br>U,W 为螺纹终点相对循环起点的增量值 $U,W$<br>R 为圆锥螺纹始点与终点的半径差 $I$<br>F 为进给速度 $v_f$,采用与螺距相应的旋转进给速度 |

［例 2.1］ 如图 2.8 所示加工圆柱螺纹，起刀点设在 X100.0，Z150.0 位置，利用螺纹固定循环指令，编写加工程序。

```
N010 G50 X100.0  Z150.0;                    坐标系设定
N020 G97 S300;                              主轴转速
N030 T0101 M03;                             选择 1 号刀，1 号刀具补偿建立
N040 G00 X35.0 Z104.0;                      刀具快速移动到循环起点
N050 G92 X29.2 Z56.0 F1.5;                  螺纹切削循环 1
N060 X28.6;                                 螺纹切削循环 2
N070 X28.2;                                 螺纹切削循环 3
N080 X28.04;                                螺纹切削循环 4
N090 G00 X100.0 Z150.0 T0100 M05;           回起刀点，取消刀具补偿，主轴停
N100 M30;                                   程序结束
```

［例 2.2］ 如图 2.9 所示加工圆锥螺纹，起刀点设在 X100.0，Z150.0 位置，利用螺纹固定循环指令，编写加工程序。

```
N010 G50 X100.0 Z150.0;                     坐标系设定
N020 G97 S300;                              主轴转速
N030 T0101 M03;                             选择 1 号刀，1 号刀具补偿建立
N040 G00 X80.0 Z62.0;                       刀具快速移动到循环起点
N050 G92 X49.6 Z12.0 R-5.0 F2.0;            螺纹切削循环 1
N060 X48.7;                                 螺纹切削循环 2
N070 X48.1;                                 螺纹切削循环 3
N080 X47.5;                                 螺纹切削循环 4
N090 X47.1;                                 螺纹切削循环 5
N100 X47.0;                                 螺纹切削循环 6
N110 G00 X100.0 Z150.0 T0100 M05;           回起刀点，取消刀具补偿，主轴停
N120 M30;                                   程序结束
```

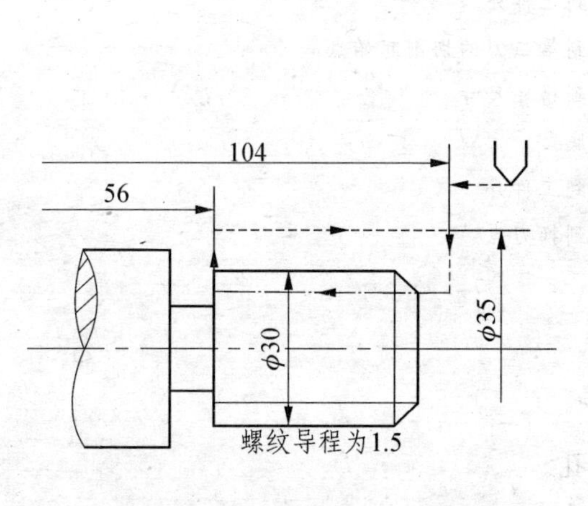


图 2.8 圆柱螺纹切削循环实例

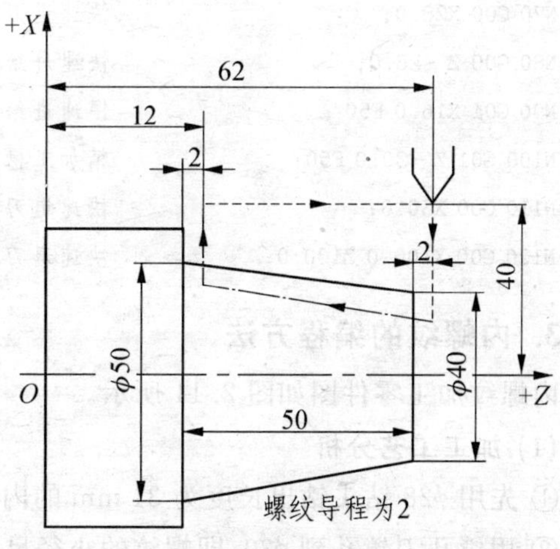


图 2.9 锥螺纹切削循环实例

## 2. 切槽的编程方法

通常，在车削螺纹之前，均需要切出一个退刀槽，以使螺纹刀能够安全地退刀。以下是切槽程序的编程方法，以图 2.10 为例。退刀槽的尺寸为：槽宽 5 mm，槽深 2 mm，切槽刀宽 3 mm。考虑到槽宽为5 mm，而刀宽才 3 mm，因此需要切两刀：以图示工件右端面轴心处为工件坐标系，以刀具左刀尖为基准点对刀，第一刀 $Z$ 轴定位尺寸为 $Z-30.0$ mm；第二刀 $Z$ 轴定位尺寸为 $Z-28.0$ mm。因为刀具是以左刀尖定位的，所以切削第二刀时要考虑刀宽尺寸，可用以下方法简单计算：

第二刀 $Z$ 轴定位尺寸＝第一刀 $Z$ 轴定位尺寸＋(槽宽－刀宽)

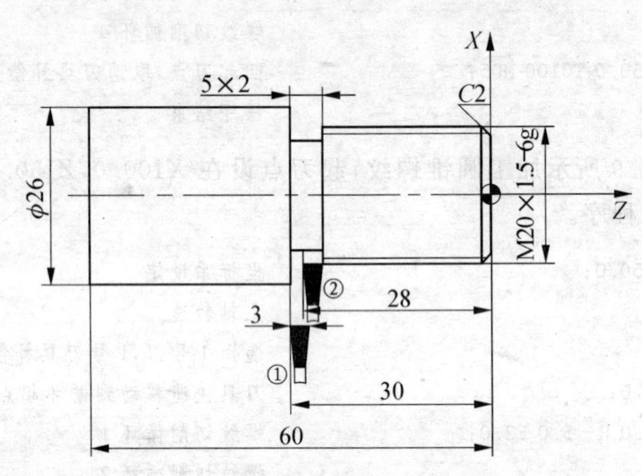


图 2.10　切槽举例

以下为切槽程序：

```
…;
N50 G00 X28.0 Z-30.0;        快速定位到第一刀的切削起始点
N60 G01 X16.1 F50;           慢速进给到槽底，并留 0.1 mm 精加工余量
N70 G00 X28.0;               快速退刀到工件外
N80 G00 Z-28.0;              快速进给到第二刀的切削起始点
N90 G01 X16.0 F50 ;          慢速进给到槽底尺寸
N100 G01 Z-30.0 F50;         精加工槽底
N110 G00 X30.0;              快速退刀到工件外
N120 G00 X100.0 Z100.0;      快速退刀到换刀点
```

## 3. 内螺纹的编程方法

内螺纹加工零件图如图 2.11 所示。

### (1) 加工工艺分析

① 先用 $\phi28$ 钻头钻出长度为 31 mm 的内孔。

② 用镗孔刀镗孔到 $\phi30$，即螺纹的小径尺寸。

内螺纹的孔径＝螺纹大径－1 倍的螺距＝32－2＝30 mm

③ 切出螺纹退刀槽。

④ 车内螺纹，由螺纹小径车到螺纹大径；刀具定位时，X 轴比内孔孔径小 2 mm。

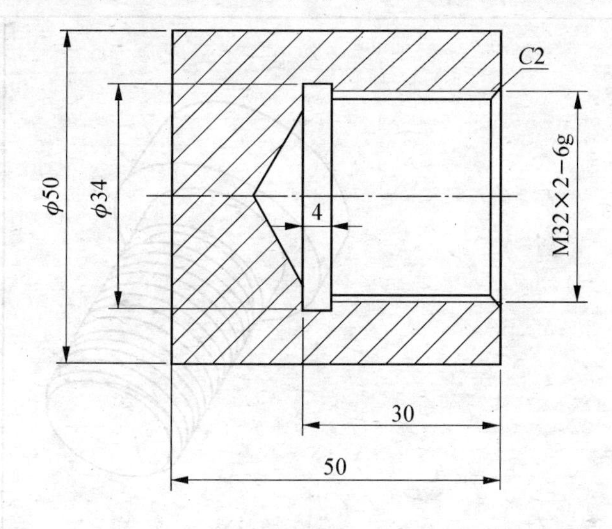


图 2.11　内螺纹加工零件图

**(2) 编制螺纹程序**

如图 2.11 所示圆柱内螺纹，起刀点设在 X100.0，Z100.0 位置，利用螺纹固定循环指令 G92，编写加工程序。

```
N010 G50 X100.0 Z100.0;            坐标系设定
N020 G97 S500;                     主轴转速
N030 T0303 M03;                    选择 3 号刀，3 号刀具补偿建立
N040 G00 X28.0;                    刀具快速移动到循环起点：先 X 轴定位
N050 G00 Z4.0;                     再 Z 轴定位
N060 G92 X30.6 Z-28.0 F2.0;        螺纹切削循环 1
N070 X31.0;                        螺纹切削循环 2
N080 X31.4;                        螺纹切削循环 3
N090 X31.7;                        螺纹切削循环 4
N100 X31.9;                        螺纹切削循环 5
N110 X32.0;                        螺纹切削循环 6
N120 X32.0;                        螺纹切削循环 7
N130 G00 Z100.0;                   Z 轴先回起刀点
N140 G00 X100.0 T0300 M05;         X 轴再回起刀点，取消刀具补偿，主轴停
N150 M30;                          程序结束
```

# 2.2　典型零件加工范例

## 2.2.1　图　纸

零件加工图纸如图 2.12 所示。

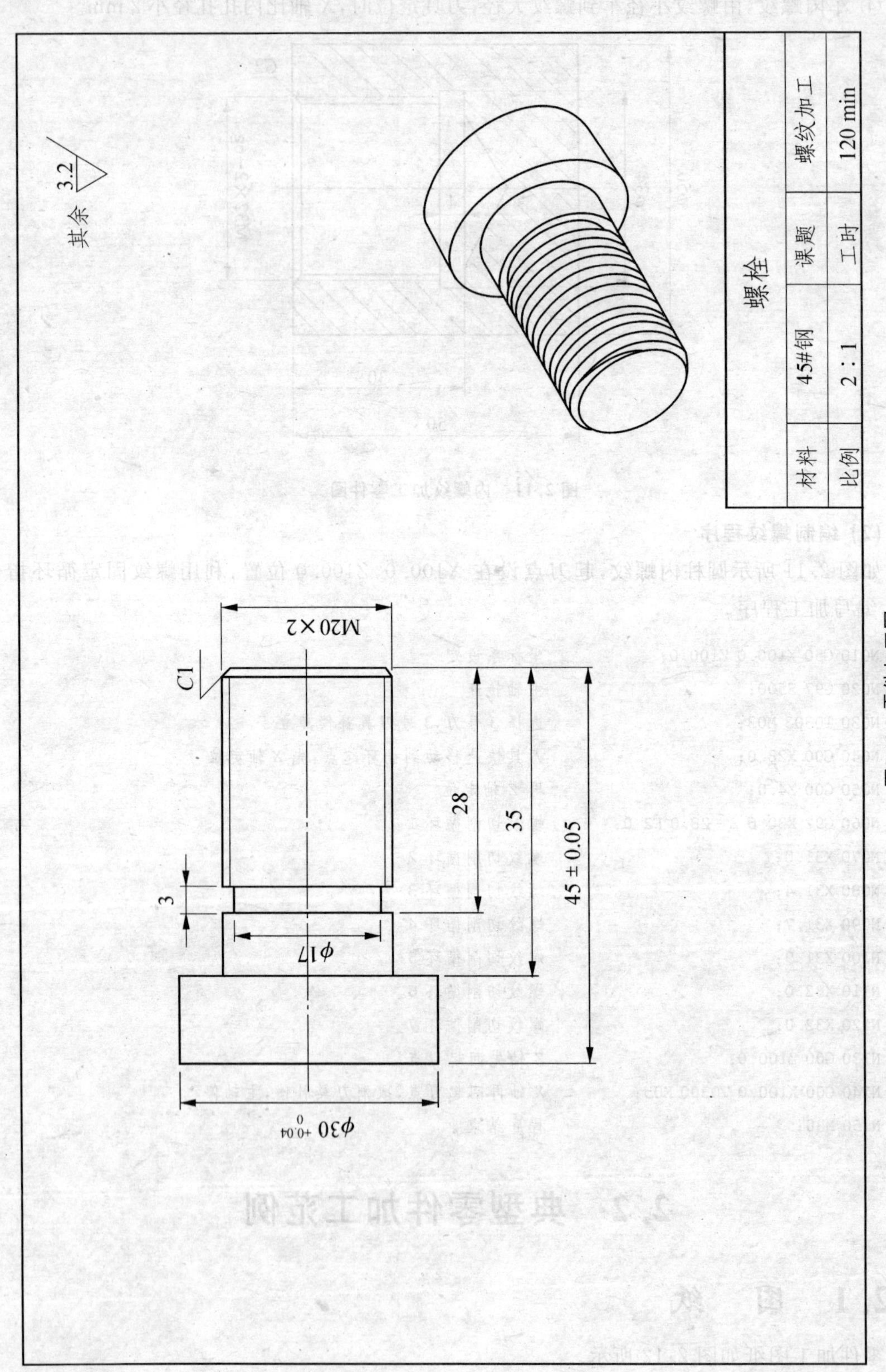
其余 3.2
螺栓
材料
45#钢
课题
螺纹加工
比例
2：1
工时
120 min
M20×2
C1
28
35
45±0.05
3
$\phi$17
$\phi 30^{+0.04}_{0}$

图2.12 零件加工图

## 2.2.2 评分标准

零件加工评分标准如表 2.4 所列。

**表 2.4 零件加工评分标准**

| 序号 | 项目 | 技术要求 | | 配分 | 评分标准 | 检测结果 | 实得分 |
|---|---|---|---|---|---|---|---|
| 1 | 外圆 | $\phi30^{+0.04}_{0}$ | 尺寸 | 20 | 超差 0.01 扣 2 分 | | |
| 2 | | | $R_a1.6$ | 6 | $R_a>1.6$ 扣 2 分，<br>$R_a>3.2$ 全扣 | | |
| 3 | 螺纹 | M20×2(止通规检查) | | 20 | 止通规检查不满足要求不得分 | | |
| 4 | | $R_a3.2$ | | 6 | $R_a>3.2$ 扣 2 分<br>$R_a>6.3$ 全扣 | | |
| 5 | 长度 | 45±0.05 | | 10 | 超差 0.01 扣 2 分 | | |
| 6 | | 35 | | 8 | 超差 0.01 扣 2 分 | | |
| 7 | | 28 | | 8 | 超差不得分 | | |
| 8 | 倒角 | C1 | | 3 | 超差不得分 | | |
| 9 | 退刀槽 | 3×$\phi17$ | | 8 | 超差不得分 | | |
| 10 | 文明生产 | | | 15 | 违规操作全扣 | | |
| 11 | 工时 | | | | 每超 5 min 扣 1 分 | | |

## 2.2.3 加工流程

### 1. 技术要求分析

图 2.12 所示零件加工技术要求的分析如下：

① 零件加工包括外圆柱面、端面、切槽、车螺纹和切断等。

② 零件材料为 45＃钢，无热处理和硬度要求。

③ 重点加工的尺寸：外圆尺寸为 $\phi30^{+0.04}_{0}$，长度尺寸为 45±0.05。

④ 该零件的表面粗糙度全部为 $R_a3.2$，较容易保证。

⑤ 车螺纹需要计算螺纹小径、螺纹的编程长度及合理的切削深度。

### 2. 确定装夹方法和工件原点

毛坯为 $\phi35$ 的棒料，采用三爪自定心卡盘装夹，伸出卡盘部分长度为 55 mm，整个零件加工完毕后切断。把工件右端面轴心处作为工件原点，并以此为工件坐标系编程。

### 3. 确定换刀点和循环起刀点

确定换刀点和循环起刀点的步骤如下：

① 换刀点在 $Z$ 向距离工件原点为 100 mm，$X$ 向为 $\phi100$ 处；

② 起刀点在 $Z$ 向距离工件右端面为 3 mm，$X$ 向为 $\phi37$ 处。

## 4. 选择加工刀具

刀具卡如表 2.5 所列。

**表 2.5　刀具卡**

| 实训课题 | | 螺纹加工 | 零件名称 | 外螺纹车削 | 零件图号 | 2 |
|---|---|---|---|---|---|---|
| 序　号 | 刀具号 | 刀具名称及规格 | 刀尖半径/mm | 数　量 | 加工表面 | 备　注 |
| 1 | T0101 | 93°外圆车刀 | 0.4 | 1 | 端面、外圆 | |
| 2 | T0202 | 60°外螺纹车刀 | 0.1 | 1 | 外螺纹 | |
| 3 | T0404 | $B$=3 mm 切断刀 | 0.2 | 1 | 切槽、切断 | |

## 5. 制定加工工序，确定切削用量

工序卡如表 2.6 所列。

**表 2.6　工序卡**

| 操作序号 | 工序内容 | T 刀具 | 转速 $n/(\mathrm{r\cdot min^{-1}})$ | 进给量 $f/(\mathrm{mm\cdot r^{-1}})$ | 切削深度 $t$/mm |
|---|---|---|---|---|---|
| (1) | 车端面 | T0101 | 450 | 0.1 | |
| (2) | 粗车外表面 | T0101 | 450 | 0.20 | 1 |
| (3) | 切退刀槽 | T0404 | 300 | 0.08 | |
| (4) | 车外螺纹 | T0202 | 600 | | |
| (5) | 精车外表面 | T0101 | 850 | 0.1 | 0.20 |
| (6) | 切断 | T0404 | 300 | 0.08 | |
| (7) | 检测、校验 | | | | |

## 6. 数值计算

螺纹加工前外径尺寸：$D=20-0.2=19.8$ mm

升速进刀段：$\delta_1=(2\sim3)P$　　$P=2$　　$\delta_1=2P=2\times2=4$ mm

减速退刀段：$\delta_2=0.5\delta_1$　　$\delta_2=0.5\delta_1=0.5\times4=2$ mm

螺纹小径：　$d=D-1.3P$　　$D=20$　　$d=D-1.3P=20-1.3\times2=17.4$ mm

## 7. 参考程序

程序卡如表 2.7 所列。

表 2.7 程序卡

| 行 号 | 程 序 | 解 释 |
|---|---|---|
| | O0200; | 程序号 |
| N 1 | G90 G99 G00 X100.0 Z100.0; | 绝对坐标,每转进给,换刀点 |
| N 2 | M03 S450 T0101; | 主轴正转,1 号外圆刀 |
| N 3 | G00 X37.0 Z3.0; | 快速到达外圆起刀点 |
| N 4 | G94 X0 Z0.5 F0.1; | 加工端面 |
| N 5 | Z0; | |
| N 6 | G90 X32.4 Z-48.0 F0.2; | 粗加工外圆柱面,留 0.4 mm 余量 |
| N 7 | X30.4; | |
| N 8 | G90 X26.4 Z-35.0 F0.2; | |
| N 9 | X22.4; | |
| N10 | X20.4; | |
| N11 | G90 X19.8 Z-28.0 F0.2; | 精加工 M20 外圆到 $\phi$19.8 |
| N12 | G00 X100.0 Z100.0 T0100; | 快速退刀到换刀点,并取消 1 号刀具补偿 |
| N13 | M05; | 主轴停转 |
| N14 | M01; | 选择停止,测量工件 |
| N15 | M03 S300 T0404; | 改变转速,换 4 号切槽刀 |
| N16 | G00 X24.0 Z-28.0; | 快速定位到切槽点 |
| N17 | G01 X17.0 F0.08; | 切槽到 $\phi$17.0 |
| N18 | G04 X1.0; | 在槽底暂停 1.0 s |
| N19 | G01 X24.0; | 退出加工槽 |
| N20 | G00 X100.0 Z100.0 T0400; | 快速退刀到换刀点,并取消 4 号刀具补偿 |
| N21 | M05; | 主轴停转 |
| N22 | M01; | 选择停止,测量工件 |
| N23 | M03 S600 T0202; | 改变转速,换 2 号螺纹车刀 |
| N24 | G00 X22.0 Z4.0; | 快速定位到循环起点($X$22.0,$Z$4.0) |
| N25 | G92 X19.2 Z-26.5 F2.0; | 加工外圆柱螺纹 |
| N26 | X18.7; | |
| N27 | X18.3; | |
| N28 | X18.0; | |
| N29 | X17.7; | |
| N30 | X17.5; | |

续表 2.7

| 行　号 | 程　序 | 解　释 |
|---|---|---|
| N31 | X17.4; | |
| N32 | G00 X100.0 Z100.0 T0200; | 快速退刀到换刀点,并取消2号刀具补偿 |
| N33 | M05; | 主轴停转 |
| N34 | M01; | 选择停止,测量工件 |
| N35 | M03 S850 T0101; | 主轴正转,提高转速,精加工,换1号刀 |
| N36 | G00 X37.0 Z3.0; | 快速到达精车起刀点 |
| N37 | G01 X16.0 Z1.0 F0.1; | 加工倒角C1 |
| N38 | X20.0 Z-1.0; | |
| N39 | Z-35.0; | 精车 $\phi 20$ 外圆 |
| N40 | X30.0; | 精加工 $\phi 30$ 右端面 |
| N41 | Z-48.0; | 精加工 $\phi 30$ 外圆 |
| N42 | X37.0; | 径向退刀 |
| N43 | G00 X100.0 Z100.0 T0100; | 快速退刀到换刀点,并取消1号刀具补偿 |
| N44 | M05; | 主轴停转 |
| N45 | M01; | 选择停止,测量工件 |
| N46 | M03 S300 T0404; | 主轴正转,换4号刀 |
| N47 | G00 X37.0 Z-48.0; | 快速到达切断起刀点 |
| N48 | G01 X0.0 F0.08; | 切断 |
| N49 | G00 X37.0; | 快速退刀 |
| N50 | X100.0 Z100.0 T0400 M05; | 快速退刀到换刀点,并取消4号刀具补偿 |
| N51 | T0100; | 返回1号刀 |
| N52 | M30; | 程序结束,光标返回程序头 |

## 实训作业

1. 工件材料:45#钢,毛坯 $\phi 40$ 的棒料。用G92指令编制螺纹加工程序,零件图如图2.13所示。要求:

(1) 零件技术要求分析。

(2) 确定零件的定位、装夹方案和工件原点。

(3) 确定换刀点和循环起刀点。

(4) 选择刀具。

(5) 制定加工工序,确定切削用量。

(6) 数值计算,确定坐标点。

(7) 填写程序单,并作简要说明。

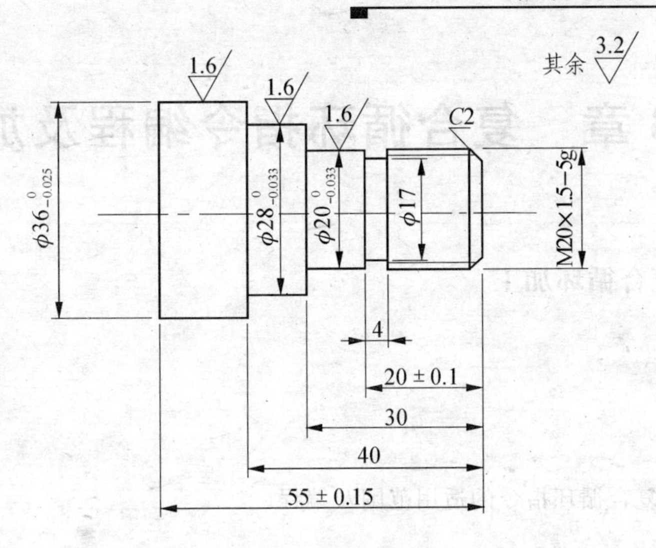


**图 2.13　习题 1 用图**

2. 用 G92 指令编制螺纹加工程序，尺寸如图 2.14 所示。

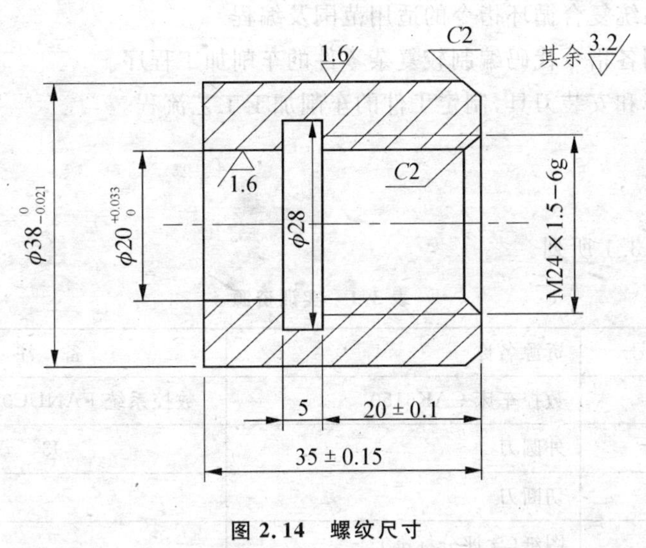


**图 2.14　螺纹尺寸**

3. 回答下列问题：

(1) 为什么设置螺纹的升速进刀段和减速退刀段？

(2) 车螺纹为什么要分多次进刀？

(3) 车圆柱螺纹和圆锥螺纹有什么不同？

# 第3章　复合循环指令编程及加工

## 课题名称　复合循环加工

## 课题目标

掌握数控系统复合循环指令的适用范围及编程。

## 课题重点

☆ 掌握数控系统复合循环指令的适用范围及编程。

☆ 能正确运用各指令代码编制较复杂零件的车削加工程序。

☆ 能正确选择和安装刀具，制定工件的车削加工工艺流程。

## 实训资源

实训资源如表3.1所列。

**表3.1　实训资源**

| 资源序号 | 资源名称 | 备　注 |
|---|---|---|
| 1 | 数控车床CAK6150 | 数控系统FANUC0I-MATE |
| 2 | 外圆刀 | 93° |
| 3 | 切断刀 | |
| 4 | 图纸(含评分标准) | |
| 5 | 游标卡尺 | |
| 6 | 材料(45＃钢) | $\phi50$ |
| 7 | 机床参考书和系统使用手册 | |

## 注意事项

1. G71,G73,G70循环指令自动运行时，不能在单步模式下运行，只能连续执行指令。

2. 在G71和G73的程序段中指令的地址F,S,T对G70的程序段无效，而在顺序号ns到nf之间指令的地址F,S,T对G70的程序段有效。

3. 在G71和G73的程序段中的顺序号nf一行程序段，最好编制成回到$X$轴循环起刀点

的程序段,这样可以有效避免在加工过程中因退刀距离不够而撞到已加工表面。

# 3.1 基础知识

## 3.1.1 复合循环

复合循环指令是为简化编程而提供的固定循环,只需给出精加工形状的轨迹,并指定粗车中的每次切削深度,系统就会自动计算出粗加工路线和加工次数,并在最后沿着精加工形状的轨迹再来一次精车,以达到图纸上的技术要求。

粗车加工中的每次切削深度,应综合考虑机床、刀具、工件的材料和形状,给出一个合理的值;有些复合循环指令代码相同,含义却不同,应注意区分。

G71 指令适合加工:外圆由小到大,内孔由大到小。

G73 指令适合加工:外圆由小到大或由大到小均可,尤其适合加工多个连续曲线的工件;因其轨迹特性,不适合加工内孔。

## 3.1.2 编　程

### 1. 外径/内径粗车固定循环指令 G71

G71 指令适用于圆柱毛坯料粗车外圆和圆筒毛坯料粗车内径,如图 3.1 所示。

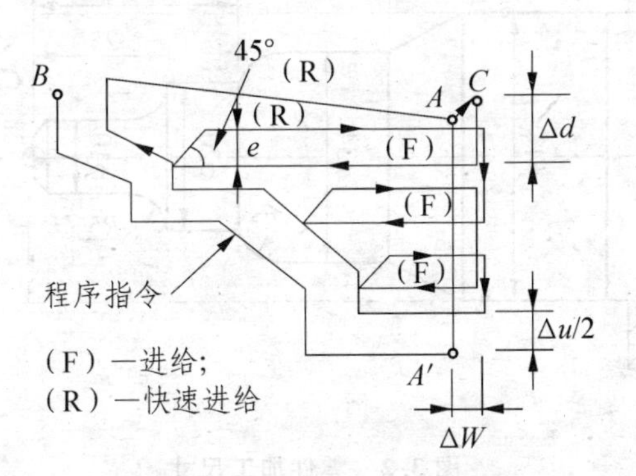


**图 3.1　外径/内径粗车固定循环 G71**

G71 指令格式:

```
G71  U(Δd)R(e);
G71P(ns)Q(nf)U(Δu)W(w)F(f)S(s)T(t);
N(ns)……;
……;
.F—;
.S—;
.T—;
N(nf)……;
```

从序号 ns 至 nf 的程序段,指定 A 及 B 间的移动指令

格式中：

Δd——切削深度（半径指定），不指定正负符号。切削方向依 $AA'$ 的方向而定，在指定下一个值之前均有效。

e——退刀行程，本指令是模态指令，在指定另一个值之前均有效。

ns——精加工形状程序段组的第一个程序段顺序号。

nf——精加工形状程序段组的最后一个程序段顺序号。

Δu——$X$ 方向精加工余量的距离及方向（直径指定）。

Δw——$Z$ 方向精加工余量的距离及方向。

f,s,t——在使用加工循环时，只有在 G71 以前或含在 G71 程序段中的 f,s,t 指令有效。

**[例 3.1]**　用外径粗加工复合循环，编制图 3.2 所示零件的加工程序。要求循环起始点在 $A(46,3)$，切削深度为 2.5 mm（半径量）。$X$ 方向精加工余量为 0.4 mm，$Z$ 方向精加工余量为 0.2 mm，其中双点画线部分为工件毛坯。加工程序单如表 3.2 所列。

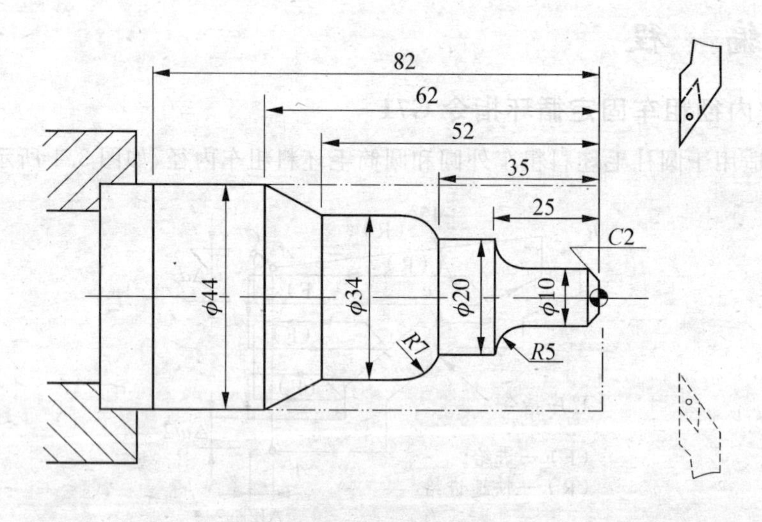


**图 3.2　零件加工尺寸**

**表 3.2　加工程序**

| 行　号 | 程　序 | 解　释 |
| --- | --- | --- |
|  | O5101； | 程序号 |
| N010 | G90 G99 G00 X100.0 Z100.0； | 快速到达换刀点 |
| N020 | S600 M03 T0101； | 主轴以 400 r/mim 正转 |
| N030 | G01 X46.0 Z3.0； | 刀具到循环起点位置 |
| N040 | G71 U1.5 R0.5； | 粗切量 1.5 mm，退刀量 0.5 mm |
| N050 | G71 P60 Q150 U0.4 W0.1 F0.2； | 精车余量 X 方向为 0.4 mm，Z 方向为 0.1 mm |

续表 3.2

| 行 号 | 程 序 | 解 释 |
|---|---|---|
| N060 | G00 X0.0; | 精加工轮廓起始行，到倒角延长线 |
| N070 | G01 X10.0 Z-2.0 F0.1; | 精加工倒角 $C2$ |
| N080 | Z-20.0; | 精加工 $\phi10$ 外圆 |
| N090 | G02 X20.0 W-5.0 R5; | 精加工 $R5$ 圆弧 |
| N100 | G01 W-10.0; | 精加工 $\phi20$ 外圆 |
| N110 | G03 X34.0 W-7.0 R7; | 精加工 $R7$ 圆弧 |
| N120 | G01 Z-52.0; | 精加工 $\phi34$ 外圆 |
| N130 | X44.0 W-10.0; | 精加工外圆锥 |
| N140 | W-20.0; | 精加工 $\phi44$ 外圆 |
| N150 | X46.0; | 精加工轮廓结束行 |
| N160 | G00 X100.0 Z100.0; | 回换刀点 |
| N170 | M05; | 主轴停 |
| N180 | M30; | 主程序结束，光标返回程序头 |

## 2. 固定形状粗车循环 G73

G73 指令适用于毛坯轮廓形状与零件轮廓形状基本接近时的粗车，例如，一般锻件或铸件的粗车。这种循环方式的走刀路线如图 3.3 所示。

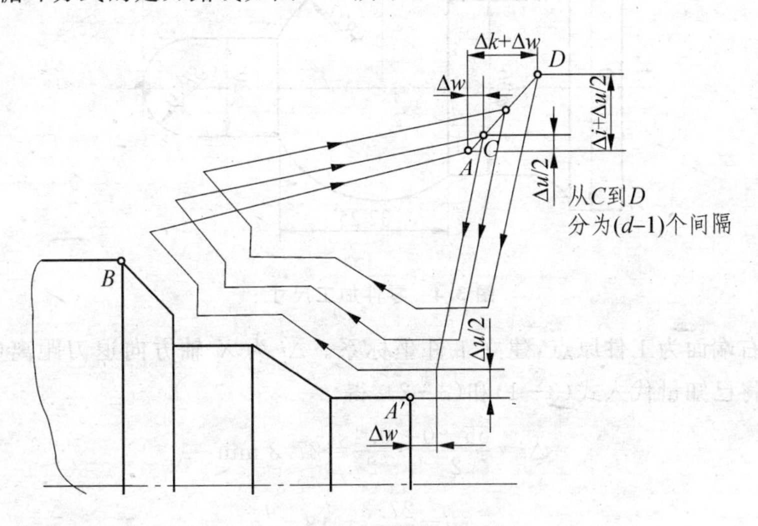


图 3.3 固定形状粗车循环 G73

G73 指令格式：

```
G73U(Δi)W(Δk)R(d);
G73P(ns)Q(nf)U(Δu)W(Δw)F(f)S(s)T(t);
```

N(ns)……；

……沿 AA′B 的程序段号

N(nf)……；

格式中：

Δi——X 轴方向退刀距离(半径指定)。

Δk——Z 轴方向退刀距离(半径指定)。

d——进刀次数，与粗加工重复次数相同。

ns——精加工形状程序段组的第一个程序段顺序号。

nf——精加工形状程序段组的最后一个程序段顺序号。

Δu——X 方向精加工余量的距离及方向(直径/半径)。

Δw——Z 方向精加工余量的距离及方向。

零件尺寸加工的表达式为

$$\Delta i=\frac{\text{毛坯尺寸}-\text{工作外径最小尺寸}}{2}-\frac{X\text{ 轴精加工余量}}{2} \tag{3-1}$$

$$d=\frac{X\text{ 轴退刀距离 }\Delta i}{\text{每一刀的切削深度}} \tag{3-2}$$

［例 3.2］　用固定形状粗加工复合循环，编制图 3.4 所示零件的加工程序。零件毛坯：ϕ55 棒料，45＃钢。

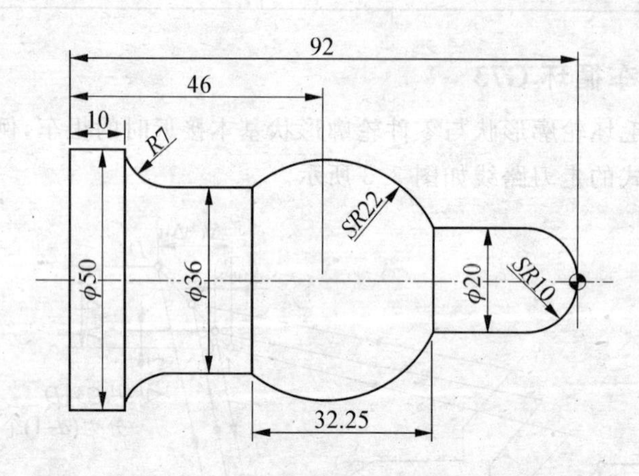


图 3.4　零件加工尺寸

确定工件右端面为工件原点，建立工件坐标系。$\Delta i$ 为 $X$ 轴方向退刀距离(半径指定)，$d$ 为进刀次数。将已知量代入式(3-1)和(3-2)，得

$$\Delta i=\frac{55-0}{2}-\frac{0.4}{2}=27.3\ \text{mm}$$

$$d=\frac{27.3}{1.5}\approx 18$$

零件的加工程序如表 3.3 所列。

表 3.3 加工程序

| 行号 | 程序 | 解释 |
|---|---|---|
| | O0200； | 程序号 |
| N010 | G90 G99 G00 X100.0 Z100.0； | 快速到达换刀点 |
| N020 | S600 M03 T0202； | 主轴正转，转速为 600 r/min，2 号刀 |
| N030 | G00 X57.0 Z3.0； | 快速到达循环起刀点 |
| N040 | G73 U27.3 R18.0 | $X$ 轴退刀 27.3 mm，进刀次数为 18 次 |
| N050 | G73 P60 Q140 U0.4 W0.1 F0.2； | $X$ 轴精加工余量为 0.4 mm，$Z$ 轴为 0.1 mm |
| N060 | G01 X0.0 F0.1； | 到达 $X$ 轴零点 |
| N070 | Z0.0； | 到达 $Z$ 轴零点 |
| N080 | G03 X20.0 Z－10.0 R10.0； | 车 $SR10$ 的圆球 |
| N090 | G01 Z－20.0； | 直线进给 |
| N100 | G03 X36.0 W－32.25 R22.0； | 车 $R22$ 的圆弧 |
| N110 | G01 Z－75.0 F30； | 直线进给 |
| N120 | G02 X50.0 W－7.0 R7.0； | 车 $R7$ 的圆弧 |
| N130 | G01 Z－92.0； | 直线进给 |
| N140 | G01 X57.0； | 精加工循环结束 |
| N150 | G00 X100.0 Z100.0； | 回到换刀点 |
| N160 | M05； | 主轴停转 |
| N170 | M30； | 程序结束，光标返回程序头 |

**3. 精加工循环指令 G70**

由 G71，G73 进行粗加工循环完成后，可用 G70 指令进行精加工。

指令格式：G70 P(ns)Q(nf)

格式中：ns——精加工形状程序段组的第一个程序段顺序号。

nf——精加工形状程序段组的最后一个程序段顺序。

# 3.2 典型零件加工范例

## 3.2.1 图 纸

零件加工图纸如图 3.5 所示。

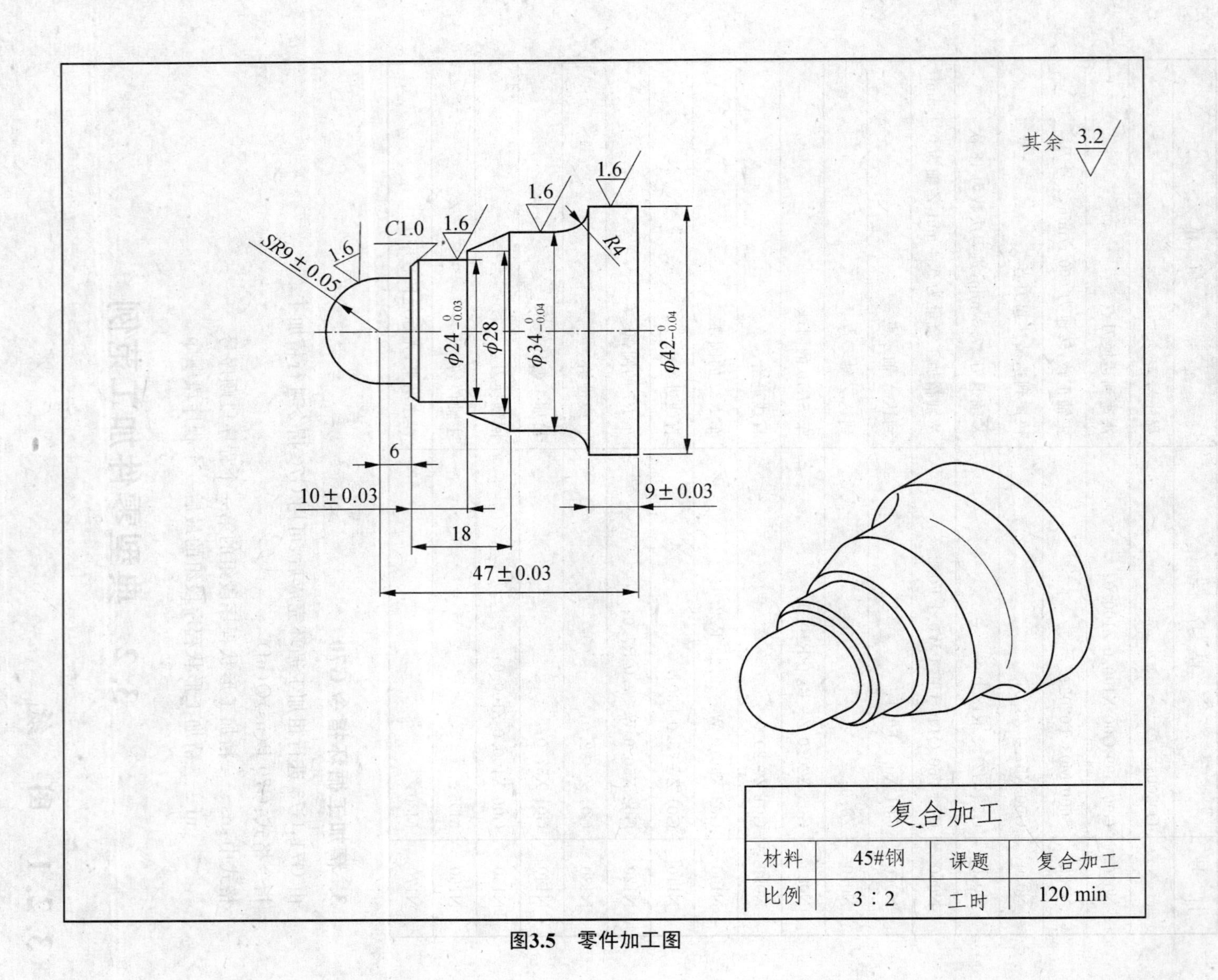
其余 3.2
SR9±0.05
1.6
C1.0
1.6
1.6
1.6
R4
φ24 0 -0.03
φ28
φ34 0 -0.04
φ42 0 -0.04
6
10±0.03
18
47±0.03
9±0.03
复合加工
材料
45#钢
课题
复合加工
比例
3：2
工时
120 min

图3.5 零件加工图

## 3.2.2 评分标准

零件加工评分标准如表 3.4 所列。

表 3.4 评分标准

| 序 号 | 项 目 | 技术要求 | | 配 分 | 评分标准 | 检测结果 | 实得分 |
|---|---|---|---|---|---|---|---|
| 1 | 外 圆 | $\phi42_{-0.04}^{\ 0}$ | 尺寸 | 10 | 超差 0.01 扣 2 分 | | |
| 2 | | | $R_a1.6$ | 5 | $R_a$>1.6 扣 2 分，$R_a$>3.2 全扣 | | |
| 3 | | $\phi34_{-0.04}^{\ 0}$ | 尺寸 | 10 | 超差 0.01 扣 2 分 | | |
| 4 | | | $R_a1.6$ | 5 | $R_a$>1.6 扣 2 分，$R_a$>3.2 全扣 | | |
| 5 | | $\phi24_{-0.03}^{\ 0}$ | 尺寸 | 10 | 超差 0.01 扣 2 分 | | |
| 6 | | | $R_a1.6$ | 5 | $R_a$>1.6 扣 2 分，$R_a$>3.2 全扣 | | |
| 7 | 圆球半径 | $SR9\pm0.05$ | 尺寸 | 10 | 超差 0.01 扣 2 分 | | |
| 8 | | | $R_a1.6$ | 5 | $R_a$>1.6 扣 2 分，$R_a$>3.2 全扣 | | |
| 9 | 长 度 | 10±0.03 | | 6 | 超差 0.01 扣 2 分 | | |
| 10 | | 9±0.03 | | 6 | 超差 0.01 扣 2 分 | | |
| 11 | | 47±0.03 | | 4 | 超差不得分 | | |
| 12 | | 18 | | 3 | 超差不得分 | | |
| 13 | | 6 | | 3 | 超差不得分 | | |
| 14 | $\phi24$ 倒角 | C1.0 | | 3 | 超差不得分 | | |
| 15 | 文明生产 | | | 15 | 违规操作全扣 | | |
| 16 | 工 时 | | | | 每超 5min 扣 1 分 | | |

## 3.2.3 加工流程

### 1. 技术要求分析

图 3.5 零件加工技术要求分析如下：

① 零件加工包括外圆柱面、圆弧面、端面和切断等。

② 零件材料为 45＃钢，无热处理和硬度要求。

③ 重点加工的尺寸包括：外圆尺寸为 $\phi42_{-0.04}^{\ 0}$，$\phi34_{-0.04}^{\ 0}$，$\phi24_{-0.03}^{\ 0}$，和 $SR9\pm0.05$；长度尺寸为 10±0.03 和 9±0.03。

④ 表面粗糙度要求较高为 $R_a$1.6。为了达到表面粗糙度和尺寸精度的要求，精加工分为两刀，并且两刀的切削速度、进给量应一致，在刀具补偿中留相同的精加工余量。

## 2. 确定装夹方法和工件原点

毛坯为 $\phi$45 的棒料，采用三爪自定心卡盘装夹，伸出卡盘长度为 65 mm，整个零件加工完毕后切断。把工件右端面轴心处作为工件原点，并以此为工件坐标系编程。

## 3. 确定换刀点和起刀点

换刀点在 $Z$ 向距离工件原点为 100 mm，$X$ 向为 $\phi$100 处；起刀点在 $Z$ 向距离工件右端面为 3 mm，$X$ 向 $\phi$47 处。

## 4. 选择加工刀具

刀具卡如表 3.5 所示。

表 3.5　刀具卡

| 实训课题 | | 复合循环指令编程及加工 | 零件名称 | 复合循环加工 | 零件图号 | 3 |
|---|---|---|---|---|---|---|
| 序　号 | 刀具号 | 刀具名称及规格 | 刀尖半径/mm | 数　量 | 加工表面 | 备　注 |
| 1 | T0101 | 93°外圆车刀 | 0.4 | 1 | 端面、外圆 | |
| 3 | T0303 | $B$=4 mm 切断刀 | 0.2 | 1 | 切槽、切断 | |

## 5. 制定加工工序，确定切削用量

工序卡如表 3.6 所列。

表 3.6　工序卡

| 操作序号 | 工步内容 | T 刀具 | 转速 $n$/(r·min$^{-1}$) | 进给量 $f$/(mm·r$^{-1}$) | 切削深度 $t$/mm |
|---|---|---|---|---|---|
| (1) | 车端面 | T0101 | 450 | 0.1 | |
| (2) | 粗车外表面 | T0101 | 450 | 0.20 | 1 |
| (3) | 精车外表面 | T0101 | 850 | 0.08 | |
| (4) | 切断 | T0303 | 300 | 0.08 | |
| (5) | 检测、校验 | | | | |

## 6. 数值计算

根据机床、刀具和工件材料，每次的切削深度为 1.5 mm，退刀量为 0.5 mm。

## 7. 参考程序

程序卡如表 3.7 所列。

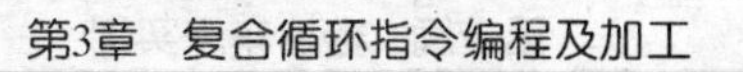

表 3.7 程序卡

| 行 号 | 程 序 | 解 释 |
|---|---|---|
| | O0400； | 程序号 |
| N010 | G90 G99 G00 X100.0 Z100.0； | 绝对坐标,每转进给,换刀点 |
| N020 | M03 S450 T0101； | 主轴正转,1 号外圆刀 |
| N030 | G00 X47.0 Z3.0； | 快速到达外圆起刀点 |
| N040 | G94 X0 Z0.5 F0.1； | 加工端面 |
| N050 | Z0； | |
| N060 | G01 X42.0Z3.0F0.25； | 粗加工外圆 |
| N070 | G71 U1.5R0.5； | |
| N080 | G71 P90 Q210 U0.5 W0.1F0.20； | |
| N090 | G00 X0.0 Z3.0； | |
| N100 | G01 Z0.0 F0.1； | |
| N110 | G03 X18.0 Z-9.0 R9.0； | |
| N120 | G01 Z-15.0； | |
| N130 | X22.0； | |
| N140 | G01 X24.0 Z-16.0 F0.1； | |
| N150 | G01 Z-25.0； | |
| N160 | X28.0； | |
| N170 | X34.0 Z-33.0； | |
| N180 | Z-43.0； | |
| N190 | G02 X42.0 Z-47.0 R4.0； | |
| N200 | G01 Z-60.0； | |
| N210 | G01 X47.0； | |
| N220 | G00 X100.0 Z100.0 T0100； | 快速退刀到换刀点,并取消 1 号刀具补偿 |
| N230 | M05； | 主轴停转 |
| N240 | M01； | 选择停止,测量工件 |
| N250 | M03 S850 T0101； | 改变转速,1 号外圆刀 |
| N260 | G00 X47.0 Z3.0； | 精加工外圆 |
| N270 | G70 P90 Q210； | |
| N280 | G00 X100.0 Z100.0 T0100； | 快速退刀到换刀点,并取消 1 号刀具补偿 |
| N290 | M05； | 主轴停转 |
| N300 | M01； | 选择停止,测量工件 |
| N310 | M03 S300 T0303； | 主轴正转,换 3 号刀 |
| N320 | G00 X47.0 Z-60.0； | 快速到达切断起刀点 |
| N330 | G01 X0.0 F0.08； | 切断 |
| N340 | G00 X47.0； | 快速退刀 |
| N350 | X100.0 Z100.0 T0300； | 快速退刀到换刀点,并取消 3 号刀具补偿 |
| N360 | M05； | 主轴停转 |
| N370 | T0100； | 返回 1 号刀 |
| N380 | M30； | 程序结束,光标返回程序头 |

# 实训作业

1. 工件材料:45＃钢,毛坯 $\phi55$ 的棒料。用 G71 指令编程,零件尺寸如图 3.6 所示。要求:

(1) 零件技术要求分析。

(2) 确定零件的定位、装夹方案和工件原点。

(3) 确定换刀点、循环起刀点。

(4) 选择刀具。

(5) 制定加工工序,确定切削用量。

(6) 数值计算,确定坐标点。

(7) 填写程序单,并作简要说明。

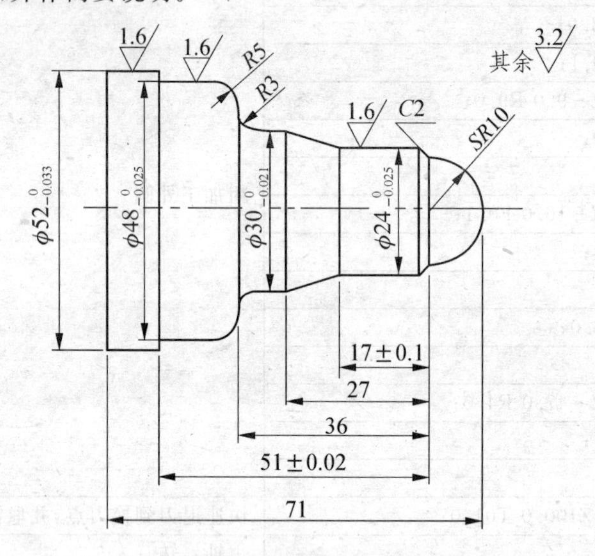


图 3.6 习题 1 用图

2. 用 G73 指令编程。零件尺寸如图 3.7 所示。毛坯尺寸为 $\phi50$。

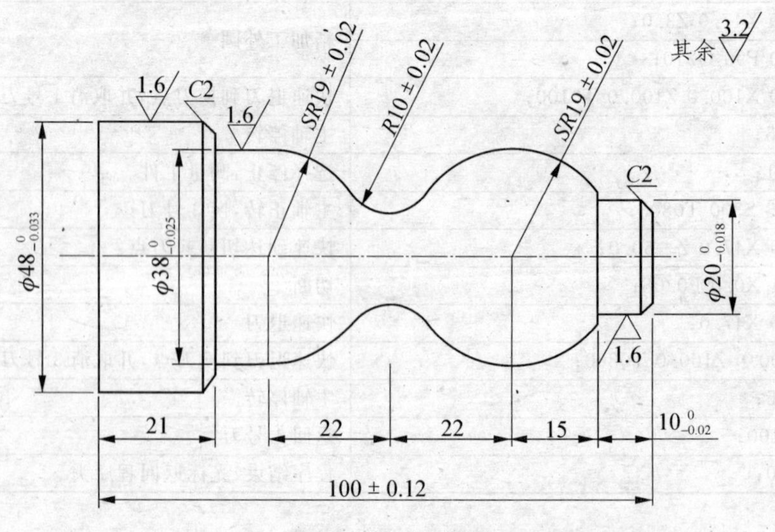


图 3.7 习题 2 用图

3. 用 G73 指令编程，零件尺寸如图 3.8 所示。毛坯尺寸为 $\phi50$。

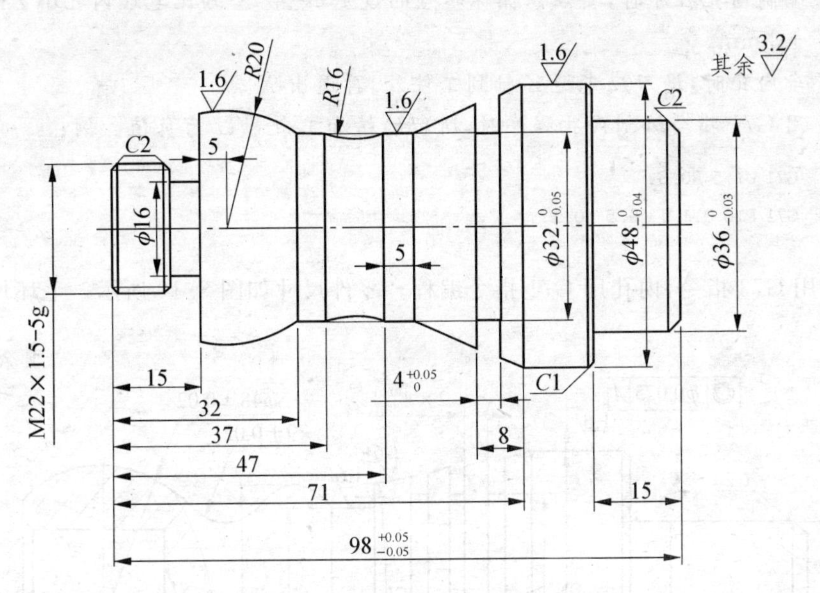


图 3.8 习题 3 用图

4. 外圆用 G73 指令，内孔用 G71 指令编程。零件尺寸如图 3.9 所示。毛坯尺寸为 $\phi75$。

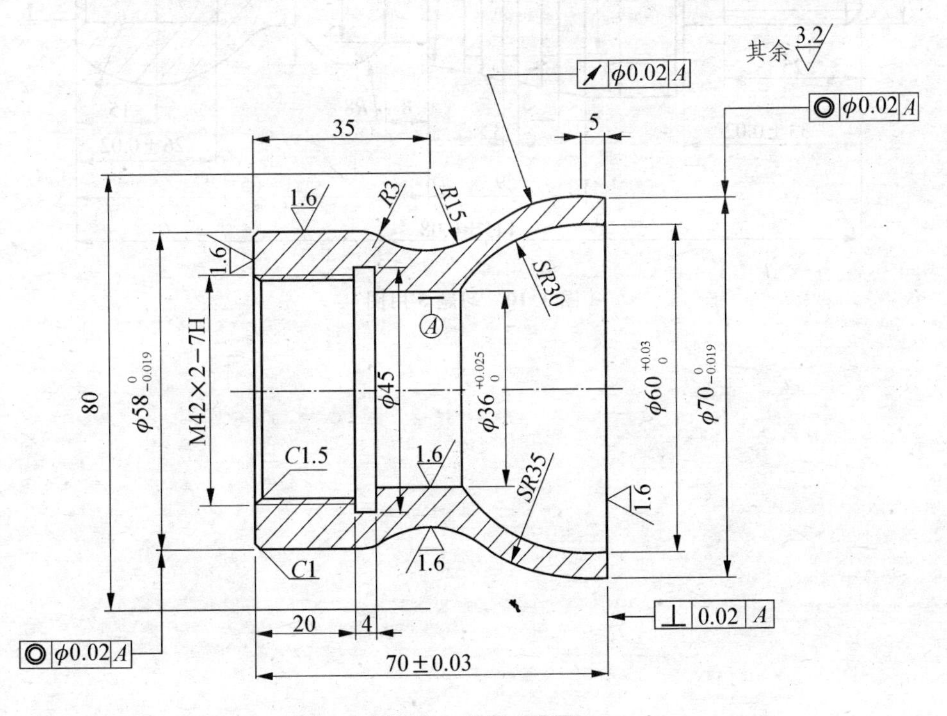


图 3.9 习题 4 用图

**注　意**　① 编制内孔程序时，要注意循环起点的设定，一般 $X$ 轴比毛坯内孔小 2 mm，$Z$ 轴为 +3 mm。

② 车内孔时，退刀应先退 $Z$ 轴到工件外，再退出 $X$ 轴。

③ 用 G71 指令编制内孔程序时，所留的精加工余量 $U$ 为负值。例：

```
G71 U1.5 R0.5;
G71 P10 Q11 U-0.5 W0.1;
```

5. 外圆用 G73 指令，内孔用 G71 指令编程。零件尺寸如图 3.10 所示。毛坯尺寸为 $\phi55$。

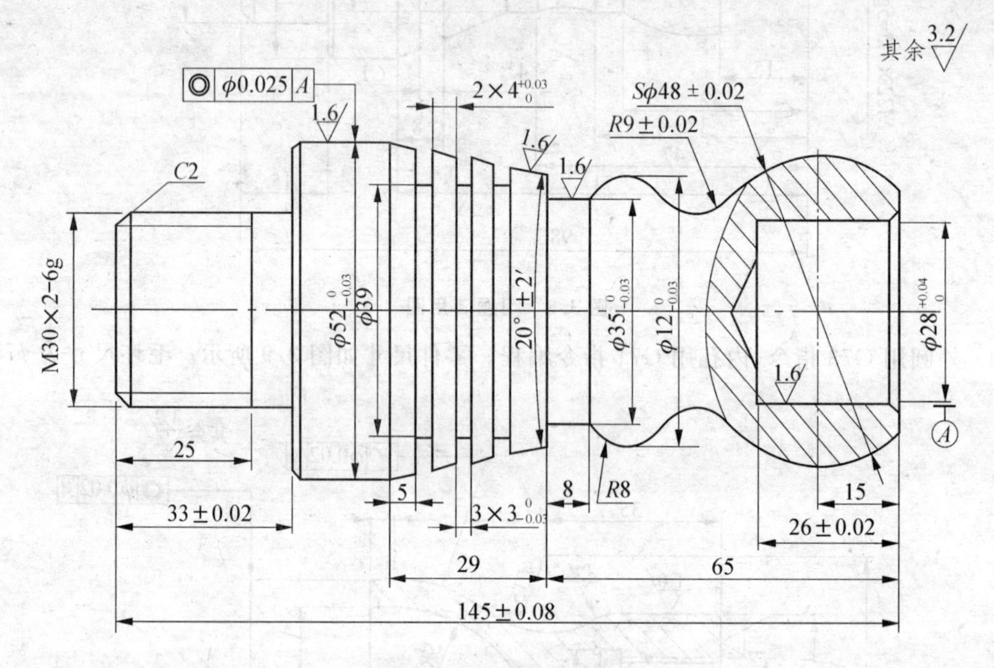


图 3.10　习题 5 用图

# 第4章　子程序编程及加工

## 课题名称　子程序编程及加工

## 课题目标

掌握数控系统子程序常用指令及编程规则。

## 课题重点

☆ 通过对零件的加工，掌握数控系统子程序的适用范围及编程的技能技巧。

☆ 能够安排合理的加工工艺流程。

## 实训资源

实训资源如表4.1所列。

表4.1　实训资源

| 资源序号 | 资源名称 | 备　注 |
|---|---|---|
| 1 | 数控车床CAK6150 | 数控系统FANUC0I-MATE |
| 2 | 外圆刀 | 93° |
| 3 | 切槽刀 | 宽3 mm |
| 4 | 图纸(含评分标准) | |
| 5 | 游标卡尺 | |
| 6 | 千分尺 | |
| 7 | 材料(45＃钢) | $\phi$35×85 |
| 8 | 机床参考书和系统使用手册 | |

## 注意事项

1. 进行对刀操作时，要注意切槽刀刀位点的选取。通常采用切槽刀左刀尖作为编程刀位点。

2. 在切槽时，切削用量的选取要考虑车床、刀具的刚性及工件的材料，避免加工时引起振动。可在槽底暂停几秒，以保证槽底的光滑。

3. 对刀时，应尽量保证刀具与工件轴线的垂直。

4. 在对较小的工件切槽或镗孔时，切削用量的选取要考虑车床、刀具的刚性，避免加工时引起振动或工件产生振纹，不能达到工件表面质量要求。

5. 使用子程序可以大大精简程序，而且可读性强，也易于检查。

6. 一个调用指令可以重复调用同一子程序，同时一个子程序可以被多个主程序调用，从而提高编程效率。

## 4.1 基础知识

程序分为主程序和子程序。

在某些被加工的零件中，常会出现几何形状完全相同的加工轨迹。编制程序时，把这些具有固定程序和重复模式的程序段编成固定程序段，并单独加以命名。这组程序段就称为子程序。

**(1) 子程序的作用**

使用子程序可以减少不必要的重复编程，从而达到简化编程的目的。

**(2) 子程序的编程格式**

子程序的格式与主程序相同。在子程序的开头，地址 O 后写上子程序号；在子程序的结尾用 M99 指令，表示子程序结束返回主程序。格式为

```
OXXX;
……
M99;
```

**(3) 子程序的调用**

在主程序中，调用子程序的指令是一个程序段，其格式随具体的数控系统而定，FANUC 数控系统常用的子程序调用格式有以下 2 种：

```
M98 PXXXX LXXXXX;
```

格式中：M98——子程序调用字。

P——子程序号。

L——子程序重复调用次数，L 省略时为调用 1 次。

```
M98 P0000XXXX;
```

格式中：P——后面前 4 位为重复调用次数，省略时为调用一次；后 4 位为子程序号。

例如：M98 P32004，表示号码为 2004 的子程序连续调用 3 次。

**(4) 子程序的嵌套**

为了进一步简化程序，可以让子程序调用另一个子程序，称为子程序的嵌套。子程序的嵌套不是无限次的，可嵌套的层数由具体的数控系统决定。在 FANUCOT/18T 数控系统中，只

能有两层嵌套。

如图 4.1 所示是子程序的嵌套及执行顺序。

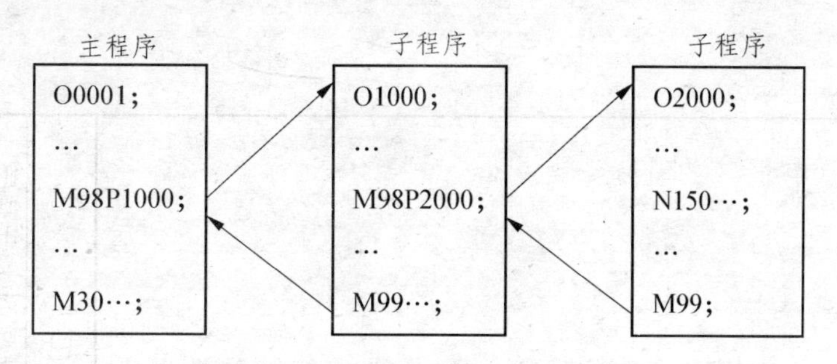


图 4.1　子程序的嵌套及执行顺序

# 4.2　子程序零件加工范例

## 4.2.1　图　纸

零件加工尺寸如图 4.2 所示。

## 4.2.2　评分标准

零件加工评分标准如表 4.2 所列。

## 4.2.3　加工流程

### 1. 技术要求分析

图 4.2 所示的零件加工技术要求分析如下:

① 零件加工包括外圆柱面、圆锥面、端面及切槽等。

② 零件材料为 45＃钢,无热处理和硬度要求。

③ 重点保证的尺寸包括:外圆尺寸 $\phi18^{0}_{-0.034}$ 和 $\phi30\pm0.02$;内孔尺寸 $\phi17\pm0.02$。

④ 切槽时要保证槽底的表面粗糙度。

### 2. 确定装夹方法和工件原点

毛坯为 $\phi35$ 的棒料,采用三爪自定心卡盘装夹,零件分为左右端加工。通常把工件右端面轴心处作为工件原点,以此为工件坐标系编程。

### 3. 确定换刀点和起刀点

换刀点在 $Z$ 向距离工件原点为 100 mm,$X$ 向为 $\phi100$ 处。

外圆起刀点在 $Z$ 向距离工件右端面为 3 mm,$X$ 向比外圆毛坯大 2 mm 处。

内孔起刀点在 $Z$ 向距离工件右端面为 3 mm,$X$ 向比内孔毛坯小 2 mm 处。

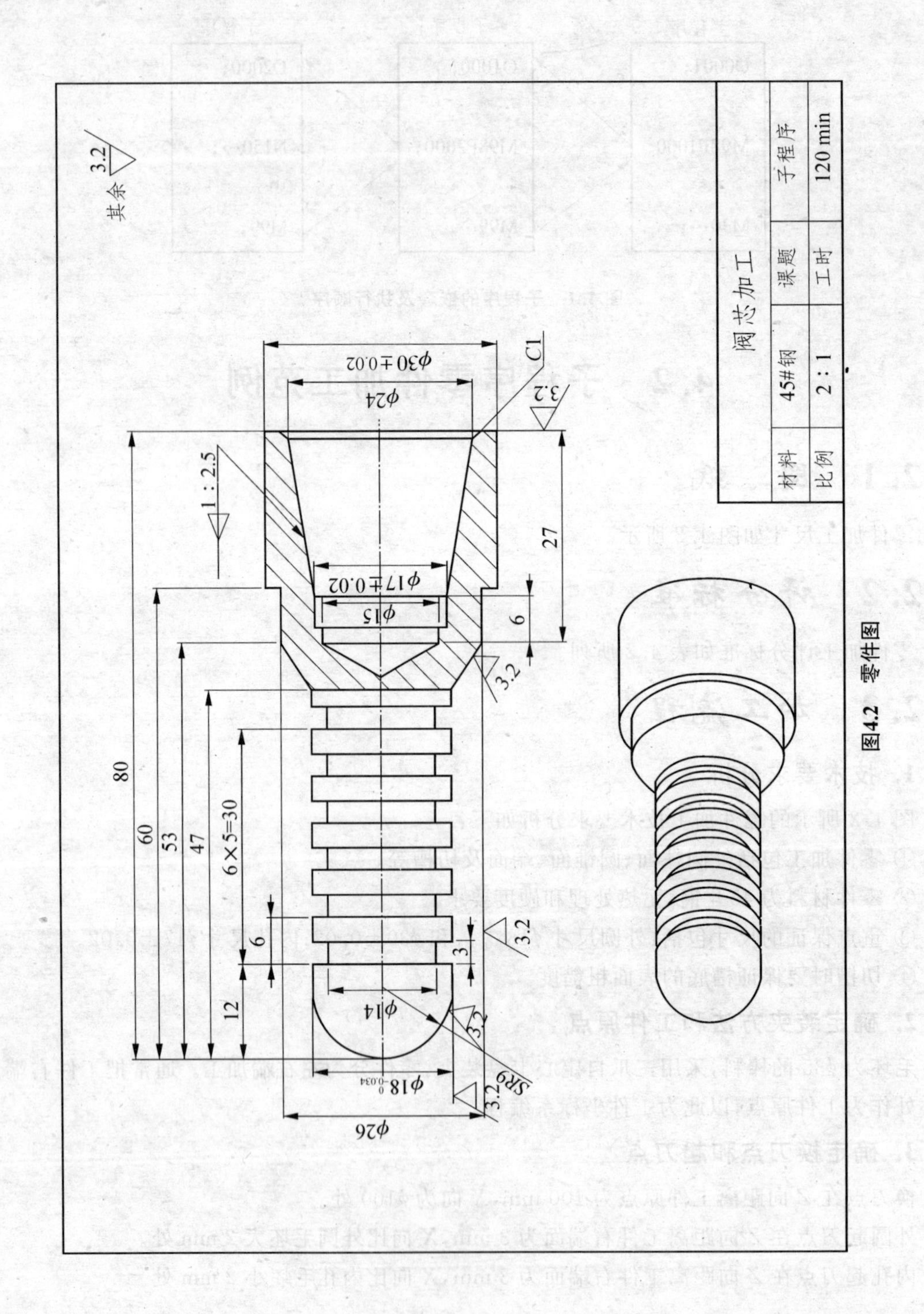
其余 3.2
φ30±0.02
φ24
C1
3.2
1 : 2.5
27
φ17±0.02
φ15
6
3.2
80
60
53
47
6×5=30
6
3
3.2
12
φ14
3.2
SR9
φ18 0 -0.034
3.2
φ26
阀芯加工
课题 子程序
工时 120 min
材料 45#钢
比例 2 : 1
图4.2 零件图

表 4.2　评分标准

| 序号 | 项目 | 技术要求 | | 配分 | 评分标准 | 检测结果 | 得分 |
|---|---|---|---|---|---|---|---|
| 1 | 外圆 | $\phi18_{-0.034}^{0}$ | 尺寸 | 6 | 超差 0.01 扣 2 分 | | |
| 2 | | | $R_a3.2$ | 3 | $R_a$>3.2 扣 2 分 | | |
| 3 | | $\phi30\pm0.02$ | 尺寸 | 6 | 超差 0.01 扣 2 分 | | |
| 4 | | | $R_a3.2$ | 3 | $R_a$>3.2 扣 2 分 | | |
| 5 | | $\phi26$ | 尺寸 | 3 | 超差不得分 | | |
| 6 | 内孔 | $\phi17\pm0.02$ | 尺寸 | 6 | 超差 0.01 扣 2 分 | | |
| 7 | | | $R_a3.2$ | 3 | $R_a$>3.2 扣 2 分 | | |
| 8 | | $\phi15$ | 尺寸 | 3 | 超差不得分 | | |
| 9 | 圆球半径 | $SR9$ | 尺寸 | 3 | 超差不得分 | | |
| 10 | | | $R_a3.2$ | 3 | 超差不得分 | | |
| 11 | 长度 | 12 | | 3 | 超差不得分 | | |
| 12 | | 47 | | 3 | 超差不得分 | | |
| 13 | | 53 | | 3 | 超差不得分 | | |
| 14 | | 60 | | 3 | 超差不得分 | | |
| 15 | | 80 | | 3 | 超差不得分 | | |
| | | 6 | | 3 | 超差不得分 | | |
| 16 | 锥度 | 1∶2.5 | | 10 | 超差不得分 | | |
| 17 | 切槽 | 3×$\phi14$ | | 6×3 | 6 个槽超差不得分 | | |
| 18 | 文明生产 | | | 15 | 违规操作全扣 | | |
| 19 | 工时 | | | | 每超 5 min 扣 1 分 | | |

## 4. 选择加工刀具

刀具卡如表 4.3 所列。

表 4.3　刀具卡

| 实训课题 | | 子程序编程及加工 | 零件名称 | 子程序加工 | 零件图号 | 4 |
|---|---|---|---|---|---|---|
| 序号 | 刀具号 | 刀具名称及规格 | 刀尖半径/mm | 数量 | 加工表面 | 备注 |
| 1 | T0101 | 93°外圆车刀 | 0.4 | 1 | 端面、外圆 | 自动 |
| 2 | T0202 | $B$=3 mm 切槽刀 | 0.1 | 1 | 切槽 | 自动 |
| 3 | T0303 | 内孔镗刀 | 0.4 | 1 | 镗内孔 | 自动 |

## 5. 制定加工工序,确定切削用量

工序卡如表 4.4 所列。

表 4.4 工序卡

| 操作序号 | 工序内容 | T 刀具 | 转速 $n$/(r·min$^{-1}$) | 进给量 $f$/(mm·r$^{-1}$) | 切削深度 $t$/mm |
|---|---|---|---|---|---|
| (1) | 车左端面 | T0101 | 450 | 0.1 | |
| (2) | 粗车左端外表面 | T0101 | 600 | 0.20 | 1 |
| (3) | 精车左端外表面 | T0101 | 800 | 0.08 | |
| (4) | 切 槽 | T0202 | 300 | 0.05 | |
| (5) | 车右端面 | T0101 | 450 | 0.1 | |
| (6) | 粗镗内孔 | T0303 | 600 | 0.15 | |
| (7) | 精镗内孔 | T0303 | 800 | 0.08 | |
| (8) | 精车右端外表面 | T0101 | 800 | 0.08 | |
| (9) | 检测、校验 | | | | |

## 6. 参考程序

程序卡如表 4.5 所列。

表 4.5 程序卡

| 行 号 | 程 序 | 解 释 |
|---|---|---|
| | O0600; | 主程序号 |
| N010 | G90 G99 G00 X100.0 Z100.0; | 绝对坐标,每转进给,换刀点 |
| N020 | M03 S450 T0101; | 主轴正转,1 号外圆刀 |
| N030 | G00 X37.0 Z3.0; | 快速到达外圆起刀点 |
| N040 | G94 X0 Z0.5 F0.1; | 加工端面 |
| N050 | Z0; | |
| N060 | G01 X37.0 Z3.0 F0.25; | 粗加工外圆 |
| N070 | G71 U1.5 R0.5; | |
| N080 | G71 P90 Q150 U0.5 W0.1 F0.20; | |
| N090 | G00 G42 X0.0 Z3.0; | |
| N100 | G01 Z0.0 F0.08; | |
| N110 | G03 X18.0 Z-9.0 R9.0; | |
| N120 | G01 Z-47.0; | |
| N130 | X26.0 Z-53.0; | |
| N140 | Z-60.0; | |
| N150 | G01 G40 X37.0; | |
| N160 | G00 X100.0 Z100.0 T0100; | 快速退刀到换刀点,并取消 1 号刀具补偿 |
| N170 | M05; | 主轴停转 |

续表 4.5

| 行 号 | 程 序 | 解 释 |
|---|---|---|
| N180 | M01； | 选择停止，测量工件 |
| N190 | M03 S850 T0101； | 改变转速，1号外圆刀 |
| N200 | G00 X37.0 Z3.0； | 精加工外圆 |
| N210 | G70 P90 Q150； | |
| N220 | G00 X100.0 Z100.0 T0100； | 快速退刀到换刀点，并取消1号刀具补偿 |
| N230 | M05； | 主轴停转 |
| N240 | M01； | 选择停止，测量工件 |
| N250 | M03 S300 T0202； | 主轴正转，换2号刀 |
| N260 | G00 X37.0 Z-15.0； | 快速到达切槽起刀点 |
| N270 | M98 P61006； | 调用1006号子程序6次 |
| N280 | X100.0 Z100.0 T0200； | 快速退刀到换刀点，并取消2号刀具补偿 |
| N290 | M05； | 主轴停转 |
| N300 | T0100； | 返回1号刀 |
| N310 | M30； | 程序结束，光标返回程序头 |
| | O1006； | 子程序号 |
| N010 | G01 U-23.0 F0.05； | 慢速进刀 |
| N020 | G04 X0.5； | 暂停0.5 s |
| N030 | G00U23.0； | 快速退刀 |
| N040 | W-6.0； | *Z*向进给6 mm |
| N050 | M99； | 子程序结束，返回主程序 |
| | O0800； | 主程序号 |
| N010 | G90 G99 G00 X100.0 Z100.0； | 绝对坐标，每转进给，换刀点 |
| N020 | M03 S450 T0101； | 主轴正转，1号外圆刀 |
| N030 | G00 X37.0 Z3.0； | 快速到达外圆起刀点 |
| N040 | G94 X0 Z0.5 F0.1； | 加工端面 |
| N050 | Z0； | |
| N060 | G01 X30.0 F0.2； | 车左端外圆 |
| N070 | Z-21.0； | |
| N080 | G01 X32.0； | |
| N090 | G00 X100.0 Z100.0 T0100； | 快速退刀到换刀点，并取消1号刀具补偿 |
| N100 | T0303； | 换3号刀 |

续表 4.5

| 行　号 | 程　序 | 解　释 |
|---|---|---|
| N110 | M03 S600； | 转速为 600 r/min |
| N120 | G00 X13.0 Z3.0； | 快速到达内孔起刀点 |
| N130 | G71 U1.0 R0.5； | |
| N140 | G71 P150 Q220 U-0.5 W0.1 F0.2； | |
| N150 | N10 G01 G41 X26.0 F0.08； | 粗加工内孔 |
| N160 | Z0； | |
| N170 | X24.0 Z-1.0； | |
| N180 | X17.0 Z-18.5； | |
| N190 | Z-24.5； | |
| N200 | X15.0； | 加工工件轮廓 |
| N210 | Z-27.0； | |
| N220 | G01 G40 X13.0； | |
| N230 | T0303； | 3 号内孔镗刀 |
| N240 | M03 S800； | |
| N250 | G00 X13.0 Z3.0； | 精加工内孔 |
| N260 | G70 P150 Q220； | |
| N270 | G00 Z100.0； | 先退 $Z$ 轴 |
| N280 | X100.0 T0300； | 再退 $X$ 轴，并取消 3 号刀具补偿 |
| N290 | T0101； | 返回 1 号刀 |
| N300 | M03 S800； | 转速为 800 r/min |
| N310 | G00 X37.0 Z3.0； | 快速到达外圆起刀点 |
| N330 | G90 X33.0 Z-21.0 F0.1； | |
| N340 | X30.5； | 精车外圆 |
| N350 | X30.0； | |
| N360 | G00 X100.0 Z100.0 T0100； | 快速返回换刀点，并取消 1 号刀具补偿 |
| N370 | M05； | 主轴停转 |
| N380 | M30； | 程序结束，光标返回程序头 |

# 实训作业

1. 用子程序指令编程。零件尺寸如图 4.3 所示。工件毛坯材料为 45＃钢 $\phi65$ 的棒料。要求：

(1) 零件技术要求分析。

(2) 确定零件的定位、装夹方案和工件原点。

(3) 确定换刀点和循环起刀点。

(4) 选择刀具。

(5) 制定加工工序,确定切削用量。

(6) 数值计算,确定坐标点。

(7) 填写程序单,并作简要说明。

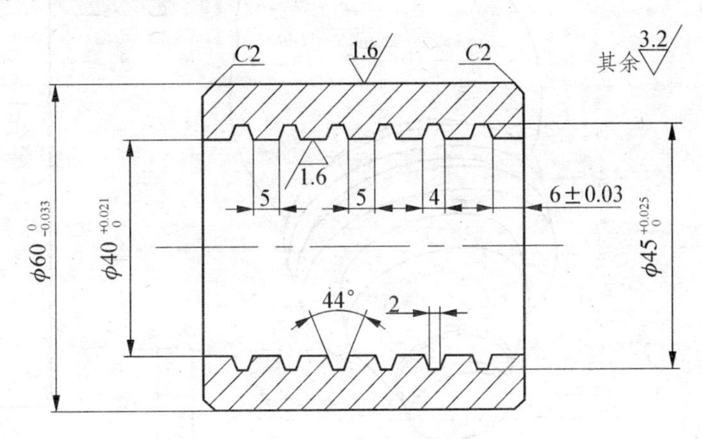


**图 4.3　习题 1 用图**

2. 用子程序指令编程。零件尺寸如图 4.4 所示。工件毛坯材料为 45＃钢 φ30 的棒料。

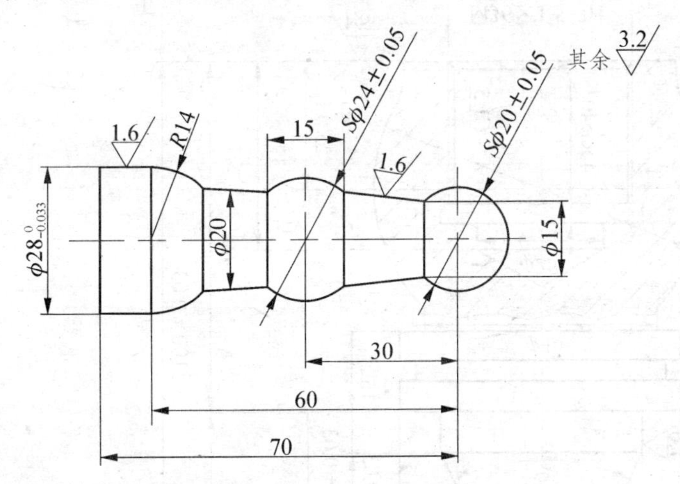


**图 4.4　习题 2 用图**

3. 回答下列问题:

(1) 主程序和子程序之间有何区别?

(2) 子程序适合的零件加工范围?

# 4.3　组合零件加工范例

## 4.3.1　图　纸

零件及其装配尺寸如图 4.5～4.7 所示。

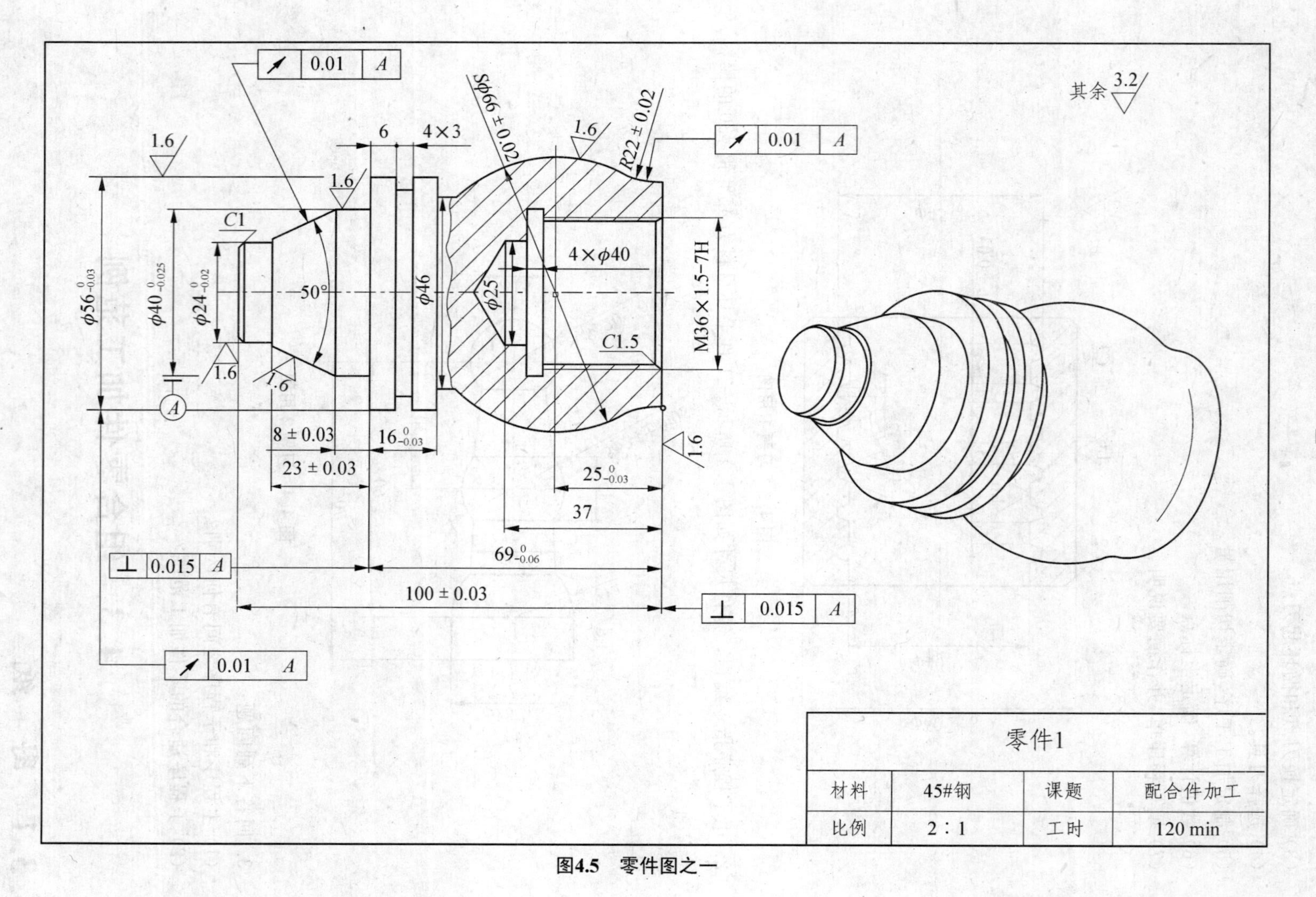

0.01 A
6
4×3
Sϕ66±0.02
1.6
R22±0.02
0.01 A
其余 3.2
1.6
1.6
C1
ϕ56 $^{0}_{-0.03}$
ϕ40 $^{0}_{-0.025}$
ϕ24 $^{0}_{-0.02}$
50°
ϕ46
ϕ25
4×ϕ40
M36×1.5-7H
C1.5
1.6
1.6
A
8±0.03
16 $^{0}_{-0.03}$
23±0.03
1.6
25 $^{0}_{-0.03}$
37
0.015 A
69 $^{0}_{-0.06}$
100±0.03
0.015 A
0.01 A
零件1
材料
45#钢
课题
配合件加工
比例
2 : 1
工时
120 min


图4.5　零件图之一

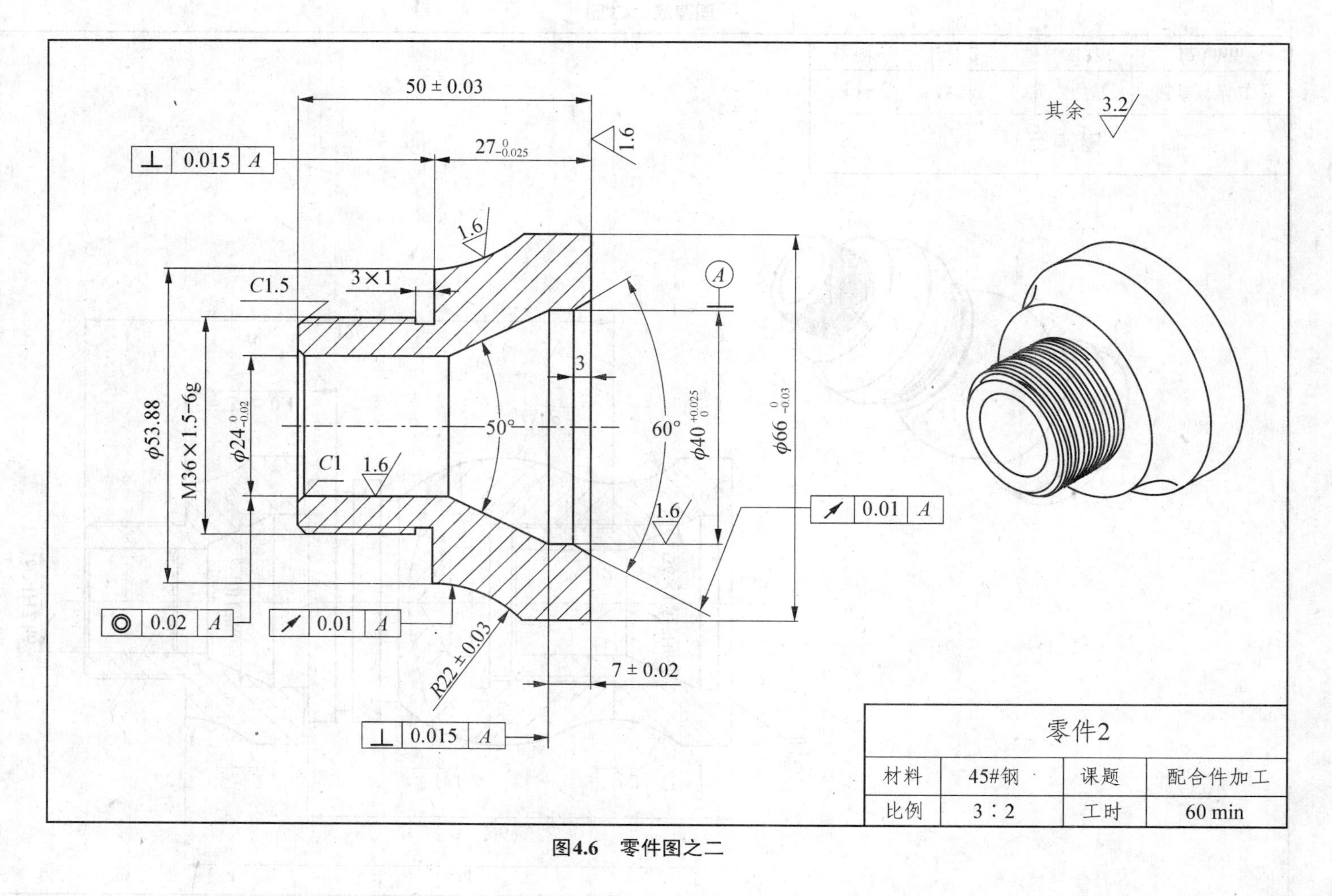
50±0.03
27 0 -0.025
0.015 A
1.6
其余 3.2
1.6
3×1
C1.5
A
3
φ53.88
M36×1.5-6g
φ24 0 -0.02
50°
60°
φ40 +0.025 0
φ66 0 -0.03
C1
1.6
1.6
0.01 A
0.02 A
0.01 A
R22±0.03
7±0.02
0.015 A
零件2
材料 | 45#钢 | 课题 | 配合件加工
比例 | 3:2 | 工时 | 60 min

图4.6　零件图之二

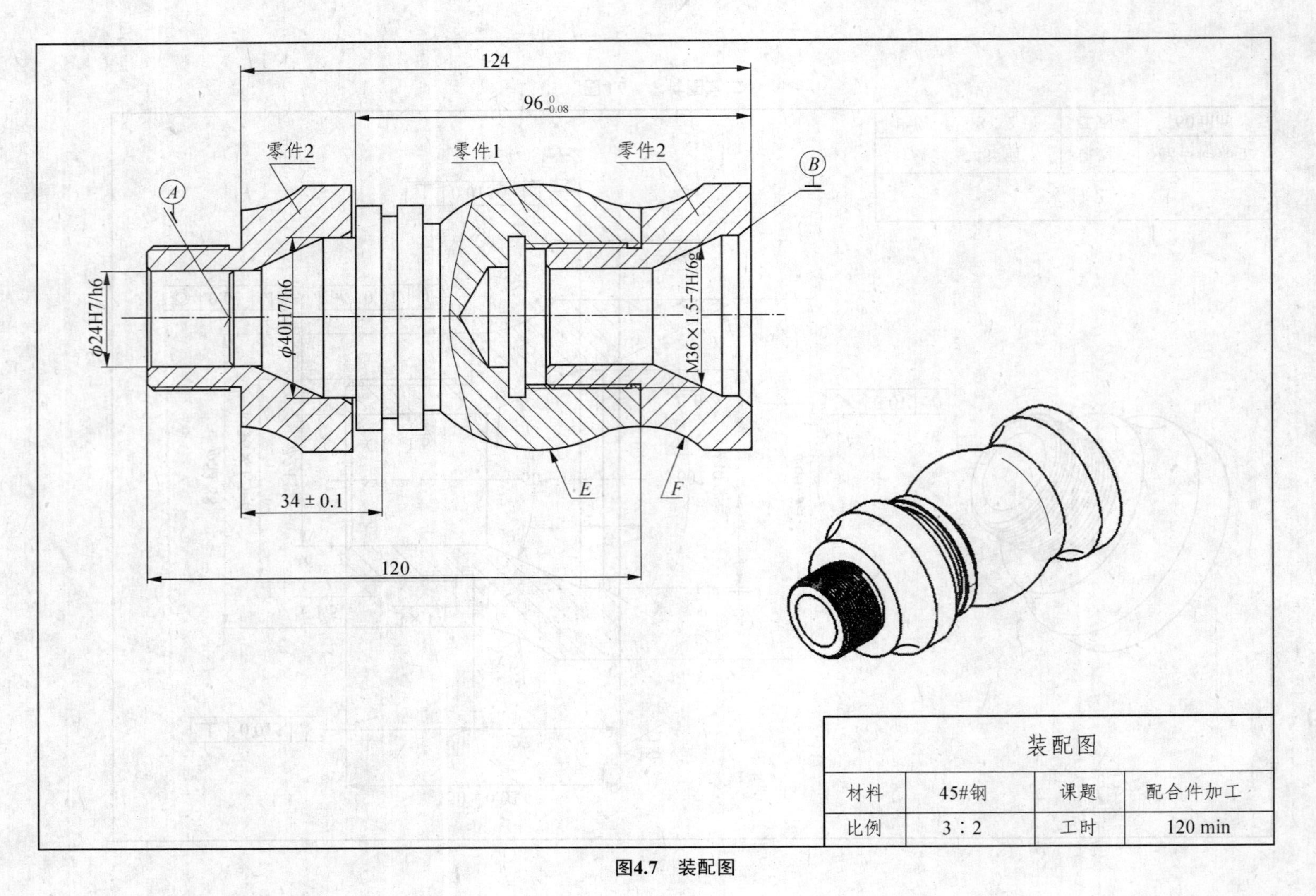

124
$96^{\ 0}_{-0.08}$
零件2
零件1
零件2
A
B
φ24H7/h6
φ40H7/h6
M36×1.5-7H/6g
E
F
34±0.1
120
装配图
材料
45#钢
课题
配合件加工
比例
3∶2
工时
120 min


图4.7　装配图

## 4.3.2　评分标准

零件加工评分标准如表 4.6 所列。

**表 4.6　评分标准**

| 序　号 | 项　目 | 技术要求 | | 配　分 | 评分标准 | 检测结果 | 实得分 |
|---|---|---|---|---|---|---|---|
| 1 | 外　圆 | $\phi 24_{-0.02}^{0}$ | 尺寸 | 4 | 超差 0.01 扣 2 分 | | |
| | | | $R_a 1.6$ | 2 | $R_a>1.6$ 扣 2 分，$R_a>3.2$ 全扣 | | |
| 2 | | $\phi 40_{-0.025}^{0}$ | 尺寸 | 4 | 超差 0.01 扣 2 分 | | |
| | | | $R_a 1.6$ | 2 | $R_a>1.6$ 扣 2 分，$R_a>3.2$ 全扣 | | |
| 3 | | $\phi 56_{-0.03}^{0}$ | 尺寸 | 4 | 超差 0.01 扣 2 分 | | |
| | | | $R_a 1.6$ | 2 | $R_a>1.6$ 扣 2 分，$R_a>3.2$ 全扣 | | |
| 4 | | $\phi 40_{0}^{+0.025}$ | 尺寸 | 4 | 超差 0.01 扣 2 分 | | |
| | | | $R_a 1.6$ | 2 | $R_a>1.6$ 扣 2 分，$R_a>3.2$ 全扣 | | |
| 5 | | $\phi 66_{-0.03}^{0}$ | 尺寸 | 4 | 超差 0.01 扣 2 分 | | |
| | | | $R_a 1.6$ | 2 | $R_a>1.6$ 扣 2 分，$R_a>3.2$ 全扣 | | |
| 6 | 长　度 | $27_{-0.025}^{0}$ | | 3 | 超差 0.01 扣 2 分 | | |
| 7 | | 6 | | 3 | 超差不得分 | | |
| 8 | | 7±0.02 | | 3 | 超差 0.01 扣 2 分 | | |
| 9 | | 50±0.03 | | 3 | 超差 0.01 扣 2 分 | | |
| 10 | | $16_{-0.03}^{0}$ | | 3 | 超差 0.01 扣 2 分 | | |
| 11 | | $25_{-0.03}^{0}$ | | 3 | 超差 0.01 扣 2 分 | | |
| 12 | | $69_{-0.06}^{0}$ | | 3 | 超差 0.01 扣 2 分 | | |
| 13 | | 8±0.03 | | 3 | 超差 0.01 扣 2 分 | | |
| 14 | | 23±0.03 | | 3 | 超差 0.01 扣 2 分 | | |
| 15 | | 100±0.03 | | 3 | 超差 0.01 扣 2 分 | | |
| 16 | 配合公差 | $\phi$24H7/h6 | | 6 | 超差全扣 | | |
| | | $\phi$40H7/h6 | | 6 | 超差全扣 | | |
| 18 | 形位公差 | 垂直度 0.015(4 处) | | 4×2 | 超差全扣 | | |
| 19 | | 圆跳动 0.01(5 处) | | 5×2 | 超差全扣 | | |
| 20 | | 同轴度 0.02 | | 2 | 超差全扣 | | |
| 21 | 螺纹配合 | M36×1.5－7H/6g | | 8 | 超差全扣 | | |
| 22 | 文明生产 | | | | 违规操作全扣 | | |
| 23 | 工　时 | | | | 每超 5 min 扣 1 分 | | |

## 4.3.3　加工流程

### 1. 技术要求分析

图 4.5～4.7 所示的零件及装配图技术要求分析如下：

① 零件加工包括外圆柱面、圆弧面、端面和切断等。

② 零件材料为 45＃钢，无热处理和硬度要求。

③ 重点保证的尺寸如下：

零件 1：外圆 $\phi24_{-0.02}^{\ 0}$，$\phi40_{-0.025}^{\ 0}$，$\phi56_{-0.03}^{\ 0}$；

长度 $16_{-0.03}^{\ 0}$，$25_{-0.03}^{\ 0}$，$69_{-0.06}^{\ 0}$，8±0.03，23±0.03，100±0.03。

零件 2：外圆 $\phi66_{-0.03}^{\ 0}$，内孔 $\phi40_{\ 0}^{+0.025}$ 和 $\phi24_{-0.02}^{\ 0}$；

长度 $27_{-0.025}^{\ 0}$，7±0.02，50±0.03。

配合尺寸：$\phi$24H7/h6，$\phi$40H7/h6。

### 2. 确定装夹方法和工件原点

毛坯为 $\phi$70 的棒料，采用三爪自定心卡盘装夹，整个零件加工分为三部分。

**(1) 加工零件 2**

先加工内孔 $\phi40_{\ 0}^{+0.025}$ 及 $\phi24_{-0.02}^{\ 0}$，再加工螺纹端，外螺纹 M36×1.5－6g。

除 $R$22 圆弧面未加工外（留到最后配合加工），其余均加工完毕。

**(2) 加工零件 1**

先加工外圆 $\phi24_{-0.02}^{\ 0}$，$\phi40_{-0.025}^{\ 0}$，$\phi56_{-0.03}^{\ 0}$ 的一端，加工时注意与零件 2 的锥度配合，再调头加工另一端的内螺纹 M36×1.5－7H，并注意与零件 2 的螺纹相互配合，外圆与零件 2 螺纹配合后，一同加工。

除 $S\phi$66 圆球面和 $R$22 圆弧面未加工外（留到最后配合加工），其余均加工完毕。

**(3) 配合加工**

将零件 1 左端 $\phi56_{-0.03}^{\ 0}$ 用三爪卡盘装夹，零件 1 右端内螺纹和零件 2 外螺纹旋合，用活动顶尖配合制作好的 60°顶尖块，顶紧零件 2 右端 $\phi$40 内孔；然后用 G73 固定形状粗车循环指令加工配合好的零件 1 和零件 2，达到图示尺寸。

通常把工件右端面轴心处作为工件原点，并以此为工件坐标系编程。

### 3. 确定换刀点和起刀点

换刀点在 $Z$ 向距离工件原点为 100 mm，$X$ 向为 $\phi$100 处。当零件 1 与零件 2 配合开始加工时，因后部用顶尖顶紧工件，换刀点应设置在：

$Z$ 向距离工件原点为 2 mm，$X$ 向为 $\phi$150 处。

外圆起刀点在 $Z$ 向距离工件右端面为 3 mm，$X$ 向比外圆毛坯大 2 mm 处。

内孔起刀点在 $Z$ 向距离工件右端面为 3 mm，$X$ 向比内孔毛坯小 2 mm 处。

### 4. 选择加工刀具

刀具卡如表 4.7 所列。

表 4.7　刀具卡

| 实训课题 | | 组合件的编程及加工 | 零件名称 | 组合件加工 | 零件图号 | 5 |
|---|---|---|---|---|---|---|
| 序　号 | 刀具号 | 刀具名称及规格 | 刀尖半径/mm | 数　量 | 加工表面 | 备　注 |
| 1 | T0101 | 93°外圆车刀 | 0.4 | 1 | 端面、外圆 | |
| 2 | T0202 | 镗孔刀 | 0.1 | 1 | 外螺纹 | |
| 3 | T0303 | $B=3$ mm 切断刀 | | 1 | 切槽、切断 | |
| 4 | T0404 | 60°外螺纹车刀 | 0.1 | 1 | 外螺纹 | |
| 5 | T0505 | 60°内螺纹车刀 | 0.1 | 1 | 内螺纹 | |
| 6 | T0606 | 35°外圆车刀 | 0.4 | 1 | 外圆 | |

## 5. 制定加工工序，确定切削用量

工序卡如表 4.8～4.10 所列。

表 4.8　工序卡 1—零件 2

| 操作序号 | 工序内容 | T 刀具 | 转速 $n$/ (r·min$^{-1}$) | 进给量 $f$/ (mm·r$^{-1}$) | 切削深度 $t$/mm |
|---|---|---|---|---|---|
| (1) | 车零件 2 右端面 | T0101 | 600 | 0.1 | |
| (2) | 钻孔、镗孔 | T0202 | 镗孔粗加工:800<br>镗孔精加工:1 200 | 0.20 | 1 |
| (3) | 车外圆 $\phi 66$ | T0101 | 粗加工:800<br>精加工:1 200 | 0.2 | |
| (4) | 调头，平端面，控制总长 | T0101 | 600 | 0.1 | |
| (5) | 车螺纹外径尺寸 | T0101 | 800 | 0.1 | 0.20 |
| (6) | 切退刀槽 | T0303 | 300 | 0.08 | |
| (7) | 车外螺纹 | T0404 | 500 | 1.5 | |

表 4.9　工序卡 2—零件 1

| 操作序号 | 工序内容 | T 刀具 | 转速 $n$/ (r·min$^{-1}$) | 进给量 $f$/ (mm·r$^{-1}$) | 切削深度 $t$/mm |
|---|---|---|---|---|---|
| (1) | 车零件 1 右端面 | T0101 | 600 | 0.1 | |
| (2) | 钻孔 $\phi 25$ | T0202 | 800 | 0.20 | 1 |
| (3) | 调头，平端面 | T0101 | 600 | 0.1 | |
| (4) | 车外圆 $\phi 56$ | T0101 | 粗加工:800<br>精加工:1 200 | 0.2 | |

续表 4.9

| 操作序号 | 工序内容 | T 刀具 | 转速 $n$/(r·min$^{-1}$) | 进给量 $f$/(mm·r$^{-1}$) | 切削深度 $t$/mm |
|---|---|---|---|---|---|
| (5) | 切槽 4×3 | T0303 | 300 | 0.08 | |
| (6) | 调头,平端面,控制总长 | T0101 | 600 | 0.1 | |
| (7) | 镗 孔 | T0202 | 粗加工:800<br>精加工:1 200 | 0.1 | |
| (8) | 切内孔退刀槽 | T0303 | 300 | 0.08 | |
| (9) | 车内螺纹 | T0505 | 500 | 1.5 | |

**表 4.10 工序卡 3—件 1 和零件 2 配合**

| 操作序号 | 工序内容 | T 刀具 | 转速 $n$/(r·min$^{-1}$) | 进给量 $f$/(mm·r$^{-1}$) | 切削深度 $t$/mm |
|---|---|---|---|---|---|
| (1) | 零件 2 旋入零件 1 中用顶尖顶住 | | | | |
| (2) | 粗、精车 $S\phi66$ 外圆和 $R22$ 圆弧 | T0606 | 粗加工:800<br>精加工:1 200 | 0.20 | 1 |

## 6. 数值计算

零件 1 圆球 $S\phi66$ 与零件 2 圆弧 $R22$ 有一个圆弧切点,其位置需要计算。

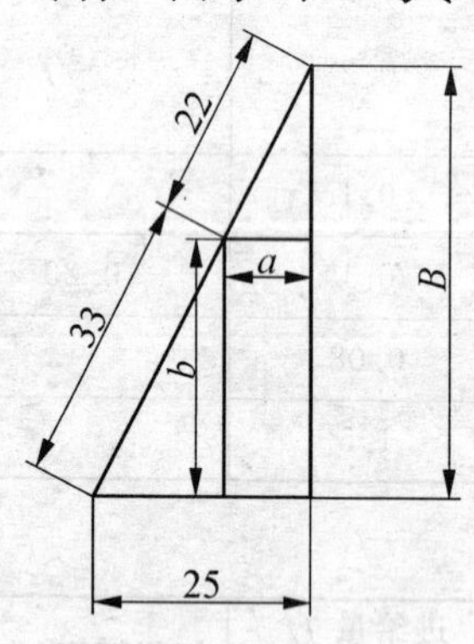

**图 4.8 构成三角形**

图 4.8 是将两圆的圆心连接起来,构成一个三角形,利用三角形的等比公式计算出切点的 $X$、$Z$ 轴坐标值。相似三角形等比公式为

$$\frac{a}{A}=\frac{b}{B}$$

① 由直角三角形勾股定理得 $25^2+B^2=55^2$,求出 $B=48.99$ mm。

② 由相似三角形等比公式$\frac{a}{A}=\frac{b}{B}$,得:

$\frac{a}{25}=\frac{22}{35}$,求出 $a=10$。

$\frac{b}{48.99}=\frac{33}{55}$,求出 $b=29.394$。

③ 该点的坐标为($X58.79$,$Z-10.0$)。

## 7. 参考程序

程序卡如表 4.11 所列。

表 4.11　程序卡

| 行　号 | 程　序 | 解　释 |
|---|---|---|
| | O501;(零件 2 右端程序) | 程序号 |
| N010 | G90 G99 X100.0 Z100.0; | 绝对坐标,每转进给,换刀点 |
| N020 | M03 S450 T0101; | 主轴正转,1 号外圆刀 |
| N030 | G00 X72.0 Z3.0; | 快速到达外圆起刀点 |
| N040 | G94 X0 Z0.5 F0.1; | 加工端面 |
| N050 | Z0.0; | |
| N060 | G00 X100.0 Z100.0 T0100; | 快速退刀到换刀点,并取消 1 号刀具补偿 |
| N070 | T0202; | 主轴正转,换 2 号刀 |
| N080 | M03 S800; | 转速 800 r/min |
| N090 | G00 X20.0 Z3.0; | 快速到达内孔起刀点 |
| N100 | G71 U1.0 R0.5; | 粗加工内孔 |
| N110 | G71 P120 Q180 U-0.5 W0.1 F0.2; | |
| N120 | G01 G41 X44.618 F0.1; | |
| N130 | Z1.0; | |
| N140 | X40.0 Z-3.0; | |
| N150 | Z-7.0; | |
| N160 | X24.0 Z-27.156; | |
| N170 | Z-51.0; | |
| N180 | G01 G40 X22.0; | |
| N190 | G00 Z100.0; | 快速退刀到换刀点,并取消 2 号刀具补偿 |
| N200 | X100.0 T0200; | |
| N210 | M05; | 主轴停转 |
| N220 | M00; | 程序暂停 |
| N230 | T0202; | 2 号刀 |
| N240 | M03 S1200; | 精加工内孔 |
| N250 | G00 X20.0 Z3.0; | |
| N260 | G70 P120 Q180; | |
| N270 | G00 Z100.0; | 快速退刀到换刀点,并取消 2 号刀具补偿 |
| N280 | X100.0 T0200; | |
| N290 | T0101; | 换 1 号外圆刀 |
| N300 | M03 S800; | 转速 800 r/min |
| N310 | G00 X72.0 Z3.0; | 快速到达外圆起刀点 |

续表 4.11

| 行　号 | 程　序 | 解　释 |
| --- | --- | --- |
| N320 | G90 X68.0 Z－28.0 F0.2； | 车外圆 |
| N330 | X66.5； | |
| N340 | X66.0； | |
| N350 | G00 X100.0 Z100.0 T0100； | 速退刀到换刀点，并取消1号刀具补偿 |
| N360 | M05； | 主轴停转 |
| N370 | M30； | 程序结束，光标返回程序头 |
| | O502；(零件2左端程序) | 程序号 |
| N010 | G90 G99 X100.0 Z100.0； | 绝对坐标，每转进给，换刀点 |
| N020 | M03 S450 T0101； | 主轴正转，1号外圆刀 |
| N030 | G00 X72.0 Z3.0； | 快速到达外圆起刀点 |
| N040 | G94 X0 Z0.5 F0.1； | 加工端面 |
| N050 | Z0.0； | |
| N060 | M03 S800； | 转速800 r/min |
| N070 | G00 X72.0 Z3.0； | 快速到达外圆起刀点 |
| N080 | G71 U1.5 R0.5； | 粗加工外圆 |
| N090 | G71 P100 Q140 U0.5 W0.1 F0.2； | |
| N100 | G01 G42 X31.0 F0.1； | |
| N110 | Z1.0； | |
| N120 | X35.8 Z－1.5； | |
| N130 | Z－23.0； | |
| N140 | G01 G40 X72.0； | |
| N150 | G00 X100.0 Z100.0； | 快速退刀到换刀点 |
| N160 | M05； | 主轴停转 |
| N170 | M00； | 程序暂停 |
| N180 | T0101； | 1号外圆刀 |
| N190 | M03 S1200； | 精加工外圆 |
| N200 | G00 X72.0 Z3.0； | |
| N210 | G70 P100 Q140； | |
| N220 | G00 X100.0 Z100.0 T0100； | 速退刀到换刀点，并取消1号刀具补偿 |
| N230 | M05； | 主轴停转 |
| N240 | M30； | 程序结束，光标返回程序头 |
| | O511；(零件1左端程序) | 程序号 |
| N010 | G90 G99 X100.0 Z100.0； | 绝对坐标，每转进给，换刀点 |
| N020 | M03 S450 T0101； | 主轴正转，1号外圆刀 |

续表 4.11

| 行 号 | 程 序 | 解 释 |
|---|---|---|
| N240 | M30; | 程序结束,光标返回程序头 |
| N030 | G00 X72.0 Z3.0; | 快速到达外圆起刀点 |
| N040 | G94 X0 Z0.5 F0.1; | 加工端面 |
| N050 | Z0.0; | |
| N060 | G00 X72.0 Z3.0; | 快速到达外圆起刀点 |
| N070 | M03 S800; | 转速 800 r/min |
| N080 | G71 U2.0 R0.5; | 粗加工外圆 |
| N090 | G71 P100 Q190 U0.5 W0.1 F0.2; | |
| N100 | G01 G42 X20.0 F0.1; | |
| N110 | Z1.0; | |
| N120 | X24.0 Z-1.0; | |
| N130 | Z-8.0; | |
| N140 | X26.01; | |
| N150 | X40.0 Z-23.0; | |
| N160 | Z-31.0; | |
| N170 | X56.0; | |
| N180 | Z-53.0; | |
| N190 | G01 G40 X72.0; | |
| N200 | G00 X100.0 Z100.0; | 快速退刀到换刀点 |
| N210 | M05; | 主轴停转 |
| N220 | M00; | 程序暂停 |
| N230 | T0101; | 1 号外圆刀 |
| N240 | M03 S1200; | 精加工外圆 |
| N250 | G00 X72.0 Z3.0; | |
| N260 | G70 P100 Q190; | |
| N270 | G00 X100.0 Z100.0; | 快速退刀到换刀点 |
| N280 | T0303; | 换 3 号刀切槽刀 |
| N290 | M03 S300; | 转速 300 r/min |
| N300 | G00 X60.0 Z-41.0; | 快速到达切槽起刀点 |
| N310 | G01 X50.2 F0.08; | 慢速进给 |
| N320 | G00 X57.0; | 速退刀 |
| N330 | Z-40.0; | 第二次进刀 |
| N340 | G01 X50.0 F0.08; | 慢速进给 |
| N350 | Z-41.0; | |

续表 4.11

| 行　号 | 程　序 | 解　释 |
|---|---|---|
| N360 | G00 X57.0； | 快速退刀 |
| N370 | G00 X100.0 Z100.0； | 快速退刀到换刀点 |
| N380 | T0300； | 取消 3 号刀具补偿 |
| N390 | M05； | 主轴停转 |
| N400 | M30； | 程序结束，光标返回程序头 |
|  | O511；(零件 1 右端程序) | 程序号 |
| N010 | G90 G99 X100.0 Z100.0； | 绝对坐标，每转进给，换刀点 |
| N020 | M03 S450 T0101； | 主轴正转，1 号外圆刀 |
| N030 | G00 X72.0 Z3.0； | 快速到达外圆起刀点 |
| N040 | G94 X0 Z0.5 F0.1； | 加工端面 |
| N050 | Z0.0； |  |
| N060 | G00 X100.0 Z100.0； | 快速退刀到换刀点 |
| N070 | T0202； | 换 2 号刀 |
| N080 | M03 S800； | 转速 800 r/min |
| N090 | G00 X22.0 Z3.0； | 快速到达内孔起刀点 |
| N100 | G71 U1.5 R0.5； | 粗加工内孔 |
| N110 | G71 P120 Q160 U-0.5 W0.1 F0.2； |  |
| N120 | G01 G41 X39.5 F0.1； |  |
| N130 | Z1.0； |  |
| N140 | X34.5 Z-1.5； |  |
| N150 | Z-32.0； |  |
| N160 | G01 G40 X22.0； |  |
| N170 | G00 Z100.0； | 先退 *Z* 轴 |
| N180 | X100.0； | 再退 *X* 轴 |
| N190 | M05； | 主轴停转 |
| N200 | M00； | 程序暂停 |
| N210 | T0202； | 2 号刀 |
| N220 | M03 S1200； | 精加工内孔 |
| N230 | G00 X22.0 Z3.0； |  |
| N240 | G70 P120 Q160； |  |
| N250 | G00 Z100.0； | 先退 *Z* 轴 |
| N260 | X100.0； | 再退 *X* 轴 |
| N270 | T0303； | 换 3 号刀 |

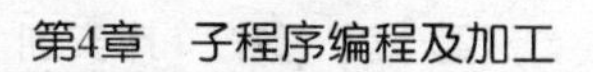

续表 4.11

| 行　号 | 程　序 | 解　释 |
|---|---|---|
| N280 | M03 S300； | 转速 300 r/min |
| N290 | G00 X30.0； | 先进 $X$ 轴 |
| N300 | G01 Z－31.0 F0.2； | 再进 $Z$ 轴 |
| N310 | G01 X40.0 F0.08； | 慢速进给 |
| N320 | G01 X30.0； | 退刀 |
| N330 | G00 Z100.0； | 先退 $Z$ 轴 |
| N340 | G00 X100.0； | 再退 $X$ 轴 |
| N350 | M05； | 主轴停转 |
| N360 | M30； | 程序结束，光标返回程序头 |
| | O511；(零件 1 和零件 2 配合车削程序) | 程序号 |
| N010 | G90 G99 X100.0 Z100.0； | 绝对坐标，每转进给，换刀点 |
| N020 | M03 S800 T0606； | 主轴正转，6 号外圆刀 |
| N030 | G00 X70.0 Z－11.83； | 快速到达外圆起刀点 |
| N040 | G73 U10.0 R15.0； | 粗加工外圆 |
| N050 | G73 P60 Q100 U0.8 W0.1 F0.2； | |
| N060 | G01 G42 X66.0 F0.1； | |
| N070 | G02 X58.79 Z－36.38 R22.0； | |
| N080 | G03 X46.0 Z－75.66 R33.0； | |
| N090 | G01 Z－80.0； | |
| N100 | G01 X67.0； | |
| N110 | G00 X100.0 Z100.0； | 快速退刀到换刀点 |
| N120 | M05； | 主轴停转 |
| N130 | M00； | 程序暂停 |
| N140 | T0606； | 6 号刀 |
| N150 | M03 S1200； | 精加工外圆 |
| N160 | G00 X70.0 Z－11.83； | |
| N170 | G70 P60 Q100； | |
| N180 | G00 X100.0 Z100.0； | 快速退刀到换刀点 |
| N190 | M05； | 主轴停转 |
| N200 | M30； | 程序结束，光标返回程序头 |

# 实训作业

1. 配合件编程与加工，如图 4.9 和 4.10 所示。

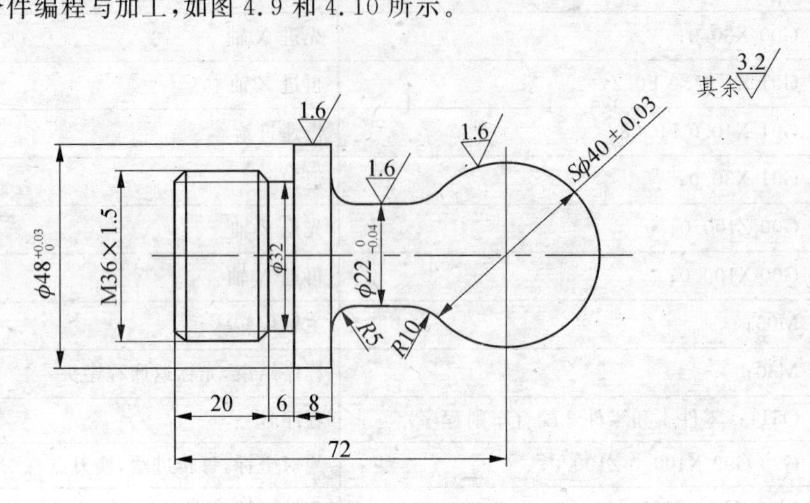


**图 4.9　习题 1 用图**

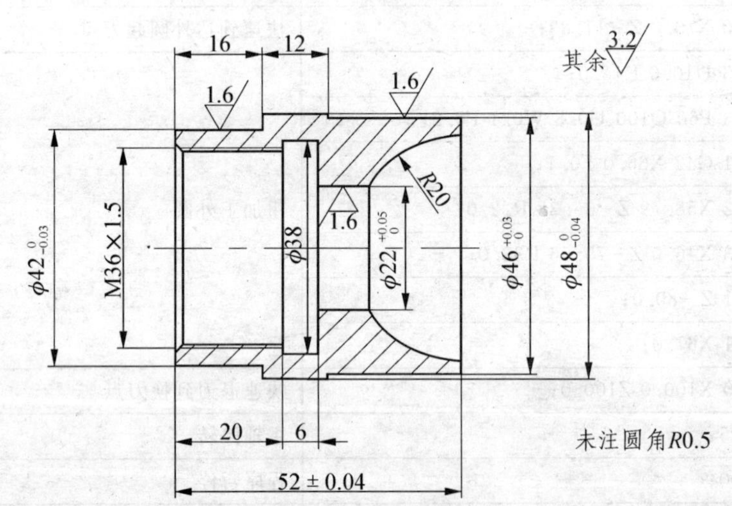


**图 4.10　习题 1 用图**

2. 回答下列问题：

(1) 配合加工，如何保证配合公差？

(2) 配合加工，在工艺方面与单件加工有何不同？

# 中级工实训操作试卷(一)

## 实训资源

| 资源序号 | 资源名称 | 备　注 |
|---|---|---|
| 1 | 数控车床 CAK6150 | 数控系统 FANUC0I-MATE |
| 2 | 中心钻、钻头 | $\phi3$,$\phi28.5$ |
| 3 | 外圆刀 | 93°,35° |
| 4 | 镗孔刀 | |
| 5 | 切槽刀 | 4 mm |
| 6 | 外螺纹刀 | 60 |
| 7 | 百分表 | |
| 8 | 图纸(含评分标准) | |
| 9 | 游标卡尺 | |
| 10 | 千分尺 | |
| 11 | 内径千分尺 | |
| 12 | 工件材料(45＃钢) | $\phi50\times110$,$\phi30\times80$,$\phi30\times95$ |
| 13 | 机床参考书和系统使用手册 | |

## 图纸及评分标准

下面是中级工实训操作试卷中的图纸及评分标准。

# 试卷一

## 1. 图　纸

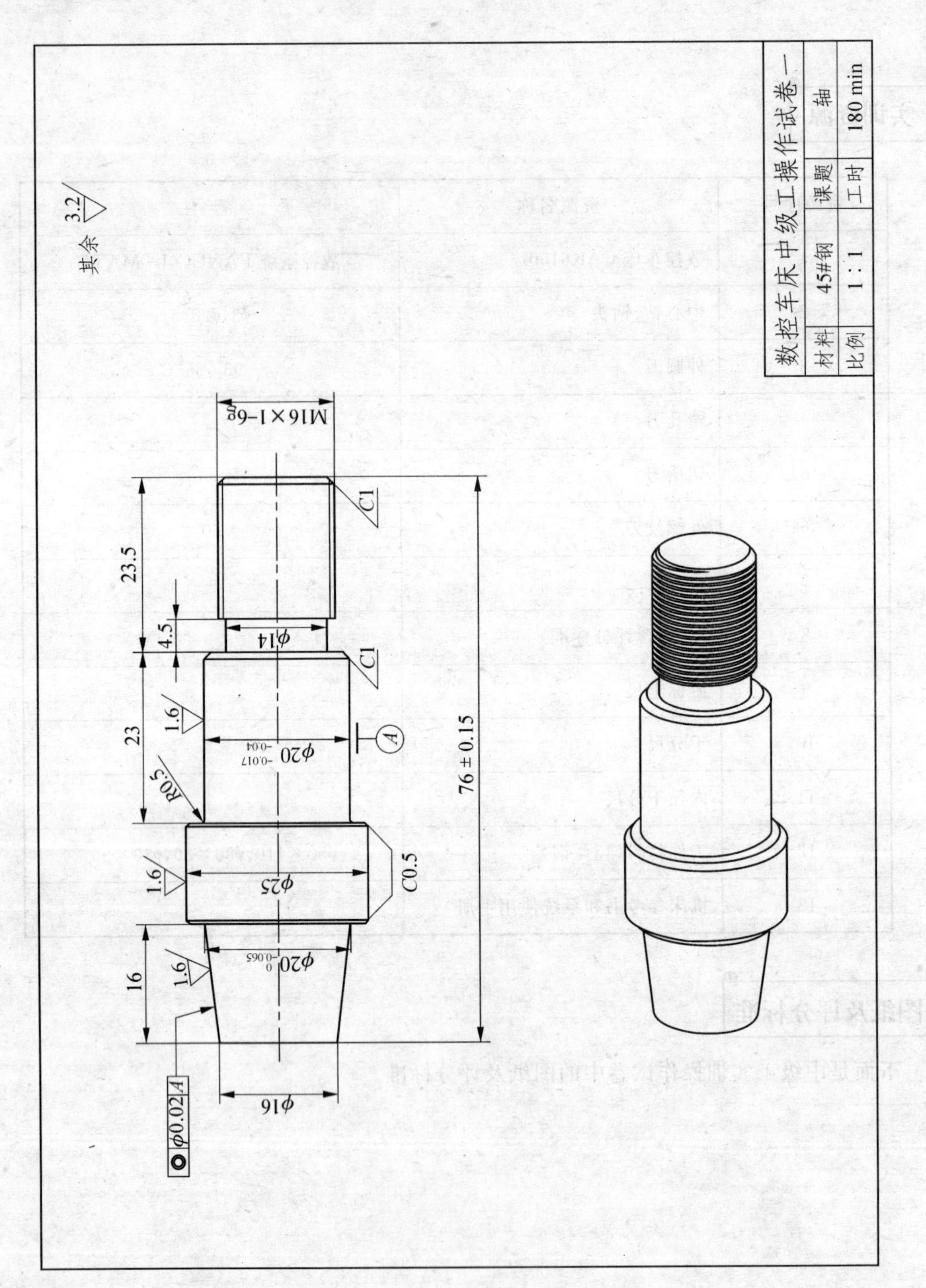
数控车床中级工操作试卷一
材料
45#钢
课题
轴
比例
1∶1
工时
180 min
其余 3.2
M16×1-6g
C1
23.5
4.5
φ14
C1
23
1.6
φ20
-0.017
-0.04
A
R0.5
76±0.15
1.6
φ25
C0.5
16
1.6
φ20
0
-0.065
φ16
φ0.02 A

## 2. 评分标准

| 序号 | 项目 | 技术要求 | | 配分 | 评分标准 | 检测结果 | 实得分 |
| --- | --- | --- | --- | --- | --- | --- | --- |
| 1 | 外圆 | $\phi 20_{-0.065}^{0}$ | 尺寸 | 6 | 超差0.01扣2分 | | |
| | | | $R_a 1.6$ | 4 | $R_a>1.6$扣2分，$R_a>3.2$全扣 | | |
| 2 | | $\phi 20_{-0.04}^{-0.017}$ | 尺寸 | 8 | 超差0.01扣2分 | | |
| | | | $R_a 1.6$ | 4 | $R_a>1.6$扣2分，$R_a>3.2$全扣 | | |
| 3 | | $\phi 25$ | 尺寸 | 4 | 超差不得分 | | |
| 4 | | $\phi 16$ | 尺寸 | 4 | 超差不得分 | | |
| 5 | 螺纹 | M16×1(止通规检查) | | 14 | 止通规检查不满足要求不得分 | | |
| 6 | | $R_a 3.2$ | | 4 | $R_a>3.2$扣2分<br>$R_a>6.3$全扣 | | |
| 7 | 长度 | 76±0.15 | | 5 | 超差0.01扣2分 | | |
| 8 | | 23.5 | | 4 | 超差不得分 | | |
| 9 | | 23 | | 4 | 超差不得分 | | |
| 10 | | 16 | | 4 | 超差不得分 | | |
| 11 | 同轴度 | $\phi 0.02$ | | 8 | 超差不得分 | | |
| 12 | 倒角 | $C1$ | | 2 | | | |
| 13 | | $C1$ | | 2 | | | |
| 14 | | $C0.5$ | | 4 | | | |
| 15 | | $R0.5$ | | 2 | | | |
| 16 | 退刀槽 | 4.5×$\phi 14$ | | 5 | 超差不得分 | | |
| 17 | 文明生产 | | | 10 | 违规操作全扣 | | |
| 18 | 工时 | | | | 每超5 min扣1分 | | |

# 试卷二

## 1. 图　纸

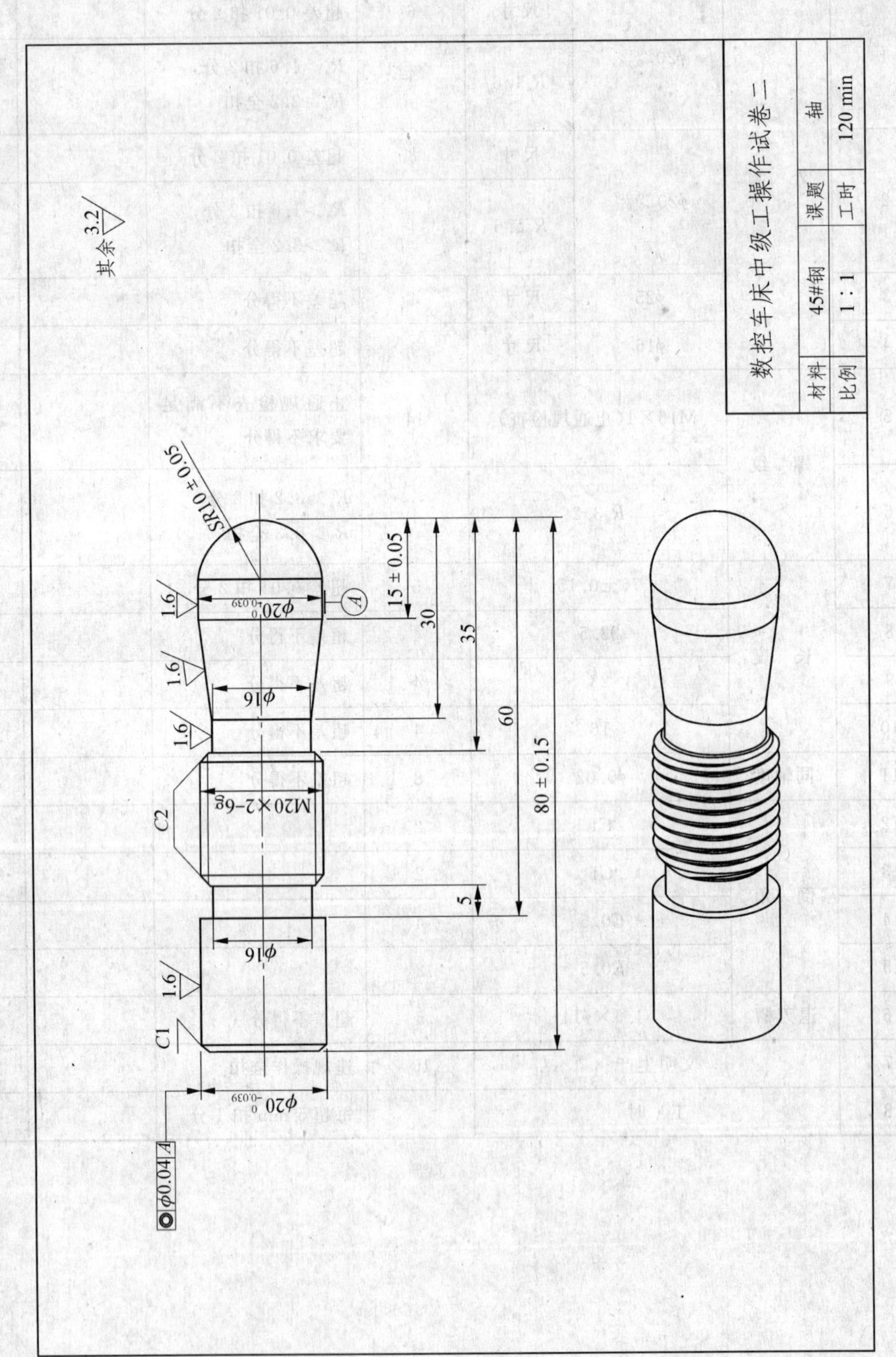
数控车床中级工操作试卷二
材料
45#钢
课题
轴
比例
1：1
工时
120 min
其余 3.2
SR10 ± 0.05
15 ± 0.05
30
35
60
80 ± 0.15
5
A
1.6
φ16
M20×2-6g
C2
C1
φ0.04 A

## 2. 评分标准

| 序号 | 项目 | 技术要求 | | 配分 | 评分标准 | 检测结果 | 实得分 |
|---|---|---|---|---|---|---|---|
| 1 | 外圆 | $\phi20_{-0.039}^{0}$ | 尺寸 | 6 | 超差 0.01 扣 2 分 | | |
| | | | $R_a1.6$ | 4 | $R_a>1.6$ 扣 2 分，$R_a>3.2$ 全扣 | | |
| 2 | | $\phi20_{-0.039}^{0}$ | 尺寸 | 6 | 超差 0.01 扣 2 分 | | |
| | | | $R_a1.6$ | 4 | $R_a>1.6$ 扣 2 分，$R_a>3.2$ 全扣 | | |
| 3 | | $SR10\pm0.05$ | 尺寸 | 4 | 超差 0.01 扣 2 分 | | |
| | | | $R_a3.2$ | 4 | $R_a>3.2$ 扣 2 分 $R_a>6.3$ 全扣 | | |
| 4 | | $\phi16$ | 尺寸 | 4 | 超差不得分 | | |
| 5 | 螺纹 | M20×2（螺纹千分尺检查） | | 12 | 中径检查，超差0.01扣 2 分，超差 0.03不得分 | | |
| 6 | | $R_a3.2$ | | 4 | $R_a>3.2$ 扣 2 分 $R_a>6.3$ 全扣 | | |
| 7 | 长度 | 80±0.15 | | 5 | 超差不得分 | | |
| 8 | | 15±0.05 | | 6 | 超差 0.01 扣 2 分，超差 0.02 不得分 | | |
| 9 | | 60 | | 4 | 超差不得分 | | |
| 10 | | 35 | | 4 | 超差不得分 | | |
| 11 | | 30 | | 4 | 超差不得分 | | |
| 12 | 同轴度 | $\phi0.04$ | | 8 | 超差不得分 | | |
| 13 | 倒角 | $C2$ | | 2 | | | |
| 14 | | $C2$ | | 2 | | | |
| 15 | | $C1$ | | 2 | | | |
| 16 | 退刀槽 | $5\times\phi16$ | | 5 | 超差不得分 | | |
| 17 | 文明生产 | | | 10 | 违规操作全扣 | | |
| 18 | 工时 | | | | 每超 5 min 扣 1 分 | | |

# 试卷三

## 1. 图　纸

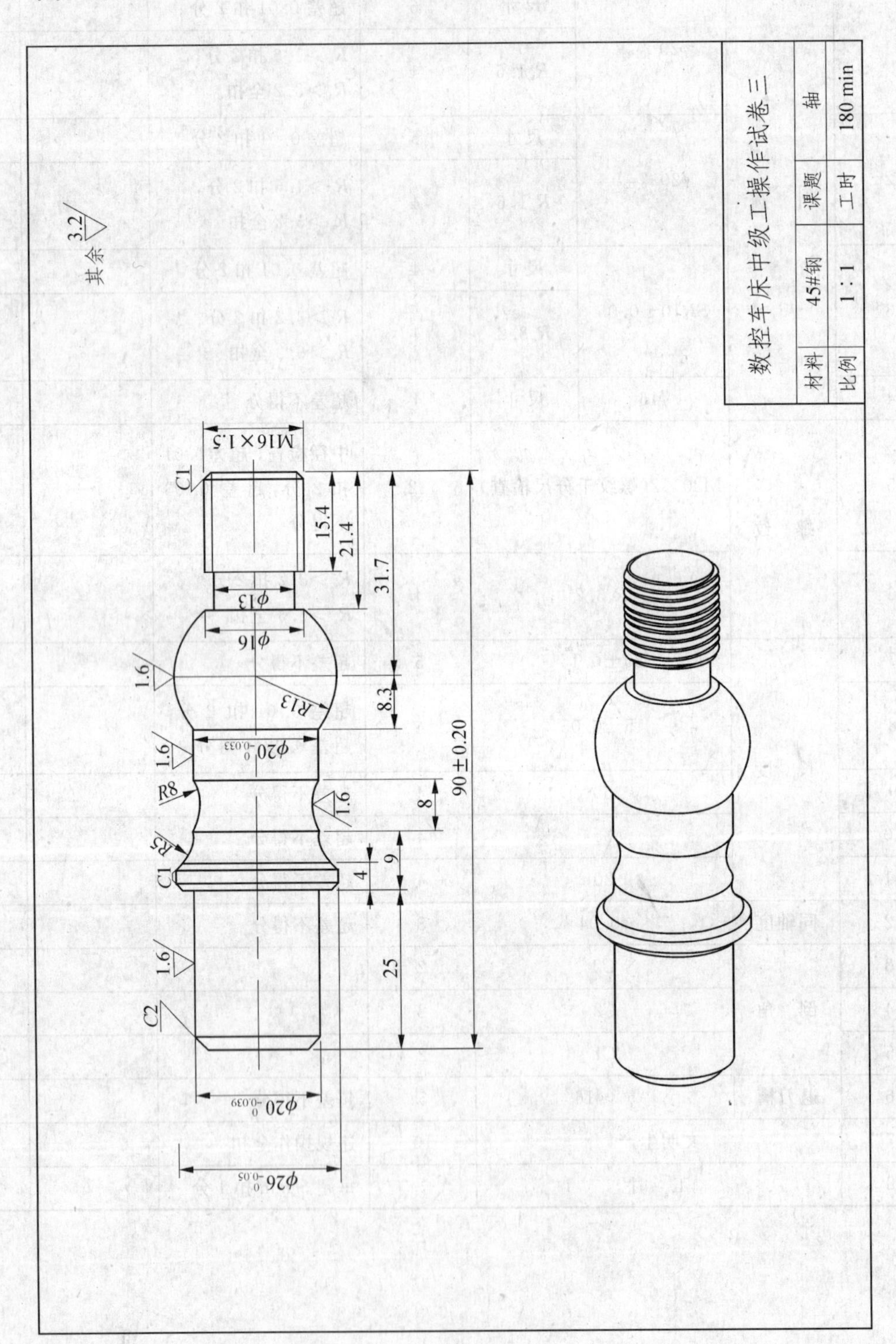
数控车床中级工操作试卷三
材料
45#钢
课题
轴
比例
1∶1
工时
180 min
其余 3.2
M16×1.5
C1
15.4
21.4
31.7
φ13
φ16
1.6
R13
8.3
φ20 0 -0.033
90±0.20
R8
8
R5
C1
4
9
25
C2
φ20 0 -0.039
φ26 0 -0.05

## 2. 评分标准

| 序号 | 项目 | 技术要求 | | 配分 | 评分标准 | 检测结果 | 实得分 |
|---|---|---|---|---|---|---|---|
| 1 | 外圆 | $\phi20_{-0.039}^{\ 0}$ | 尺寸 | 6 | 超差 0.01 扣 2 分 | | |
| | | | $R_a$1.6 | 4 | $R_a$>1.6 扣 2 分，<br>$R_a$>3.2 全扣 | | |
| 2 | | $\phi20_{-0.033}^{\ 0}$ | 尺寸 | 6 | 超差 0.01 扣 2 分 | | |
| | | | $R_a$1.6 | 4 | $R_a$>1.6 扣 2 分，<br>$R_a$>3.2 全扣 | | |
| 3 | | $\phi26_{-0.05}^{\ 0}$ | 尺寸 | 6 | 超差 0.01 扣 2 分 | | |
| | | | $R_a$3.2 | 2 | $R_a$>3.2 全扣 | | |
| 4 | | $\phi16$ | 尺寸 | 4 | 超差不得分 | | |
| 5 | | $R13$ | 尺寸 | 4 | 未加工不得分 | | |
| 6 | | $R8$ | 尺寸 | 4 | 未加工不得分 | | |
| 7 | | $R5$ | 尺寸 | 4 | 未加工不得分 | | |
| 8 | 螺纹 | M16×1.5(止通规检查) | | 10 | 止通规检查不满足要求不得分 | | |
| 9 | | $R_a$3.2 | | 4 | $R_a$>3.2 扣 2 分，<br>$R_a$>6.3 全扣 | | |
| 10 | 长度 | 90±0.20 | | 5 | 超差不得分 | | |
| 11 | | 21.4 | | 4 | 超差 0.01 扣 2 分，<br>超差 0.02 不得分 | | |
| 12 | | 25 | | 4 | 超差不得分 | | |
| 13 | | 4 | | 4 | 超差不得分 | | |
| 14 | | 9 | | 2 | 超差不得分 | | |
| 15 | | 8 | | 2 | 超差不得分 | | |
| 16 | 倒角 | C2 | | 2 | | | |
| 17 | | C1 | | 2 | | | |
| | | C1 | | 2 | | | |
| 19 | 退刀槽 | 6×$\phi13$ | | 5 | 超差不得分 | | |
| 20 | 文明生产 | | | 10 | 违规操作全扣 | | |
| 21 | 工时 | | | | 每超 5 min 扣 1 分 | | |

# 试卷四

## 1. 图　纸

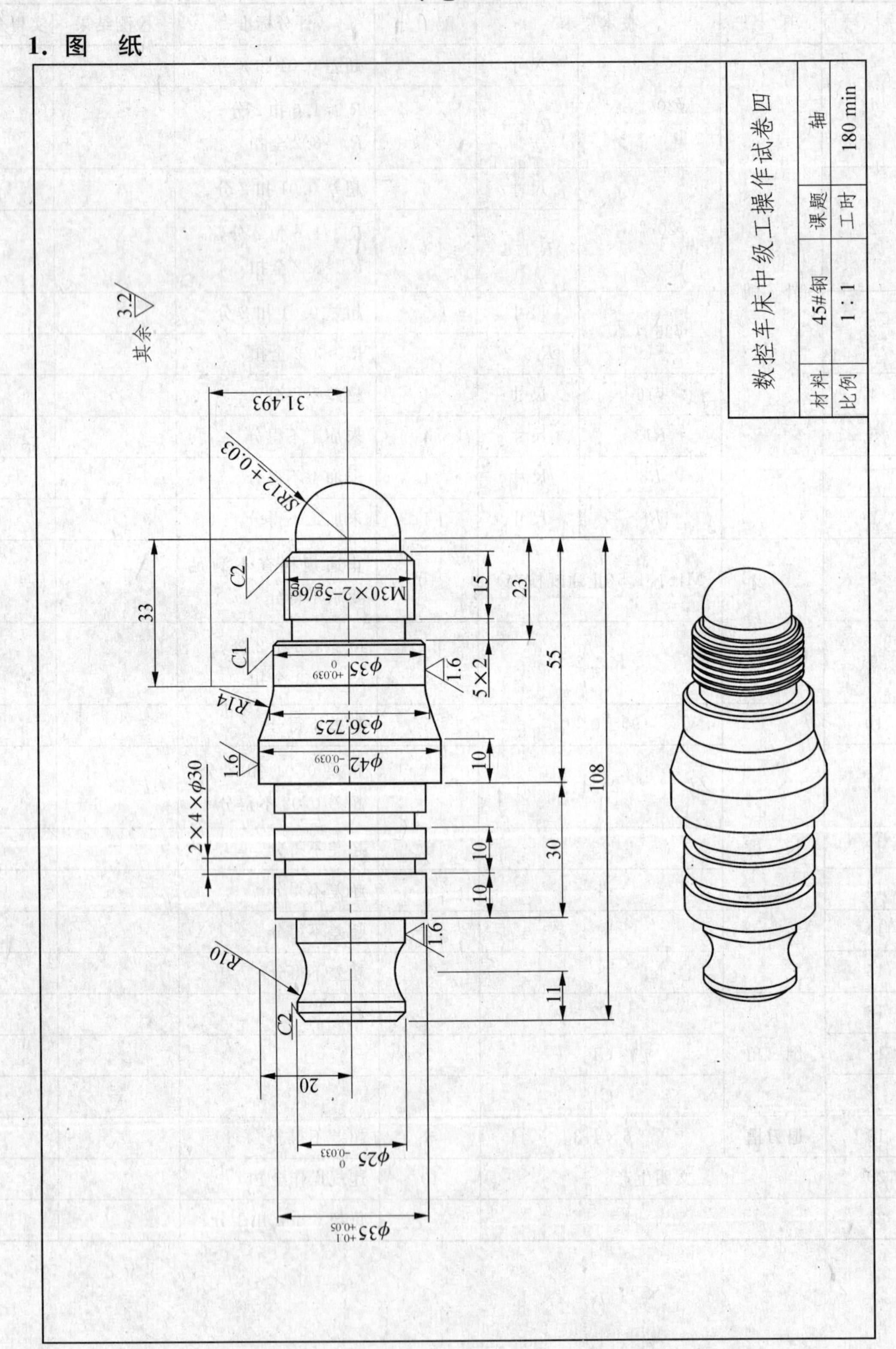
数控车床中级工操作试卷四
材料
45#钢
课题
轴
比例
1 : 1
工时
180 min
其余 3.2
31.493
SR12+0.03
C2
M30×2−5g/6g
33
15
23
C1
φ35 +0.039 0
1.6
5×2
55
R14
φ36.725
φ42 0 −0.039
1.6
10
108
2×4×φ30
30
10
10
1.6
R10
11
C2
20
φ25 0 −0.033
φ35 +0.1 +0.05

## 2. 评分标准

| 序号 | 项目 | 技术要求 | | 配分 | 评分标准 | 检测结果 | 实得分 |
|---|---|---|---|---|---|---|---|
| 1 | 外圆 | $\phi25_{-0.033}^{0}$ | 尺寸 | 5 | 超差0.01扣2分 | | |
| | | | $R_a1.6$ | 3 | $R_a>1.6$扣2分，$R_a>3.2$全扣 | | |
| 2 | | $\phi42_{-0.039}^{0}$ | 尺寸 | 5 | 超差0.01扣2分 | | |
| | | | $R_a1.6$ | 3 | $R_a>1.6$扣2分，$R_a>3.2$全扣 | | |
| 3 | | $\phi35_{0}^{+0.039}$ | 尺寸 | 5 | 超差0.01扣2分 | | |
| | | | $R_a1.6$ | 3 | $R_a>1.6$扣2分，$R_a>3.2$全扣 | | |
| 4 | | $\phi35_{+0.05}^{+0.1}$ | 尺寸 | 5 | 超差不得分 | | |
| 5 | | | $R_a3.2$ | 3 | $R_a>3.2$全扣 | | |
| 6 | | $\phi36.725$ | 尺寸 | 4 | 超差不得分 | | |
| 7 | | $SR12\pm0.03$ | 尺寸 | 4 | 超差不得分 | | |
| 8 | | $R14$ | 外形 | 4 | 未加工不得分 | | |
| 9 | | $R10$ | 外形 | 4 | 未加工不得分 | | |
| 10 | 螺纹 | M30×2(止通规检查) | | 10 | 止通规检查不满足要求不得分 | | |
| 11 | | $R_a3.2$ | | 2 | $R_a>3.2$扣2分<br>$R_a>6.3$全扣 | | |
| 12 | 长度 | 108 | | 4 | 超差不得分 | | |
| 13 | | 30 | | 4 | 超差不得分 | | |
| 14 | | 15 | | 4 | 超差不得分 | | |
| 15 | | 55 | | 2 | 超差不得分 | | |
| 16 | | 10 | | 2 | 超差不得分 | | |
| 17 | 倒角 | $C2$ | | 2 | | | |
| 18 | | $C2$ | | 2 | | | |
| 19 | | $C1$ | | 2 | | | |
| 20 | 退刀槽 | 5×2 | | 4 | 超差不得分 | | |
| 21 | 槽 | 4×$\phi30$ | | 2×2 | | | |
| 22 | 文明生产 | | | 10 | 违规操作全扣 | | |
| 23 | 工时 | | | | 每超5 min扣1分 | | |

# 试卷五-1

## 1. 图　纸

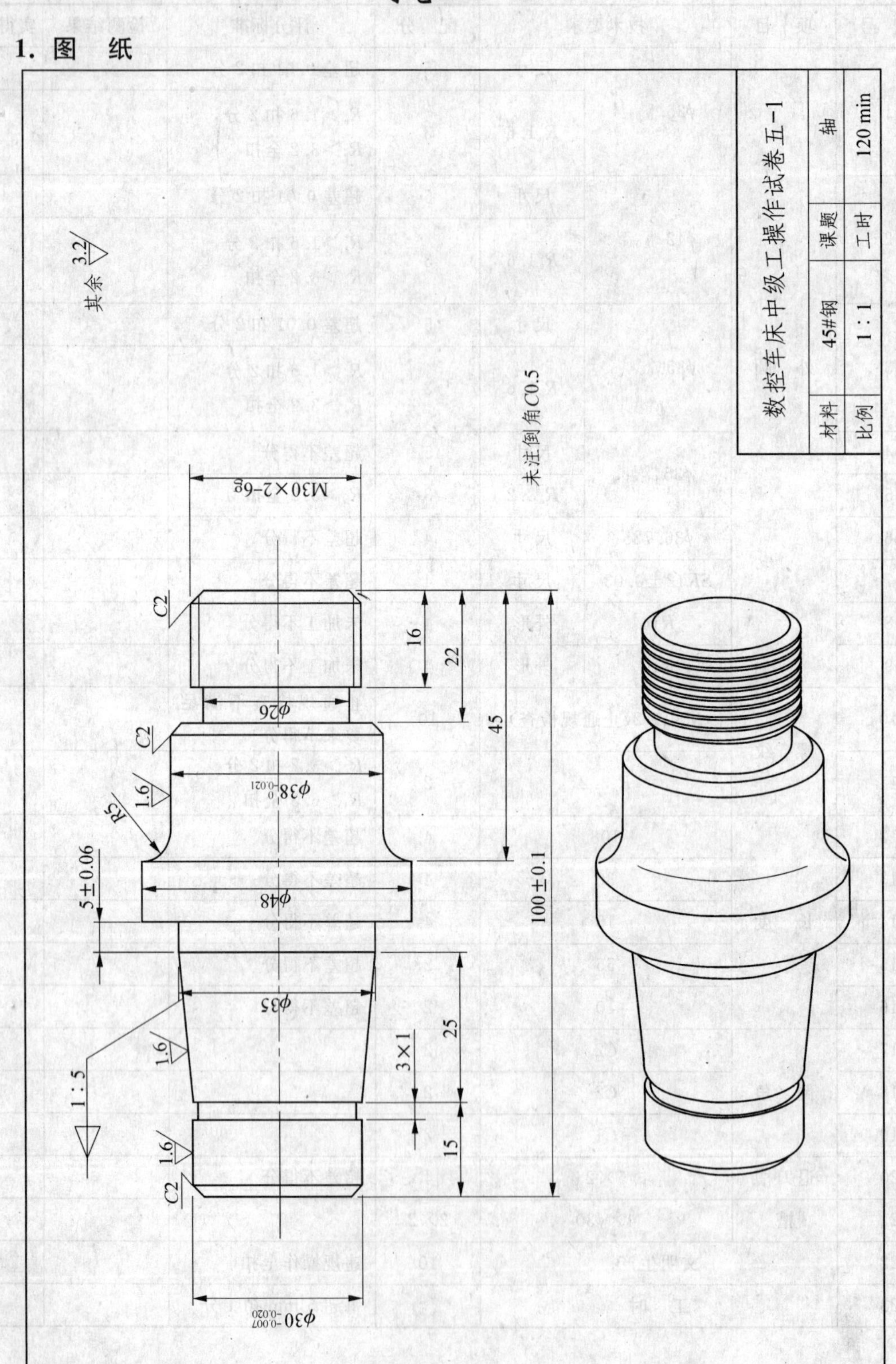
数控车床中级工操作试卷五-1
材料
45#钢
课题
轴
比例
1：1
工时
120 min
其余 3.2
未注倒角C0.5
M30×2-6g
C2
16
22
45
φ26
φ38$^{0}_{-0.021}$
1.6
R5
5±0.06
φ48
100±0.1
φ35
25
3×1
1：5
15
φ30$^{-0.007}_{-0.020}$

## 2. 评分标准

| 序号 | 项目 | 技术要求 | | 配分 | 评分标准 | 检测结果 | 实得分 |
|---|---|---|---|---|---|---|---|
| 1 | 外圆 | $\phi30_{-0.020}^{-0.007}$ | 尺寸 | 6 | 超差 0.01 扣 2 分 | | |
| | | | $R_a1.6$ | 3 | $R_a>1.6$ 扣 2 分，<br>$R_a>3.2$ 全扣 | | |
| 2 | | $\phi38_{-0.021}^{0}$ | 尺寸 | 6 | 超差 0.01 扣 2 分 | | |
| | | | $R_a1.6$ | 3 | $R_a>1.6$ 扣 2 分，<br>$R_a>3.2$ 全扣 | | |
| 3 | | $\phi48$ | 尺寸 | 2 | 超差不得分 | | |
| 4 | | $\phi35$ | 尺寸 | 2 | 超差不得分 | | |
| 5 | 螺纹 | M30×2(止通规检查) | | 6 | 止通规检查不满足要求不得分 | | |
| 6 | | $R_a3.2$ | | 2 | $R_a>3.2$ 扣 2 分<br>$R_a>6.3$ 全扣 | | |
| 7 | 长度 | 5±0.06 | | 3 | 超差 0.01 扣 2 分 | | |
| 8 | | 100±0.1 | | 3 | 超差 0.01 扣 2 分 | | |
| 9 | | 22 | | 2 | 超差不得分 | | |
| 10 | | 16 | | 2 | 超差不得分 | | |
| 11 | | 45 | | 2 | 超差不得分 | | |
| 12 | | 15 | | 2 | 超差不得分 | | |
| 13 | | 25 | | 2 | 超差不得分 | | |
| 14 | 锥度 | 1∶5 | | 8 | 超差不得分 | | |
| 15 | 倒角 | $C2$ | | 1 | | | |
| 16 | | $C2$ | | 1 | | | |
| 17 | | $C2$ | | 1 | | | |
| 18 | | $R5$ | | 1 | | | |
| 19 | 退刀槽 | 6×$\phi26$ | | 2 | 超差不得分 | | |
| 20 | 槽 | 3×1 | | 2 | 超差不得分 | | |
| 21 | 文明生产 | | | 5 | 违规操作全扣 | | |
| 22 | 工时 | | | | 每超 5 min 扣 1 分 | | |

# 试卷五－2

## 4. 图　纸

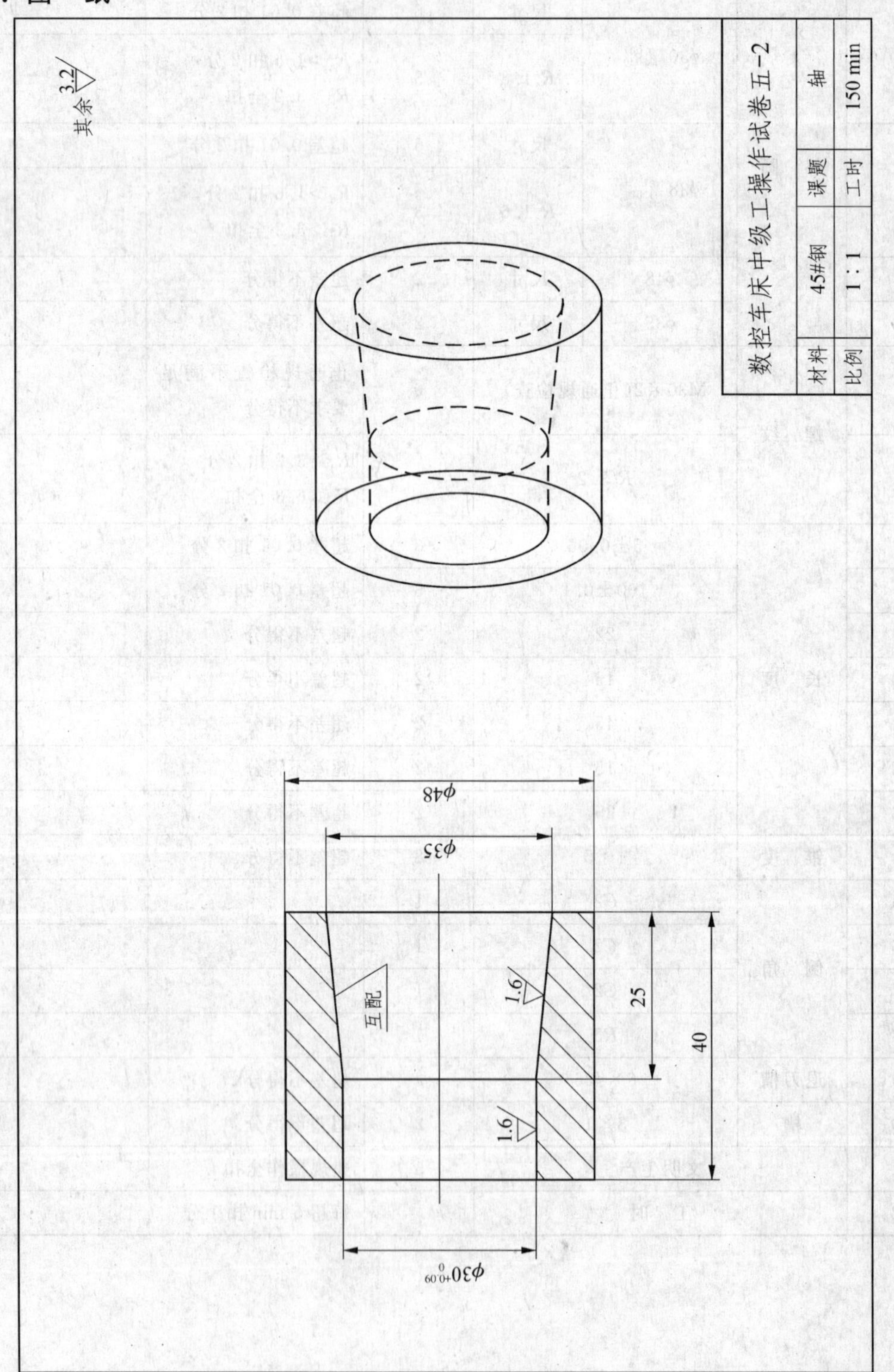

其余 3.2
数控车床中级工操作试卷五－2
材料
45#钢
课题
轴
比例
1：1
工时
150 min
φ48
φ35
互配
1.6
1.6
25
40
$φ30^{+0.09}_{0}$

## 2. 评分标准

| 序　号 | 项目及技术要求 | | | 配　分 | 评分标准 | 检测结果 | 实得分 |
|---|---|---|---|---|---|---|---|
| 1 | 外　圆 | $\phi48$ | | 4 | 超差全扣 | | |
| 2 | 内　孔 | $\phi30^{+0.09}_{0}$ | 尺寸 | 6 | 超差0.01扣2分 | | |
| 3 | | | $R_a1.6$ | 3 | $R_a>1.6$扣1分，$R_a>3.2$全扣 | | |
| 4 | | $\phi35$ | | 3 | 超差全扣 | | |
| 5 | 长　度 | 40 | | 2 | 超差全扣 | | |
| 6 | | 25 | | 2 | 超差全扣 | | |
| 7 | 锥　度 | 1∶5 | | 8 | 超差全扣 | | |
| 8 | 文明生产 | | | 5 | 违规操作全扣 | | |
| 9 | 工　时 | | | | 每超5 min扣1分 | | |

# 第二篇

# 数控铣床实训

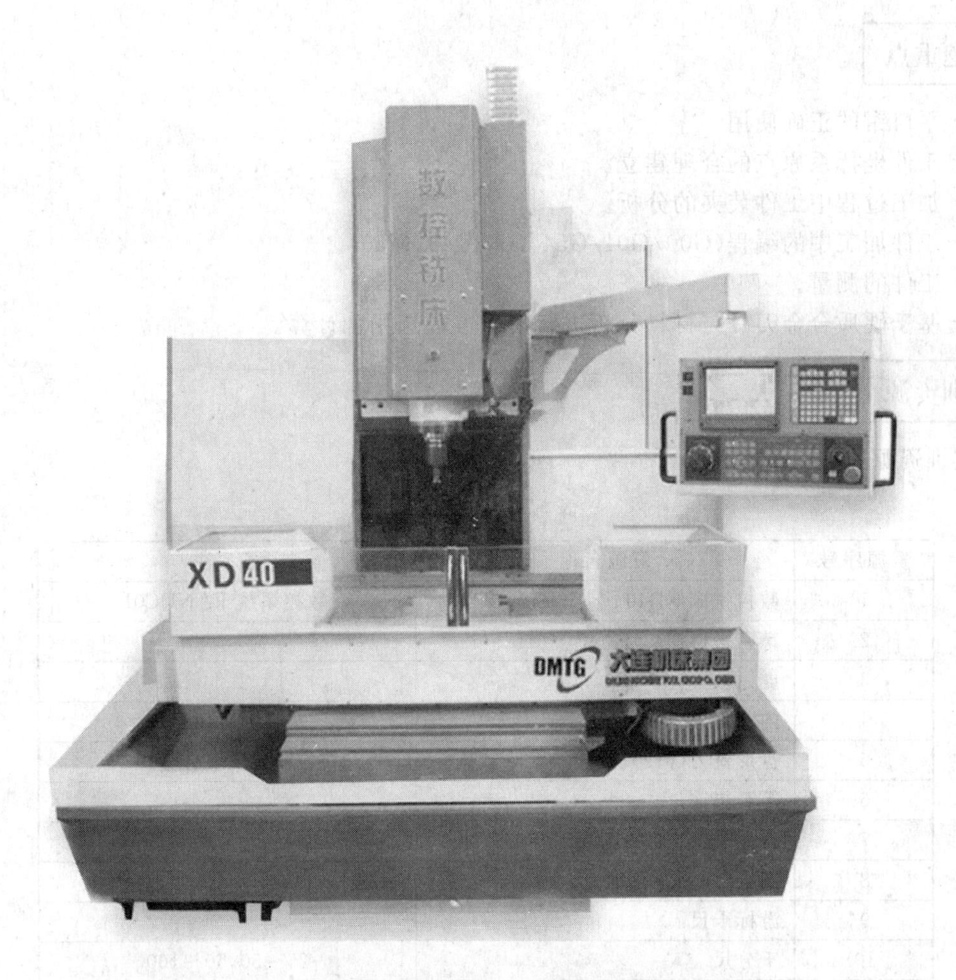


（本章所有程序试切用机床均为数控系统 FANUC）

# 第5章 平面加工

## 课题名称 六面体铣削

## 课题目标

铣削平面是数控铣削加工的基本功，也是进一步掌握铣削其他各种复杂表面的基础。本课题采用平口钳装夹进行六方体加工，保证精度，为加工其他零件打下基础。

## 课题重点

☆ 平口钳的正确使用。
☆ 工件坐标系原点的合理建立。
☆ 加工过程中工件装夹的分析。
☆ 工件加工中的编程(G00/G01/G54/G90/M3/M30)。
☆ 工件的测量。
☆ 基于硬质合金刀具与材料分析进行切削参数选用和计算。

## 实训资源

实训资源如表5.1所列。

**表5.1 实训资源**

| 资源序号 | 资源名称 | 备 注 |
|---|---|---|
| 1 | 数控铣床 XD40 | 数控系统 FANUC0I |
| 2 | 精密平口钳 | |
| 3 | 虎钳扳手 | |
| 4 | 内六角扳手 | 安装虎钳压板用 |
| 5 | 盘形铣刀(ϕ32) | 刀片(硬质合金) |
| 6 | 等高垫铁 | |
| 7 | 百分表 | |
| 8 | 图纸(含评分标准) | |
| 9 | 游标卡尺 | |
| 10 | 千分尺 | 25～50,50～100 |
| 11 | 材料(45#钢) | 毛坯 80×80×45 |
| 12 | 机床参考书和系统使用手册 | |

**注意事项**

1. 数控机床属于精密设备，未经许可严禁尝试性操作。观察操作时必须戴护目镜且站在安全位置，并关闭防护挡板。

2. 工件必须装夹稳固。

3. 刀具必须装夹稳固方可进行加工。

4. 严格按照教师给定的切削值范围加工。

5. 切削加工中禁止用手触摸工件。

# 5.1 典型零件加工

## 5.1.1 图　纸

零件加工尺寸如图5.1所示。

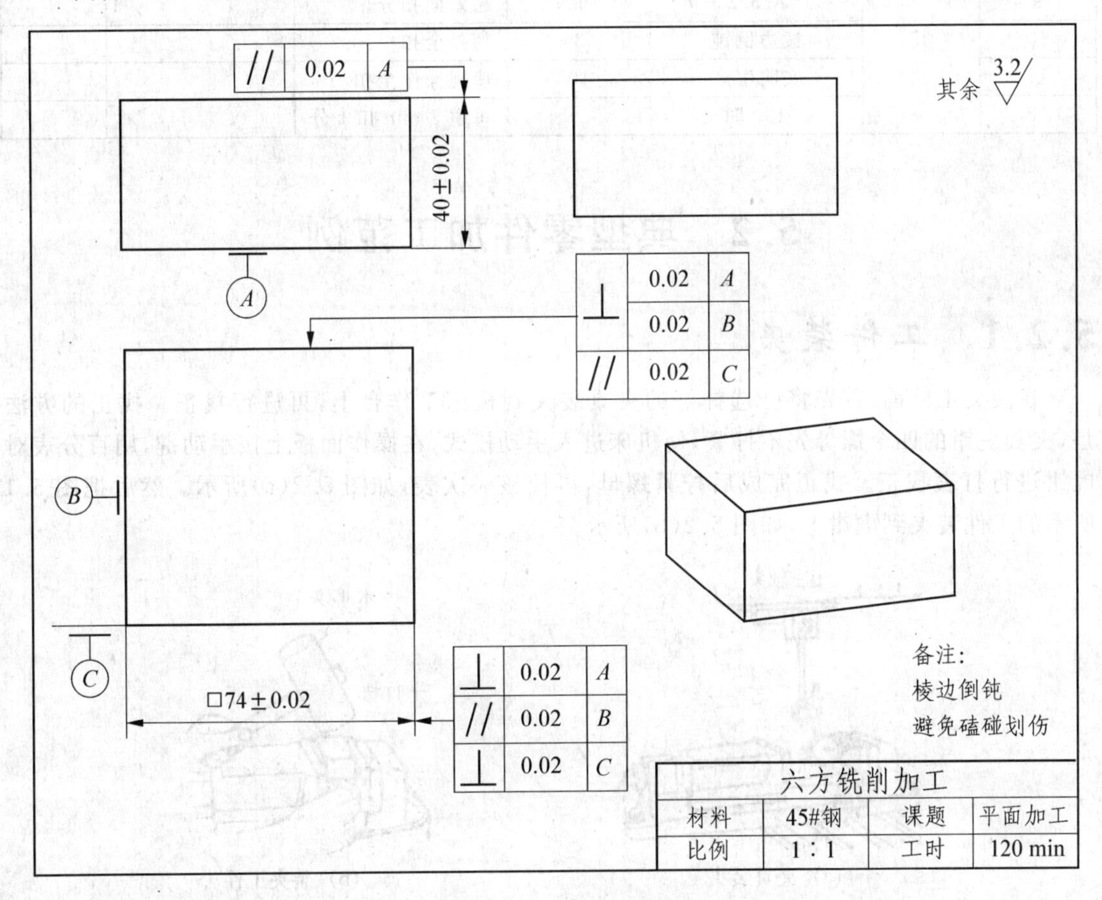


图5.1　零件加工图

## 5.1.2　评分标准

评分标准如表5.2所列。

表5.2　评分标准

| 序　号 | 项目及技术要求 | | 配　分 | 评分标准 | 检测结果 | 实得分 |
|---|---|---|---|---|---|---|
| 1 | 尺寸公差 | 74±0.02 | 15 | 超差全扣 | | |
| 2 | | 74±0.02 | 15 | 超差全扣 | | |
| 3 | | 40±0.02 | 15 | 超差全扣 | | |
| 4 | 形位公差 | 平行度0.02(*A*) | 5 | 超差全扣 | | |
| 5 | | 平行度0.02(*B*) | 5 | 超差全扣 | | |
| 6 | | 平行度0.02(*C*) | 5 | 超差全扣 | | |
| 7 | | 垂直度0.02(*A*) | 5 | 超差全扣 | | |
| 8 | | 垂直度0.02(*B*) | 5 | 超差全扣 | | |
| | | 垂直度0.02(*C*) | 5 | 超差全扣 | | |
| 9 | | $R_a$3.2 | 6面×2 | 超差面扣分 | | |
| 10 | 其他 | 棱边倒钝 | 3 | 超差全扣 | | |
| 11 | | 文明生产 | 10 | 违规操作全扣 | | |
| 12 | | 工　时 | | 每超5 min扣1分 | | |

# 5.2　典型零件加工范例

## 5.2.1　工件装夹

在装夹工件前，首先将已选择好的夹具装夹到机床工作台上，再进行找正。找正的方法是，夹具虎钳的四个螺母先不拧紧，使机床进入手动模式，在操作面板上按手动键，用百分表对虎钳进行打表找正。找正完成后拧紧螺母，再校核一次表，如图5.2(a)所示。然后把图5.1所示的工件装夹到虎钳上，如图5.2(b)所示。

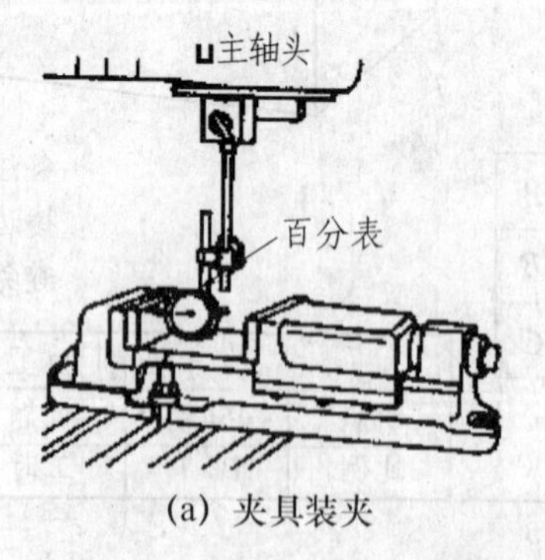

(a) 夹具装夹

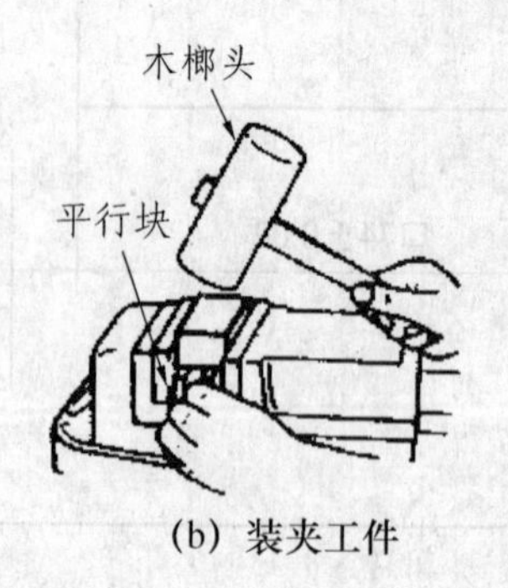

(b) 装夹工件

图5.2　装夹工件

### 1. 工 艺

六方体由6个两两相互垂直的平面组成。六方体工件的加工如图5.3所示。

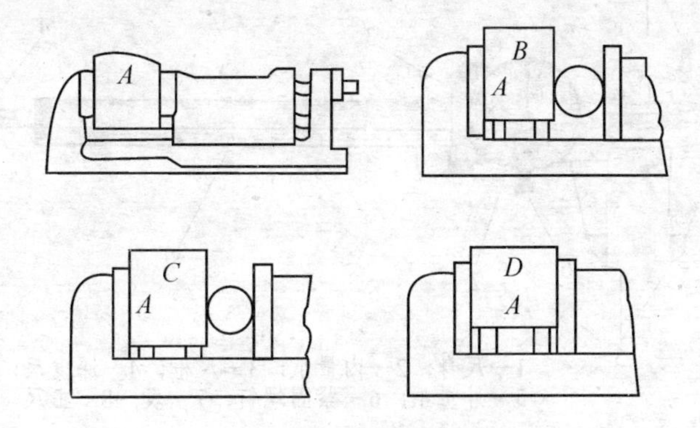


图5.3 铣削六方体工件

加工中应注意以下几点：

- 把最不平整的一面作为第一个面铣出。
- 尽量不改变基准面，其顺序可按图5.3所示从A面到D面，并一直以A平面作基准；可在活动钳口加圆棒卡紧。

具体操作过程如下：

① 以工件的一个大面为粗基准，铣削另一个面，为基准A留1 mm的加工余量。

② 以已加工面为基准A，靠紧固定钳口，铣一个大的垂直面B，留1 mm的加工余量。

③ 以A为基准，靠紧固定钳口，将B面压紧平垫铁，铣B面的平行面C面，使宽度按图纸要求留1 mm的加工余量。

④ 以基准A压紧垫铁，B、C面为装夹面加在钳口中，铣削A的平行面D面，使厚度按图纸要求留1 mm的加工余量。

⑤ 其他面的粗加工和半精加工的步骤同上，留0.5 mm的加工余量。同时，铣削第五面时只要保证A面与垫铁压紧，就可保证其垂直度。精加工选择合理的切削参数，按上述步骤精加工至尺寸。

**注 意** 在铣削两个端面时，为保证端面、基准面及侧面垂直，需用百分表校正侧面，如图5.4所示。

加工端面时，如果批量较大，可使用定位块。使加工好的一端紧贴定位块，在铣第一个工件时仔细调整好尺寸，加工到图纸所要求的标准，以后依次铣削，不需再作调整，可以大大提高生产效率。

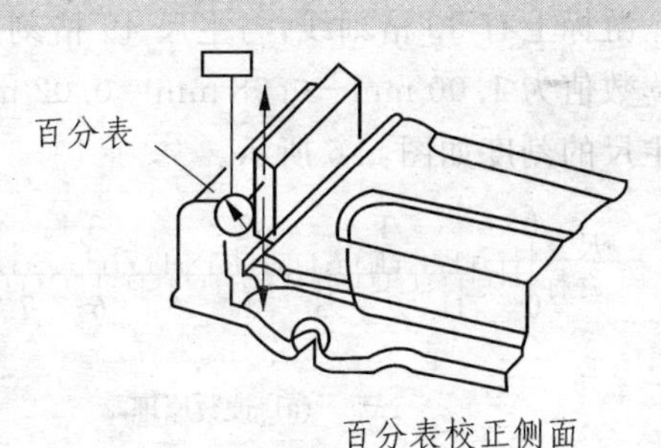


图5.4 用百分表校正侧面

### 2. 量 具

游标卡尺是利用游标原理对两测量面相对移动的距离进行读数的测量器具。游标卡尺（简称卡尺）和千分尺、百分表都是最常用的长度测量器

具。一般使用的游标卡尺结构如图 5.5 所示。

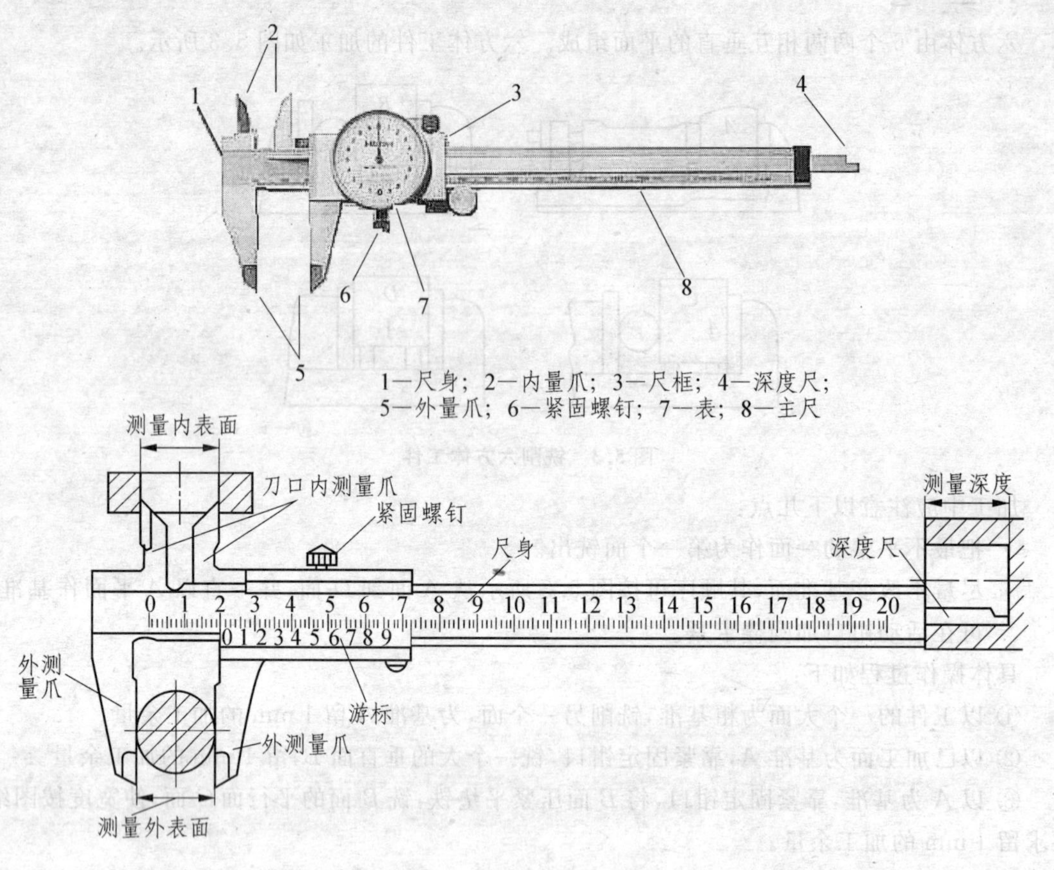


**图 5.5　游标卡尺的结构**

游标卡尺的主体是一个刻有刻度的尺身，称为主尺。沿着主尺滑动的尺框上装有游标。游标卡尺可以测量工件的内、外尺寸（如长度、宽度、厚度、内径和外径）、孔距、高度和深度等。其优点是使用方便，用途广泛，测量范围大，结构简单且价格低廉等。

**(1) 游标卡尺的读数原理和读数方法**

游标卡尺的读数值有 0.1 mm，0.05 mm，0.02 mm 三种。其中，0.02 mm 的游标卡尺应用最普遍。下面介绍 0.02 mm 游标卡尺的读数原理和读数方法。

游标上有 50 格刻线，与主尺 49 格刻线宽度相同，故游标的每格宽度为 49/50＝0.98，游标读数值为 1.00 mm－0.98 mm＝0.02 mm，因此 0.02 mm 即为该游标卡尺的读数值。游标与主尺的刻度如图 5.6 所示。

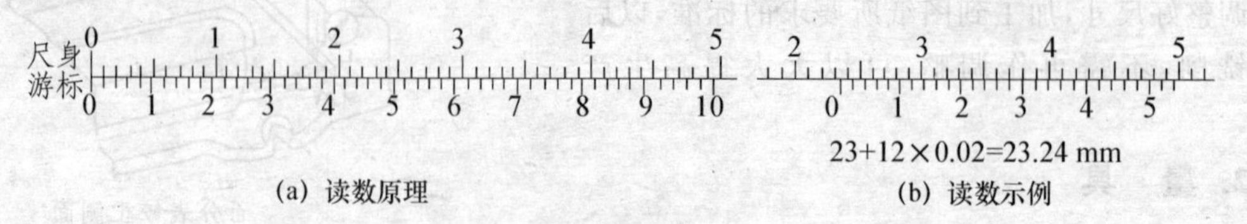


**图 5.6　游标与主尺上的刻度**

游标卡尺读数的三个步骤：

① 读整数——看游标零线的左边，尺身上最靠近的一条刻线的数值，读出被测尺寸的整数部分。

② 读小数——看游标零线的右边，数出游标上第几条刻线与尺身刻线对齐，读出被测尺寸的小数部分（即游标读数值乘以与其对齐刻线的顺序数）。

③ 得出被测尺寸——把上面两次读数的整数部分和小数部分相加，就是卡尺的所测尺寸。

**(2)游标卡尺使用注意事项**

① 测量前要进行检查。游标卡尺使用前要进行检验，若卡尺出现问题，直接影响测量结果，甚至造成整批工件的报废。首先要检查外观，要保证无锈蚀、无伤痕和无毛刺，要保证清洁。然后检查零线是否对齐，将卡尺的两个量爪合拢，看是否有漏光现象。如果贴合不严，需进行修理。若贴合严密，再检查零位，看游标零件是否与尺身零线对齐、游标的尾刻线是否与尺身的相应刻线对齐。另外，检查游标在主尺上的滑动是否平稳、灵活，不要太紧或太松。

② 读数时，要看准游标的哪条刻线与尺身刻线正好对齐。当游标上没有一条刻线与尺身刻线完全对齐时，可找出对得比较齐的那条刻线作为游标的读数。

③ 测量时，要平着拿卡尺，朝着光亮的方向读，使量爪轻轻接触零件表面，量爪位置要摆正，视线要垂直于所读的刻线，防止读数误差。图 5.7 所示的是几种正确与错误测量方法的对比。测量工件长度如图 5.8 所示。测量工件厚度如图 5.9 所示。

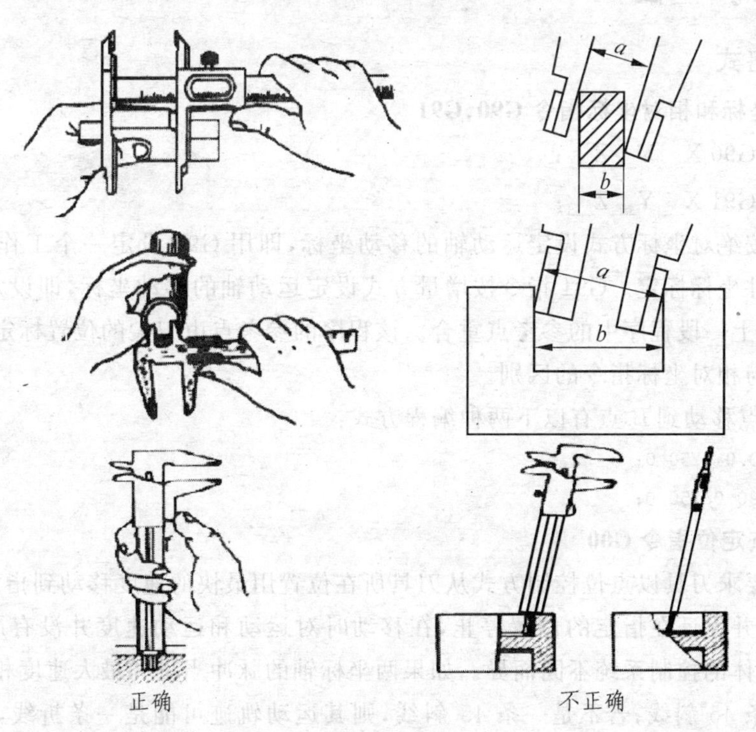


**图 5.7　游标卡尺的使用**

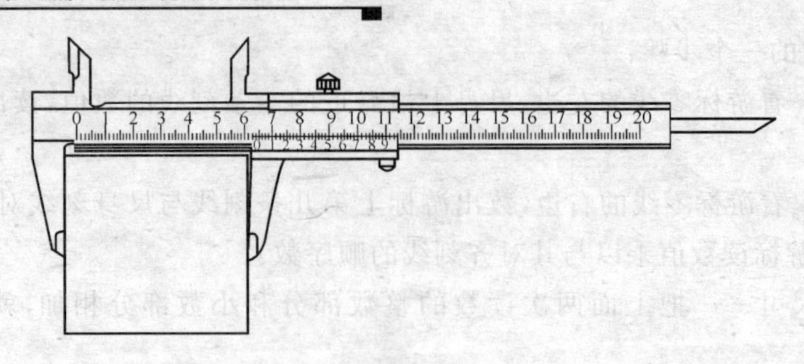

图 5.8　测量工件长度

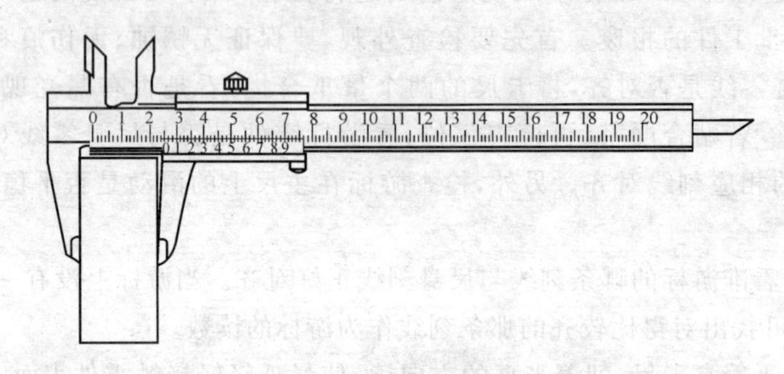

图 5.9　测量工件厚度

## 5.2.2　编　程

### 1. 指令格式

#### (1) 绝对坐标和相对坐标指令 G90,G91

指令格式：G90 X_Y_Z_；

G91 X_Y_Z_；

G90 指令按绝对坐标方式设定运动轴的移动坐标，即用 G90 设定一个工作坐标系，参考点坐标值由工件坐标标定。G91 指令按增量方式设定运动轴的移动坐标，即设定工件坐标系的原点，并且与上一段程序中的参考点重合。该程序的参考点由刀尖的位置标定。图 5.10 所示为绝对坐标与相对坐标指令的区别。

刀尖由 $A$ 点移动到 $B$ 点有以下两种编程方式：

```
G90 G01 X150.0  Y50.0;
G91 G01 X-90.0 Y50.0;
```

#### (2) 快速点定位指令 G00

G00 指令要求刀具以点位控制方式从刀具所在位置用最快的速度移动到指定位置。它只实现快速移动，并保证在指定的位置停止，在移动时对运动和运动速度并没有严格的精度要求，其轨迹因具体的控制系统不同而异。如果两坐标轴的脉冲当量和最大速度相等，则刀具的运动轨迹是一条 45°斜线；若不是一条 45°斜线，则其运动轨迹可能是一条折线，如图 5.11 所示。进给速度 $v_f$ 对 G00 指令无效，快速移动的速度由系统内部的参数确定。

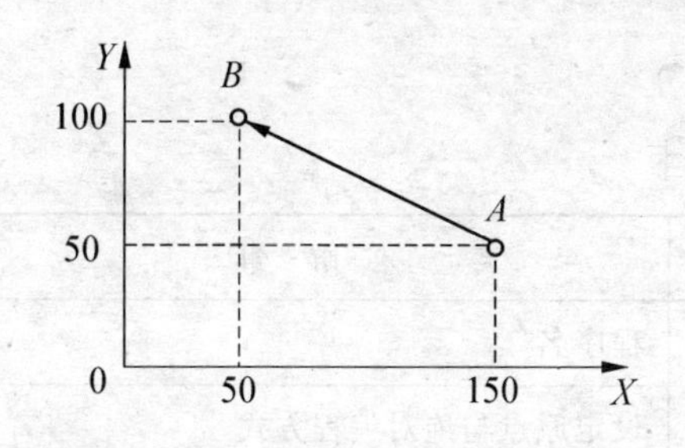


图 5.10 绝对坐标与相对坐标指令的区别

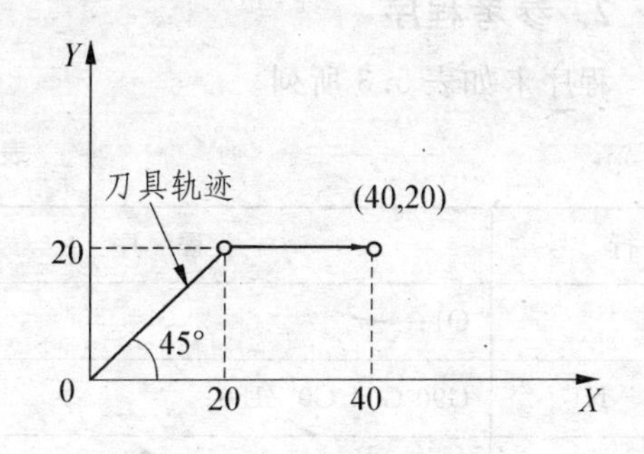


图 5.11 快速点定位

G00 是模态代码,有续效功能。其格式为

G00 X__ Y__ Z__;

例如:

```
     G90 G00 X40 Y20;
或   G91 G00 X40 Y20;     由 O 快速移至 A 点
```

**(3) 直线插补指令 G01**

刀具以直线插补运算方式从当前某点开始以给定的速度(进给速度 $v_f$),沿直线移动到另一坐标点进行加工时使用 G01 指令。G01 指令和进给速度 $v_f$ 都有续效功能。其格式为

G01 X__ Y__ Z__ F__;

例如:

```
G01 X40 Y20 F100;     直线插补指令如图 5.12 所示
```

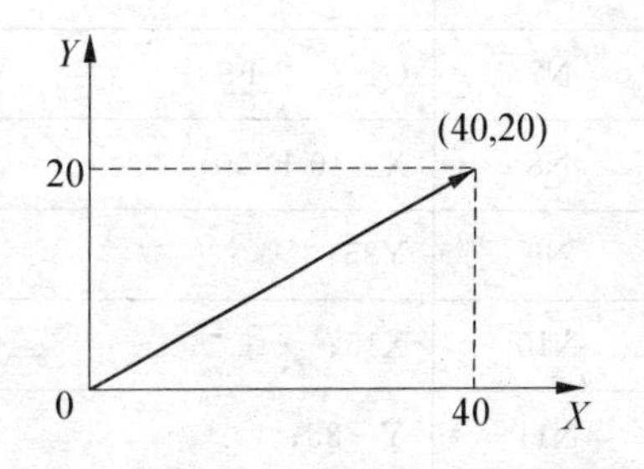


图 5.12 直线插补指令

加工原点设定如图 5.13 所示。

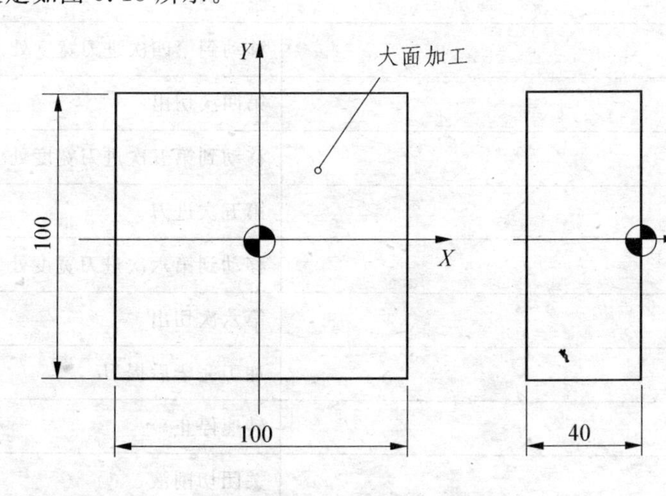


图 5.13 加工原点设定

## 2. 参考程序

程序卡如表 5.3 所列。

表 5.3　程序卡

| 行　号 | 程　序 | 解　释 |
| --- | --- | --- |
| | O1； | 程序名 |
| N1 | G90 G54 G0 Z150； | 设定原点与绝对编程方式 |
| N2 | X0 Y0； | 校验原点 |
| N3 | M3 S2000； | 刀具起转 |
| N4 | X－30 Y－30； | 刀具移动到下刀坐标 |
| N5 | Z5； | 移动到工件表面 5 mm |
| N6 | M8； | 打开冷却液开关 |
| N7 | G1 Z－2 F50； | 移动到要切削的工件深度 |
| N8 | X－10 F600； | 移动到第一次进刀宽度处 |
| N9 | Y35； | 第一次进刀 |
| N10 | X15； | 移动到第二次进刀宽度处 |
| N11 | Y－35； | 第二次切出 |
| N12 | X40； | 移动到第三次进刀宽度处 |
| N13 | Y35； | 第三次进刀 |
| N14 | X65； | 移动到第四次进刀宽度处 |
| N15 | Y－35； | 第四次切出 |
| N16 | X90； | 移动到第五次进刀宽度处 |
| N17 | Y35； | 第五次进刀 |
| N18 | X115； | 移动到第六次进刀宽度处 |
| N19 | Y－35； | 第六次切出 |
| N20 | Z150； | 加工完毕后提刀 |
| N21 | M5； | 转速停止 |
| N22 | M9； | 关闭切削液 |
| N23 | M30； | 程序停止并返回程序开头 |
| N16 | M9； | 关闭切削液 |
| N17 | M30； | 程序停止并返回程序开头 |

# 实训作业

完成下列任务：

(1) 请记录机床操作流程。

(2) 使用尺寸为 80×80×38 的方料进行如图 5.14 所示零件的加工。

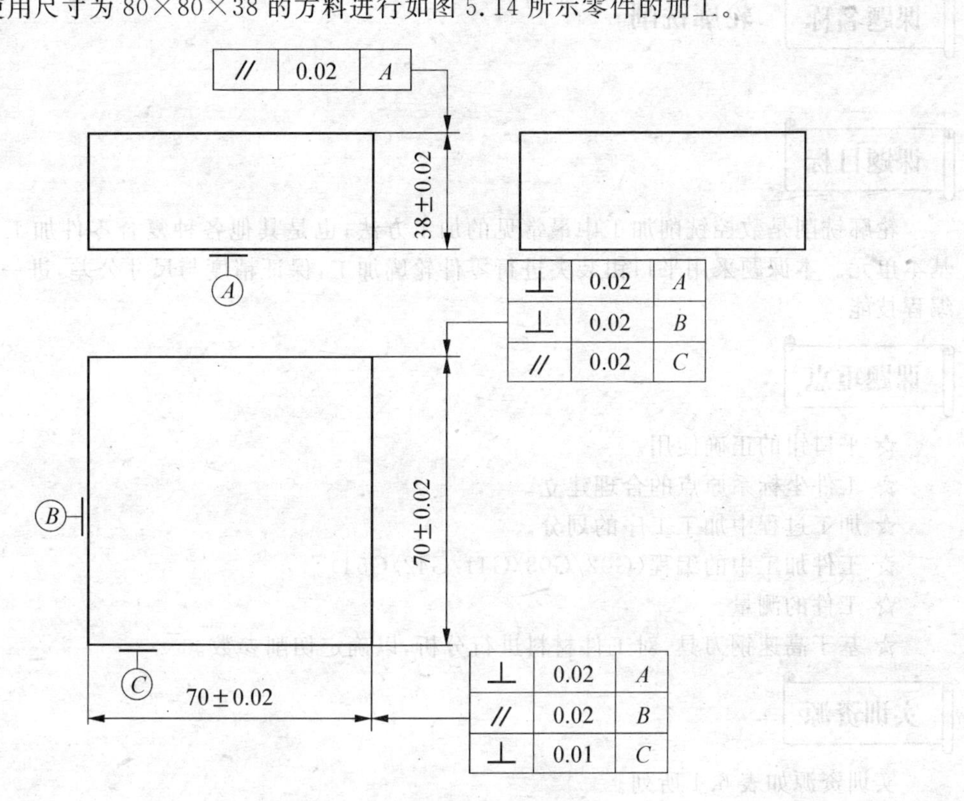


**图 5.14　习题用图**

(3) 写出参数计算过程并填写如表 5.4 所列的实训工序单。

**表 5.4　实训工序单**

| 加工课题名称： | | 材料： | | 程序号： | | 机床： | | 系统： | |
|---|---|---|---|---|---|---|---|---|---|
| 序号 | 工　序 | 刀具 | 刀具规格 | 半径补偿 | 转速 $n$/(r·min$^{-1}$) | 进给速度 $v_f$/(mm·min$^{-1}$) | 切削深度 $t$/mm | 余量/mm | 备注 |
| 1 | | | | | | | | | |
| 2 | | | | | | | | | |
| 3 | | | | | | | | | |
| 4 | | | | | | | | | |
| 5 | | | | | | | | | |
| 6 | | | | | | | | | |
| 7 | | | | | | | | | |
| 工艺员签字： | | | | 工时： | | | 件数： | | |

# 第6章　轮廓加工

## 课题名称　轮廓铣削

## 课题目标

轮廓铣削是数控铣削加工中最常见的加工方法，也是其他各种复合零件加工工序构成的基本单元。本课题采用平口钳装夹进行零件轮廓加工，保证精度与尺寸公差，进一步提高铣削编程技能。

## 课题重点

☆ 平口钳的正确使用。

☆ 工件坐标系原点的合理建立。

☆ 加工过程中加工工序的划分。

☆ 工件加工中的编程(G02/G03/G41/G42/G54)。

☆ 工件的测量。

☆ 基于高速钢刀具，对工件材料进行分析，以确定切削参数。

## 实训资源

实训资源如表6.1所列。

**表6.1　实训资源**

| 资源序号 | 资源名称 | 备　注 |
|---|---|---|
| 1 | 数控铣床XD40 | 数控系统FANUC0I |
| 2 | 精密平口钳 | |
| 3 | 虎钳扳手 | |
| 4 | 内六角扳手 | 安装虎钳压板用 |
| 5 | 立铣刀($\phi$20) | 高速钢 |
| 6 | 立铣刀($\phi$16) | 高速钢 |
| 7 | 等高垫铁 | |
| 8 | 百分表 | |
| 9 | 图纸(含评分标准) | |
| 10 | 游标卡尺 | |
| 11 | 千分尺 | 25～50，50～100 |
| 12 | 材料(45＃钢) | 工件外轮廓74×74×40 |
| 13 | 机床参考书和系统使用手册 | |

**注意事项**

1. 数控机床属于精密设备，未经许可严禁进行尝试性操作。观察操作时必须戴护目镜且站在安全位置，并关闭防护挡板。

2. 工件必须装夹稳固。

3. 刀具必须装夹稳固方可进行加工。

4. 严格按照教师给定的切削值加工。

5. 切削加工中禁止用手触摸工件。

6. 粗、精加工工序分开，且粗、精加工刀具分开。

# 6.1　典型零件加工

## 6.1.1　图　　纸

零件加工尺寸如图 6.1 所示。

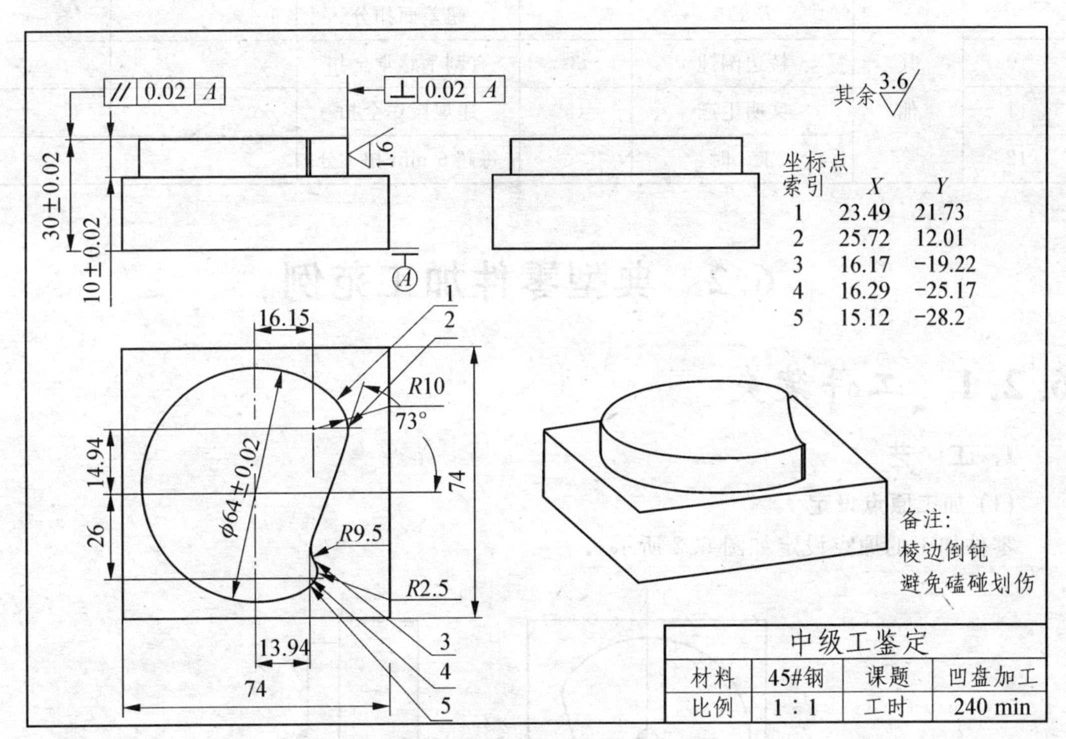


| 中级工鉴定 | | | |
|---|---|---|---|
| 材料 | 45#钢 | 课题 | 凹盘加工 |
| 比例 | 1∶1 | 工时 | 240 min |

**图 6.1　零件加工图**

## 6.1.2 评分标准

评分标准如表 6.2 所列。

表 6.2 评分标准

| 序　号 | 项目及技术要求 | | 配　分 | 评分标准 | 检测结果 | 实得分 |
|---|---|---|---|---|---|---|
| 1 | 尺寸公差 | 30±0.02 | 15 | 超差全扣 | | |
| 2 | | 10±0.02 | 15 | 超差全扣 | | |
| 3 | | $\phi$64±0.02 | 15 | 超差全扣 | | |
| 4 | | $R$9.5 | 5 | 超差全扣 | | |
| 5 | | $R$2.5 | 5 | 超差全扣 | | |
| 6 | | $R$10 | 5 | 超差全扣 | | |
| 7 | 形位公差 | 平行度 0.02($A$) | 8 | 超差全扣 | | |
| 8 | | 垂直度 0.02($A$) | 8 | 超差全扣 | | |
| 9 | | $R_a$1.6 | 6 | 超差面扣分 | | |
| 10 | 其他 | 棱边倒钝 | 3 | 有刮手感觉全扣 | | |
| 11 | | 文明生产 | 15 | 违规操作全扣 | | |
| 12 | | 工　时 | | 每超 5 min 扣 1 分 | | |

# 6.2 典型零件加工范例

## 6.2.1 工件装夹

### 1. 工　艺

#### (1) 加工原点设定

零件加工的原点设定如图 6.2 所示。

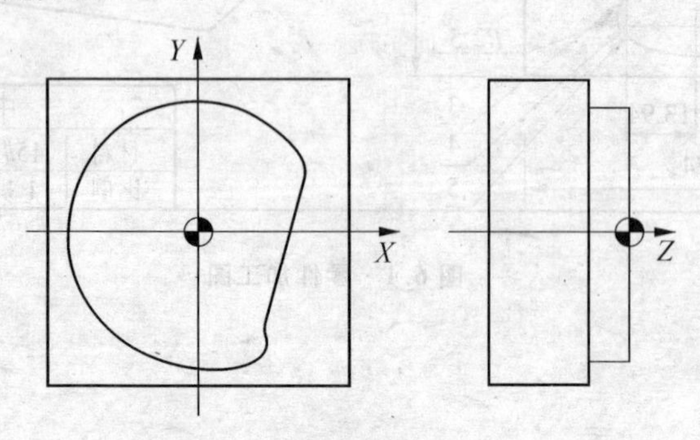


图 6.2 零件加工原点设定

**(2) 工　序**

工序 1:粗加工如图 6.3 所示。通过分析图纸可以看出工件的凸台主要是由一个直径为 $\phi64$ 的圆铣掉一块而形成的轮廓。为了提高效率,粗加工时先用直径比较大的刀具粗铣出一个 $\phi64$ 的圆,这样留给后续工序的毛坯余量就减少了。

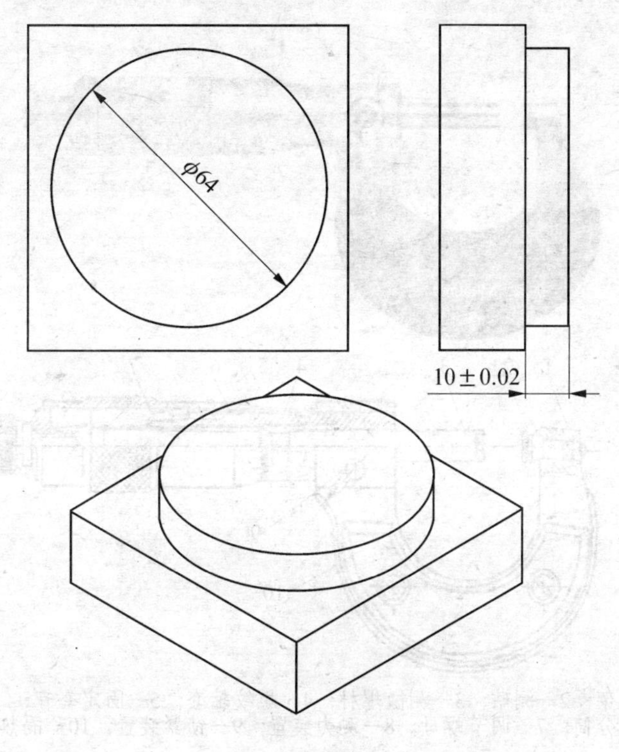


图 6.3　粗加工

工序 2:半精加工和精加工如图 6.4 所示。在半精加工和精加工工序中只要通过更改刀具半径偏置,即可使用同一个程序对工件进行加工。

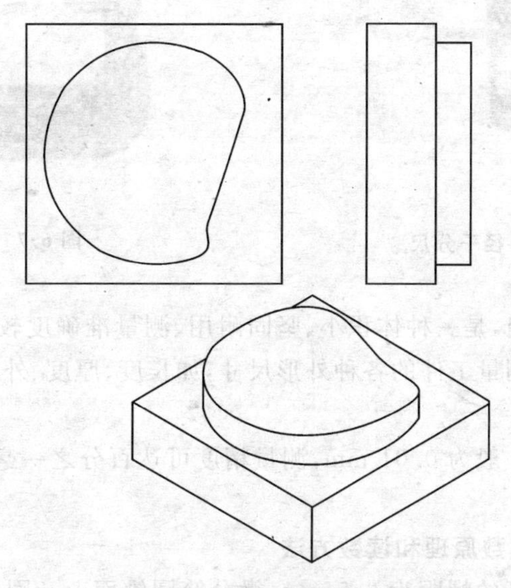

图 6.4　半精加工和精加工

## 2. 量　具

千分尺类测量器具是利用螺旋副运动原理进行测量和读数的一种测微量具，测量准确度高，按性能可分为一般外径千分尺（如图 6.5 所示）、数显外径千分尺（如图 6.6 所示）、尖头外径千分尺（如图 6.7 所示）等。

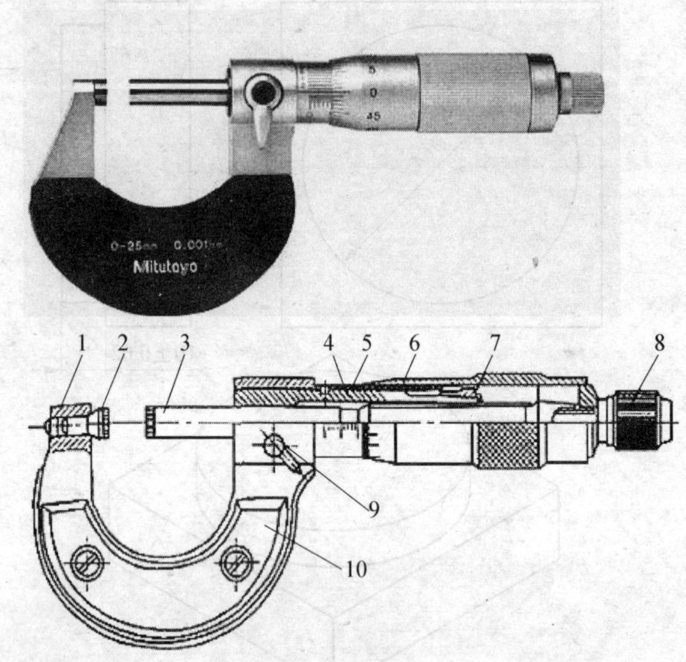


1—尺架；2—测砧；3—测微螺杆；4—螺纹轴套；5—固定套管；
6—微分筒；7—调节螺母；8—测力装置；9—锁紧装置；10—隔热装置

**图 6.5　一般外径千分尺结构**

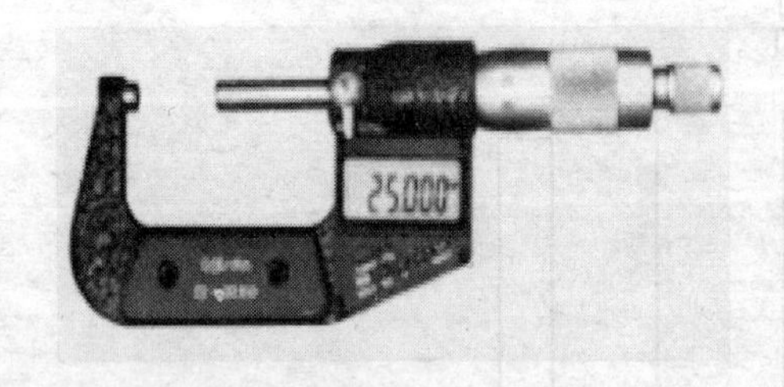


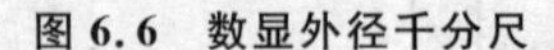
**图 6.6　数显外径千分尺**

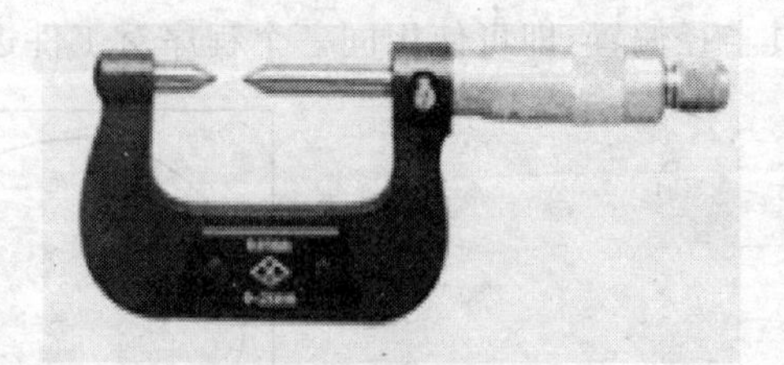

**图 6.7　尖头外径千分尺**

外径千分尺使用普遍，是一种体积小、坚固耐用、测量准确度较高，使用方便、调整容易的精密测量器具。它可以测量工件的各种外形尺寸，如长度、厚度、外径以及凸肩厚度、板厚或壁厚等。

外径千分尺分度值一般为 0.01 mm，测量精度可达百分之一毫米，也称为百分尺，但国家标准中称为千分尺。

**(1) 外径千分尺的读数原理和读数方法**

外径千分尺测微螺杆的螺距为 0.5 mm，微分筒圆锥面上一圈的刻度是 50 格。当微分筒

旋转一周时,带动测微螺杆沿轴向移动一个螺距,即 0.5 mm;若微分筒转过 1 格,则带动测微螺杆沿轴向移动 0.5/50=0.01 mm。因此,外径千分尺的读数值是 0.01 mm。读数方法如图 6.8 所示。

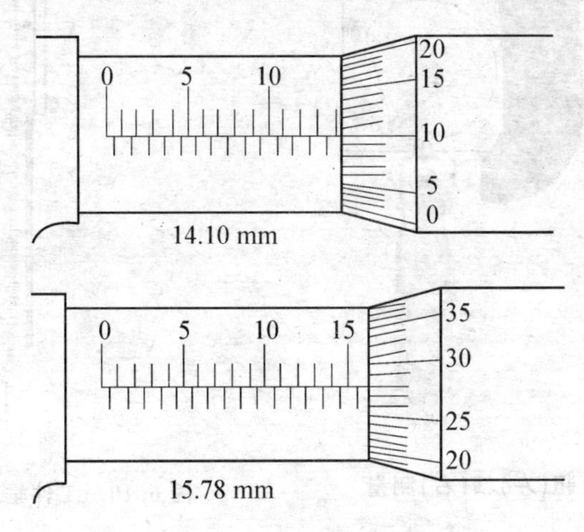


图 6.8 读数方法

读数时,可分以下 3 个步骤:

① 读整数——微分筒的边缘(或称锥面的端面)作为整数毫米的读数指示线。在固定套管上读出整数。固定套管上露出来的刻线数值,就是被测尺寸的毫米整数和半毫米数。

② 读小数——固定套管上的纵刻线作为不足半毫米小数部分的读数指示线。在微分筒上找到与固定套管中线对齐的圆锥面刻线,将此刻线的序号乘以 0.01 mm,就是小于 0.5 mm 的小数部分的读数。

③ 得出被测尺寸——把上面两次读数相加,就是被测尺寸。

**(2) 外径千分尺的使用注意事项**

① 减少温度的影响。使用千分尺时,要用手握住隔热装置。若用手直接拿着尺架去测量工件,会因温度变化引起测量尺寸的改变。

② 保持测力恒定。测量时,当两个测量面将要接触被测表面时,就不要旋转微分筒了,只旋转测力装置,等到棘轮发出“卡、卡”响声后,再进行读数。不允许用力转动测力装置。退尺时,要旋转微分筒,不要旋转测力装置,以防拧松测力装置,影响零位。

③ 正确操作方法。测量较大工件时,最好把工件放在 V 形铁或平台上,采用双手操作法,即左手拿住尺架的隔热装置,右手用两指旋转测力装置。测量小工件时,先把千分尺调整到稍大于被测尺寸,然后用左手拿住工件,采用右手单独操作法,即用右手的小指和无名指夹住尺架,食指和拇指旋转测力装置或微分筒。

④ 减少磨损和变形。不允许测量带有研磨剂的表面、粗糙表面和带毛刺的边缘表面等。当测量面接触被测表面时,不允许用力转动微分筒。否则,会使测微螺杆和尺架等发生变形。

⑤ 应保持清洁,轻拿轻放,不要摔碰。

图 6.9 所示为工件水平方向尺寸的粗精测量。图 6.10 所示为工件垂直方向尺寸的粗测量。图 6.11 所示为工件垂直方向尺寸的精测量。

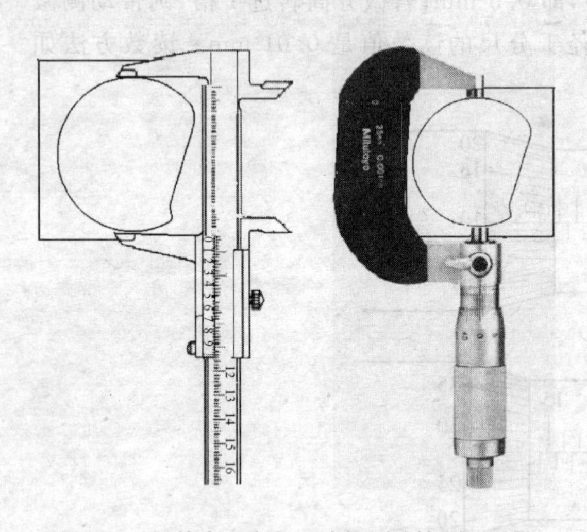

图 6.9 工件水平方向尺寸粗(左)精(右)测量

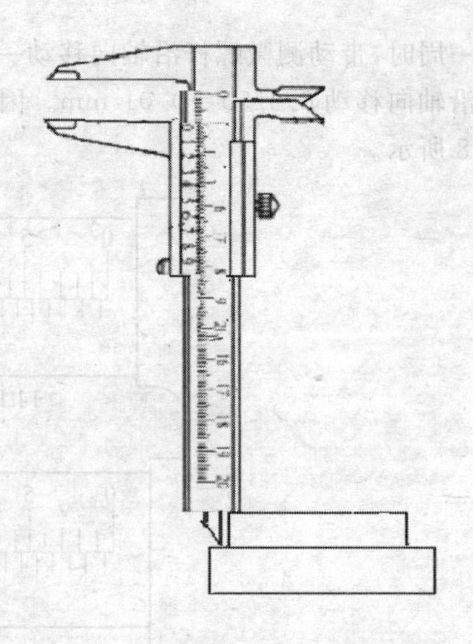

图 6.10 工件垂直方向尺寸粗测量

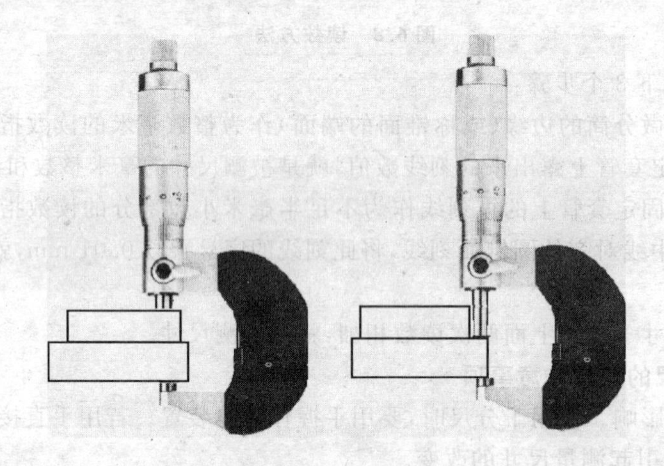

图 6.11 垂直方向尺寸精测量

## 6.2.2 编 程

### 1. 指令格式

#### (1) 圆弧插补指令 G02,G03

圆弧插补指令 G02 和 G03 能使刀具沿着圆弧运动,可以自动加工圆弧轮廓。G02 是顺时针圆弧插补指令,G03 是逆时针圆弧插补指令,如图 6.12 所示。

在圆弧插补程序段中,必须包含圆弧插补的终点坐标和圆心相对圆弧起点的坐标值或圆弧的半径,同时应指定圆弧所在的坐标平面。其格式如下:

$$G17 \begin{Bmatrix} G02 \\ G03 \end{Bmatrix} X\_\ Y\_\ \begin{Bmatrix} R\_ \\ I\_\ J\_ \end{Bmatrix} F\_;$$

$$G18 \begin{Bmatrix} G02 \\ G03 \end{Bmatrix} Y\_\ Z\_\ \begin{Bmatrix} R\_ \\ I\_\ J\_ \end{Bmatrix} F\_;$$

$$G19\begin{Bmatrix}G02\\G03\end{Bmatrix}Z\_\_X\_\_\begin{Bmatrix}R\_\_\\I\_\_J\_\_\end{Bmatrix}F\_\_;$$

① 采用圆弧半径编程时，从起点到终点存在两条圆弧线段，它的编程参数完全一致。用参数 $R$ 编程时规定：当圆弧小于或等于 180°时，用"+R"表示圆弧半径；当圆弧大于 180°时，用"−R"表示圆弧半径。

② 整圆时，必须采用 I,J,K 形式编程，即采用圆心相对圆弧起点坐标编程，相对坐标的方向与圆弧方向有关，如图 6.13 所示。

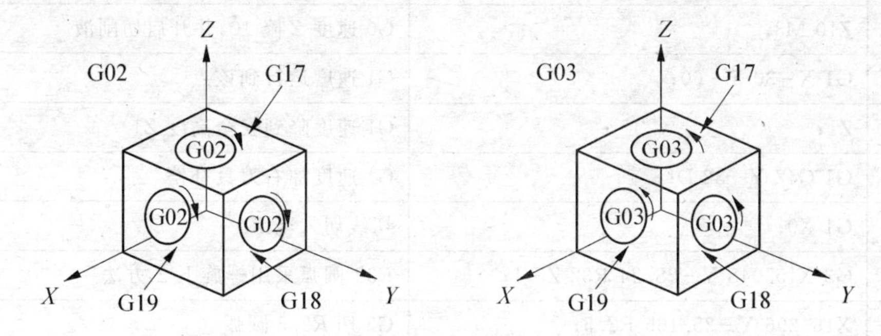


图 6.12 圆弧插补指令 G02,G03

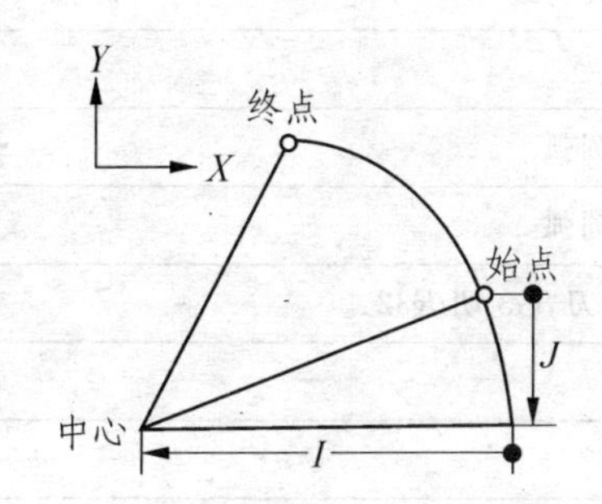


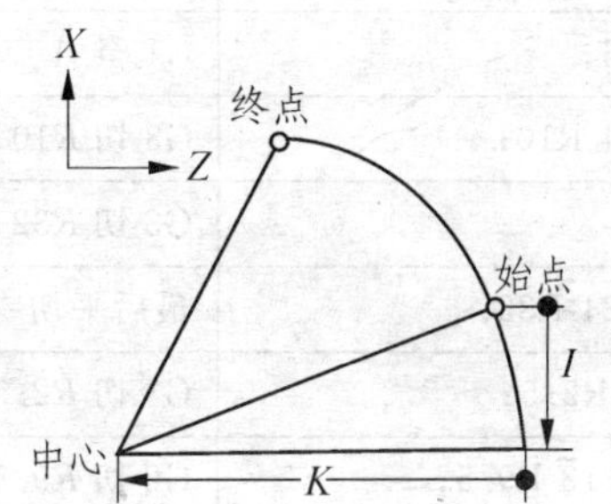


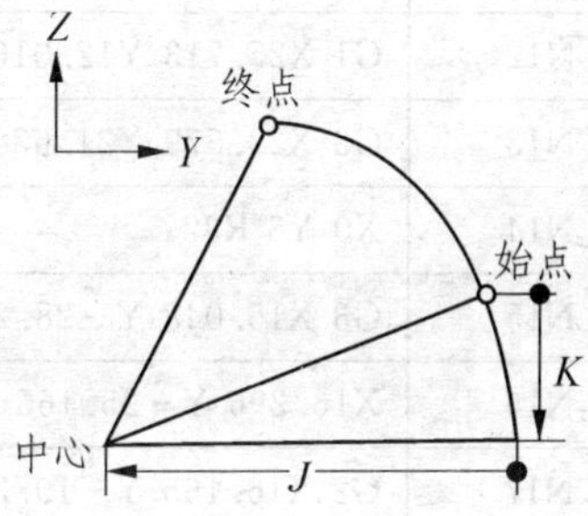


图 6.13 圆心相对圆弧起点坐标

**(2) 平面选择指令 G17,G18,G19**

平面选择指令 G17、G18 和 G19 分别指定空间坐标中的 *XY* 平面、*ZX* 平面和 *YZ* 平面。其作用是在三坐标机床加工时，如进行圆弧插补，让机床在指定的坐标平面上进行插补和加工补偿。对于三坐标数控铣床和铣镗加工中心，开机后数控装置自动将机床设置成 G17 状态，所以 G17 指令在使用时可以省略，如图 6.14 所示。

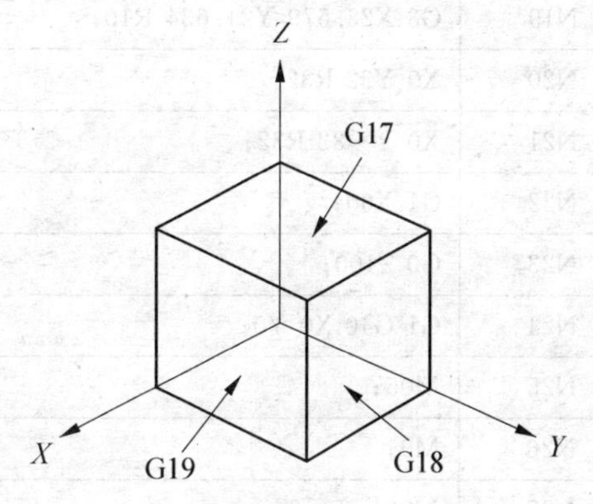


图 6.14 平面选择指令 G17,G18,G19

## 2. 参考程序

程序卡如表 6.3 所列。

表 6.3　程序卡

| 行　号 | 程　序 | 解　释 |
|---|---|---|
|  | O1； | (程序名)粗加工 |
| N1 | G90 G54 G0 Z100； | 提高主轴 $Z$,防止刀具碰撞 |
| N2 | X0 Y0； | 检验 $XY$ 零点 |
| N3 | M3 S2000 F800； | 起转,并设定 |
| N4 | Z10 M8； | G0 速度 $Z$ 降 10,并开启切削液 |
| N5 | G1 X-30 Y-60； | G1 速度运行到该点 |
| N6 | Z1； | G1 速度降到安全高度 $Z1$ |
| N7 | G1 G42 Y-32 D1； | G1 速度加右刀具补偿 |
| N8 | G1 X0； | 切线切入至 $X0$ |
| N9 | G3 X15.048 Y-28.24 R32 Z-1； | $R32$ 圆弧采用螺旋下 $Z$ 方法 |
| N10 | X16.296 Y-25.165 R2.5； | G3 切 $R2.5$ 圆弧 |
| N11 | G2 X16.165 Y-19.213 R9.5； | G2 切 $R9.5$ 圆弧 |
| N12 | G1 X25.713 Y12.016； | G1 至 $A$ 点 |
| N13 | G3 X23.579 Y21.634 R10； | G3 切 $R10$ 圆弧 |
| N14 | X0 Y3 R32； | G3 切 $R32$ 圆弧 |
| N15 | G3 X15.048 Y-28.24 R32； | 最后平切一刀,G3 切 $R32$ |
| N16 | X16.296 Y-25.165 R2.5； | G3 切 $R2.5$ |
| N17 | G2 X16.165 Y-19.213 R9.5； | G2 切 $R9.5$ |
| N18 | G1 X25.713 Y12.016； | G1 至 $A$ 点 |
| N19 | G3 X23.579 Y21.634 R10； | G3 切 $R10$ |
| N20 | X0 Y32 R32； | G3 切 $R32$ |
| N21 | X0 Y-32 R32； | G3 切 $R32$ |
| N22 | G1 X60； | G1 至出刀点 |
| N23 | G0 Z100； | 提高主轴 $Z$,防止刀具碰撞 |
| N24 | G1 G40 X0 Y0； | 取消刀具补偿至 $X0Y0$ |
| N25 | M05； | 停转 |
| N26 | M9； | 关闭切削液 |
| N27 | M30； | 程序停止并返回程序头 |

注:通过手动下 $Z$ 保证尺寸。

# 实训作业

完成下列任务：

(1) 请记录机床操作流程。

(2) 使用尺寸为 80×80×38 的方料进行如图 6.15 所示零件的加工。

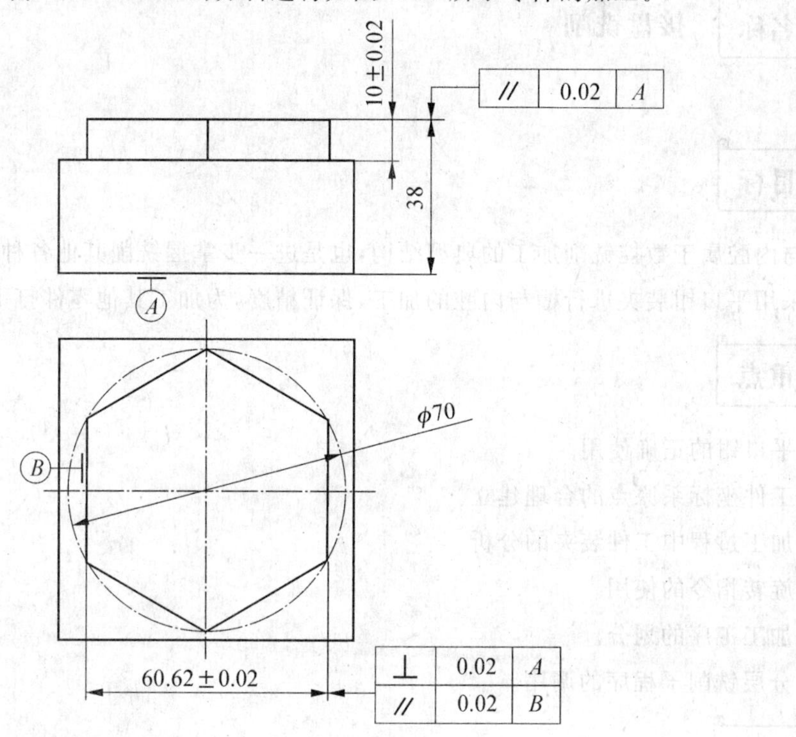


图 6.15　习题用图

(3) 写出参数计算过程并填写如表 6.4 所列的实训工序单。

表 6.4　实训工序单

| 加工课题名称： | | 材料： | | 程序号： | | 机床： | | 系统： | |
|---|---|---|---|---|---|---|---|---|---|
| 序号 | 工　序 | 刀　具 | 刀具规格 | 半径补偿 | 转速 $n$/(r·min$^{-1}$) | 进给速度 $v_f$/(mm·min$^{-1}$) | 切削深度 $t$/mm | 余量/mm | 备　注 |
| 1 | | | | | | | | | |
| 2 | | | | | | | | | |
| 3 | | | | | | | | | |
| 4 | | | | | | | | | |
| 5 | | | | | | | | | |
| 6 | | | | | | | | | |
| 7 | | | | | | | | | |
| 8 | | | | | | | | | |
| 工艺员签字： | | | | 工时： | | | 件数： | | |

# 第 7 章　槽与内腔加工

## 课题名称　接盘铣削

## 课题目标

槽与内腔属于数控铣削加工的典型结构，也是进一步掌握铣削其他各种复杂表面的基础。本课题采用平口钳装夹进行槽与内腔的加工，保证精度，为加工其他零件打下基础。

## 课题重点

☆ 平口钳的正确使用。

☆ 工件坐标系原点的合理建立。

☆ 加工过程中工件装夹的分析。

☆ 旋转指令的使用。

☆ 加工工序的划分。

☆ 分层铣削子程序的调用。

## 实训资源

实训资源如表 7.1 所列。

**表 7.1　实训资源**

| 资源序号 | 资源名称 | 备　注 |
|---|---|---|
| 1 | 数控铣床 XD40 | 数控系统 FANUC0I |
| 2 | 精密平口钳 | |
| 3 | 虎钳扳手 | |
| 4 | 内六角扳手 | 安装虎钳压板用 |
| 5 | 立铣刀($\phi16$) | 高速钢 |
| 6 | 立铣刀($\phi8$) | 高速钢 |
| 7 | 立铣刀($\phi8$) | 高速钢 |

续表 7.1

| 资源序号 | 资源名称 | 备　注 |
| --- | --- | --- |
| 8 | 等高垫铁 | |
| 9 | 百分表 | |
| 10 | 图纸(含评分标准) | |
| 11 | 游标卡尺 | |
| 12 | 内径千分尺 | 25～50,50～75 |
| 13 | 油　石 | |
| 14 | 材料(45#钢) | 毛坯 74×74×45 |

**注意事项**

1. 数控机床属于精密设备,未经许可严禁进行尝试性操作。观察操作时必须戴护目镜且站在安全位置,并关闭防护挡板。

2. 工件必须装夹稳固。

3. 刀具必须装夹稳固方可进行加工。

4. FANUC 系统机床锁闭空运行后必须重新返回参考点。

5. 切削加工中禁止用手触摸工件。

6. 粗、精加工必须使用不同刀具。

# 7.1 典型零件加工

## 7.1.1 图　纸

零件加工尺寸如图 7.1 所示。

## 7.1.2 评分标准

评分标准如表 7.2 所列。

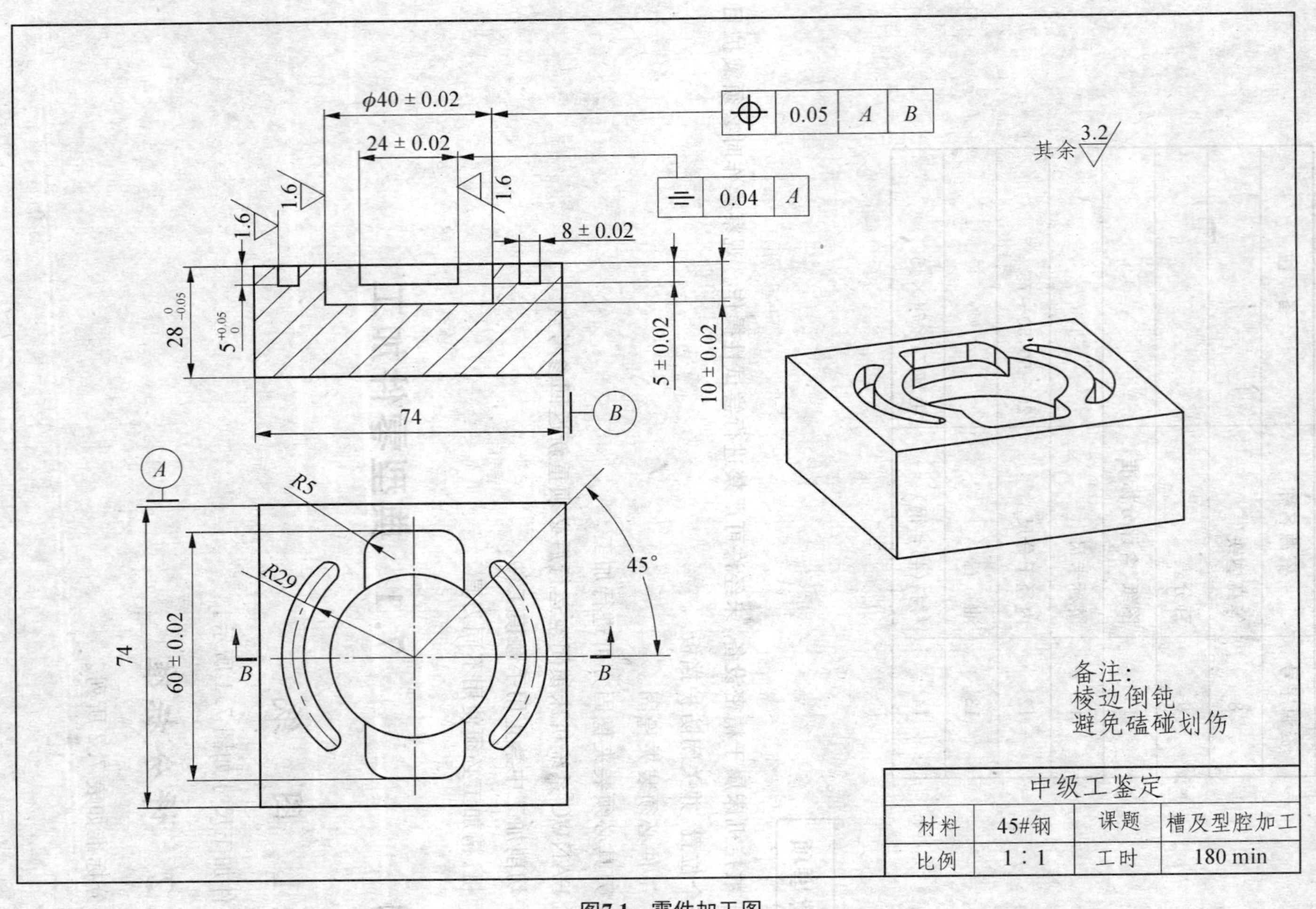
φ40 ± 0.02
0.05
A
B
24 ± 0.02
0.04
A
其余 3.2
1.6
1.6
1.6
8 ± 0.02
28
5
5 ± 0.02
10 ± 0.02
74
B
A
R5
R29
45°
74
60 ± 0.02
B
B
备注:
棱边倒钝
避免磕碰划伤
中级工鉴定
材料
45#钢
课题
槽及型腔加工
比例
1∶1
工时
180 min

图7.1 零件加工图

表 7.2　评分标准

| 序　号 | 项目及技术要求 | | 配　分 | 评分标准 | 检测结果 | 实得分 |
|---|---|---|---|---|---|---|
| 1 | 尺寸公差 | $28_{-0.05}^{0}$ | 8 | 超差全扣 | | |
| 2 | | 60±0.02 | 8 | 超差全扣 | | |
| 3 | | 24±0.02 | 8 | 超差全扣 | | |
| 4 | | ϕ40±0.02 | 8 | 超差全扣 | | |
| 5 | | 8±0.02 | 8 | 超差全扣 | | |
| 6 | | $5_{0}^{+0.05}$ | 8 | 超差全扣 | | |
| 7 | | 5±0.02 | 8 | 超差全扣 | | |
| 8 | | 10±0.02 | 8 | 超差全扣 | | |
| 9 | | $R5$ | 4×1 | 超差全扣 | | |
| 10 | 形位公差 | 对称度 0.04($A$) | 8 | 超差全扣 | | |
| 11 | | 位置度 0.05($A$,$B$) | 8 | 超差全扣 | | |
| 12 | 其他 | $R_a$1.6 | 3 面×2 | 超差面扣分 | | |
| 13 | | 棱边倒钝 | 2 | 超差全扣 | | |
| 14 | | 文明生产 | 8 | 违规操作全扣 | | |
| 15 | | 工　时 | | 每超 5 min 扣 1 分 | | |

# 7.2　典型零件加工范例

## 7.2.1　工件装夹

### 1. 工 艺

#### (1) 加工原点设定

加工原点设定如图 7.2 所示。

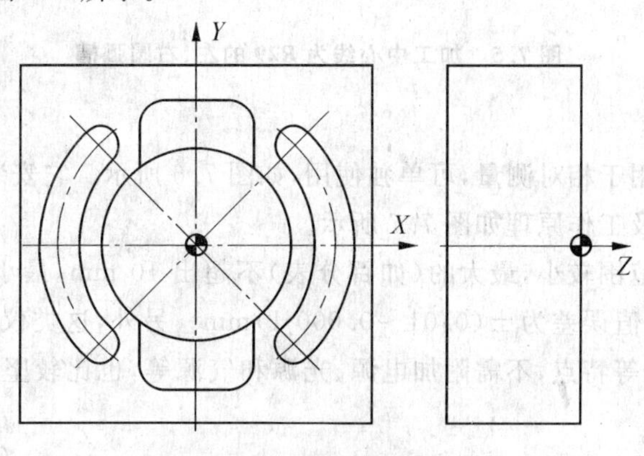


图 7.2　加工原点设定

(2) 工　序

工序 1:加工 $\phi40$ 圆内腔如图 7.3 所示。

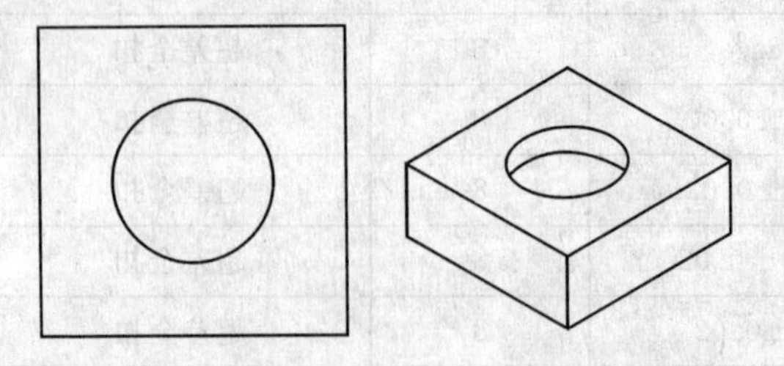

图 7.3　加工 $\phi$40 圆内腔

工序 2:加工 24×60 内腔如图 7.4 所示。

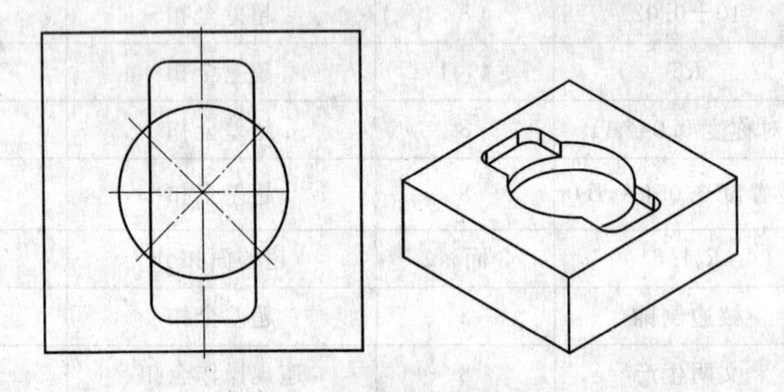

图 7.4　加工 24×60 内腔

工序 3:加工中心线为 *R*29 的左、右圆弧槽如图 7.5 所示。

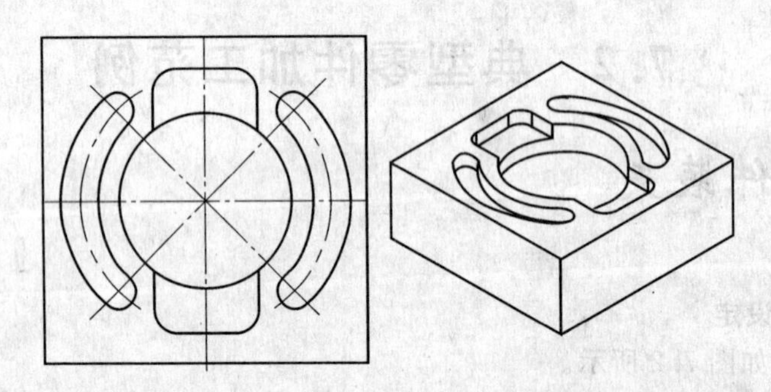

图 7.5　加工中心线为 *R*29 的左、右圆弧槽

## 2. 量　具

杠杆百分表主要用于相对测量,可单独使用,如图 7.6 所示。它安装在其他仪器中作测微表头使用。它的结构及工作原理如图 7.7 所示。

这类仪表的示值范围较小,最大的(如百分表)不超出 10 mm,最小的(如扭簧比较仪)只有±0.015 mm。其示值误差为±(0.01～0.000 1)mm。另外,这类仪表都具有体积小、质量轻、结构简单和造价低等特点,不需附加电源、光源和气源等,也比较坚固耐用,因此应用十分广泛。

图 7.6　杠杆百分表

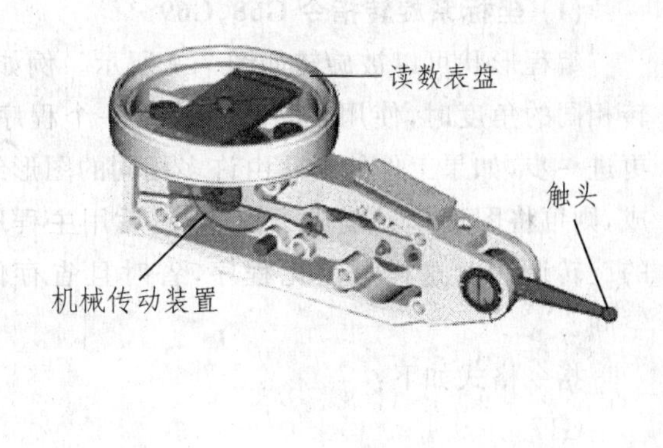


图 7.7　杠杆百分表结构及工作原理

**(1) 工作原理**

杠杆百分表通过各种机械传动装置，将测杆的微小直线位移转变为指针的角位移，指出相应的被测量值。

**(2) 使用注意事项**

① 测头移动要轻缓，距离不要太大，更不能超量程使用。

② 测量杆与被测表面的相对位置要正确，防止产生较大的测量误差。

③ 表体不得猛烈震动，被测表面不能太粗糙，以免齿轮等运动部件损坏。图 7.8 为测量演示。实际槽的深度为位置 2 与位置 1 的 $Z$ 坐标值的差值 $Z$。

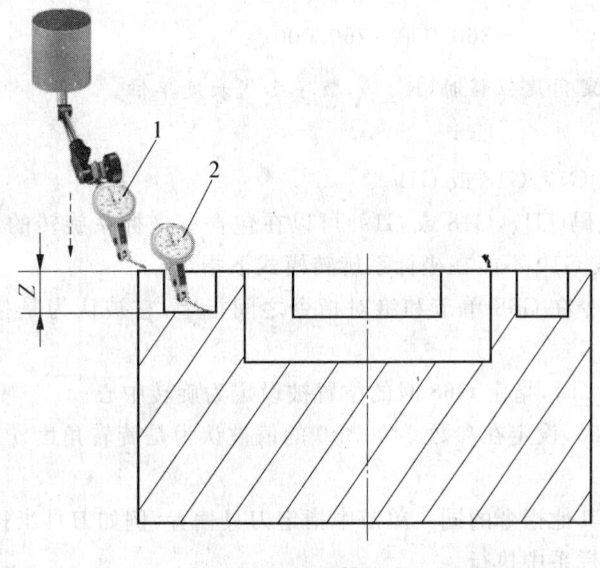


图 7.8　测量槽深度

## 7.2.2 编　程

### 1. 指令格式

#### (1) 坐标系旋转指令 G68,G69

编程形状可以被旋转如图 7.9 所示。例如,在机床上,当工件的加工位置由编程的位置旋转相同的角度时,使用旋转指令修改一个程序。更进一步,如果工件的形状由许多相同的图形组成,则可将图形单元编成子程序,然后用主程序的旋转调用。这样可简化程序,省时且省存储空间。

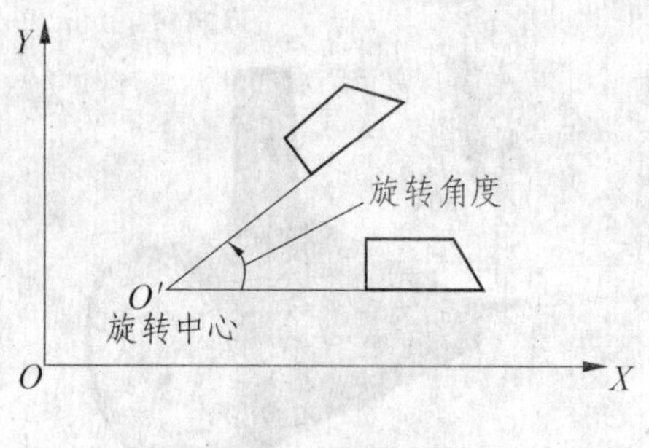


图 7.9　坐标系旋转

指令格式如下:

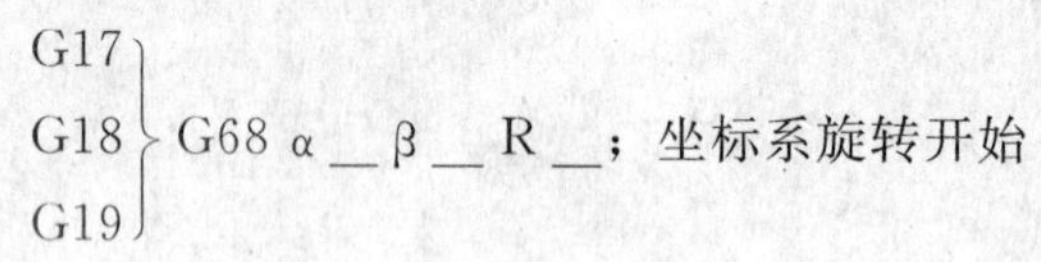


⋮　　坐标系旋转模式

⋮　　(坐标系被旋转)

G69;　　坐标系旋转取消模式

指令含义如下:

G17(G18 或 G19)　　选择包含有被旋转图形的平面。

α＿β＿　　对应当前平面指令(G17,G18 或 G19)中的两个轴的绝对指令。此指令指定了 G68 后面指定旋转中心的坐标。

R＿　　正值为逆时针方向的角度位移。参数 5400Bit0 指定角度位移是绝对值位移或者由 G 代码(G90 或 G91)来决定绝对值或相对值。

最小输入增量　　0.001°。

有效数据范围　　−360.000～360.000。

**注　意**　当使小数指定角度位移时(R＿),数字 1 代表度单位。

[说　明]

G 代码选择平面:G17,G18 或 G19。

选择平面的 G 代码(G17,G18 或 G19)可以在包含有坐标系旋转的 G 代码(G68)的单节前指定。G17,G18,或 G19 不能在坐标系旋转模式下指定。

作为增量位置指令在 G68 单节和绝对指令之间指定;它被认为是指定 G68 旋转中心的位置。

当省略 α＿和 β＿时,指定 G68 时的位置被设定为旋转中心。

当省略旋转角度时,设定在参数 5400Bit0 的值被认为是旋转角度。旋转坐标系取消使用 G69 指令。

G69 指令可以在其他指令的同一单节中指定刀具偏置,例如刀具半径补正,刀长补正或刀具偏置在旋转后的坐标系中执行。

注 意 如果与 G69 一起指定了一个移动指令,随后的增量指令不能按指定的值执行。

## 2. 参考程序

程序卡如表 7.3 所列。

表 7.3 程序卡

| 序 号 | 程 序 | 简要说明 |
|---|---|---|
| | O1; | (主程序名)粗加工 |
| N1 | G90 G54 G0 Z100; | 提刀 |
| N2 | X0 Y0; | 定位 |
| N3 | S1200 M3 F200; | 起转 |
| N4 | Z10 M8; | 快速移到距工件表面 10 mm 处 |
| N5 | M8; | 开启切削液 |
| N6 | G1 Z0; | G1 移动到工件表面 |
| N7 | M98 P11 L5; | 调用子程序 O11,5 次,加工 $\phi$40 孔 |
| N8 | G90 G1 Z0; | 刀具移动到工件表面 |
| N9 | M98 P22 L5; | 调用子程序 O22,5 次,铣 60×24 槽 |
| N10 | G90 G1 Z10; | 移到距工件表面 10 mm 处 |
| N11 | M98 P33; | 调用子程序 O33,加工右边的圆弧槽 |
| N12 | G68 X0 Y0 R180; | 旋转 180° |
| N13 | M98 P33; | 调用子程序 O33,加工左边的圆弧槽 |
| N14 | G69; | 取消旋转 |
| N15 | G90 G0 Z100; | 提刀,并确保进入绝对编程格式 |
| N16 | M5; | 主轴停转 |
| N17 | M9; | 关闭切削液 |
| N18 | M30; | 程序停止并返回程序开头 |
| | O11; | 铣孔子程序 |
| N1 | G91 G1 Z-2; | 相对编程,每次调用程序下切 1 mm |
| N2 | G90 G41 X20 D1; | 加刀具补偿 $D1=20$ |
| N3 | G3 I-20; | 走圆弧 |
| N4 | G1 G40 X0; | 取消刀具补偿 |
| N5 | M99; | 子程序结束 |

续表 7.3

| 行 号 | 程 序 | 解 释 |
|---|---|---|
| | O22; | 铣槽子程序 |
| N1 | G91 G1 Z-1; | 相对下切 1 mm |
| N2 | G90 G1 Y22; | *Y* 正向移动 |
| N3 | Y-22; | *Y* 负向移动 |
| N4 | Y0; | 走到 *Y*0 位置 |
| N5 | G41 G1 X12 D2; | 加刀具补偿 *D*2=5 |
| N6 | Y30 R5; | 以拐角功能走 *R*5 圆角 |
| N7 | X-12 *R*5; | 以拐角功能走 *R*5 圆角 |
| N8 | Y-30 *R*5; | 以拐角功能走 *R*5 圆角 |
| N9 | X12 *R*5; | 以拐角功能走 *R*5 圆角 |
| N10 | Y0; | 坐标点 |
| N11 | G40 G1 X0; | 取消刀具补偿 |
| N12 | M99; | 子程序结束 |
| | O33; | 铣圆弧槽子程序 |
| N1 | G1 G41 X20.506 Y20.506 D3; | 加具刀补偿 *D*3=0 |
| N2 | G90 G1 Z-2.5; | 下切 *Z*=-2.5 |
| N3 | G3 Y-20.506 R29; | 移动到下一目标点 |
| N4 | G1 Z-5; | 下切 *Z*=-5 |
| N5 | G2 Y20.506 R29; | 继续移动 |
| N6 | G0 Z10; | 提刀 |
| N7 | G1 G40 X0 Y0; | 取消刀具补偿 |
| N8 | M99; | 子程序结束 |

# 实训作业

完成下列任务：

(1) 请记录机床操作流程。

(2) 毛坯使用外轮廓加工如图 7.10 所示之工件。

(3) 写出参数计算过程并填写如表 7.4 所列的实训工序单。

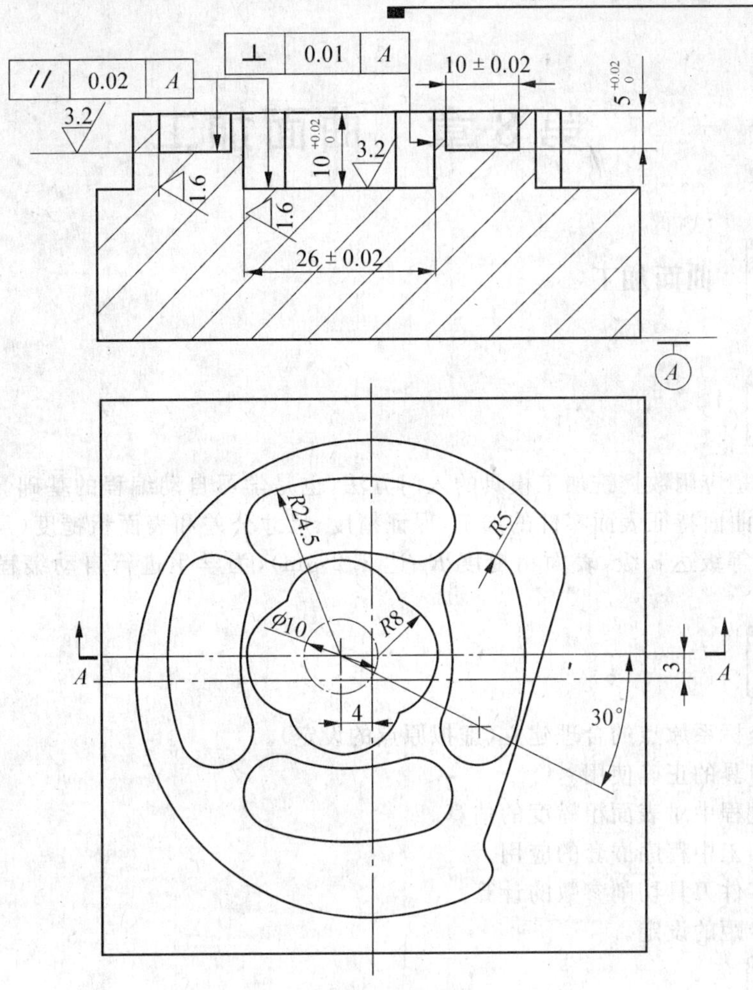


图 7.10 习题用图

表 7.4 实训工序单

| 加工课题名称： | | 材料： | | 程序号： | | 机床： | | 系统： | |
|---|---|---|---|---|---|---|---|---|---|
| 序号 | 工　序 | 刀具 | 刀具规格 | 半径补偿 | 转速 $n$/ (r·min$^{-1}$) | 进给速度 $v_f$/ (mm·min$^{-1}$) | 切削深度 $t$/ mm | 余量/ mm | 备　注 |
| 1 | | | | | | | | | |
| 2 | | | | | | | | | |
| 3 | | | | | | | | | |
| 4 | | | | | | | | | |
| 5 | | | | | | | | | |
| 6 | | | | | | | | | |
| 工艺员签字： | | | 工时： | | | | 件数： | | |

# 第8章　曲面加工

## 课题名称　曲面加工

## 课题目标

曲面加工是应用数控铣加工模具的入门方法，也是学习自动编程的基础。本课题采用平口钳装夹进行曲面特征表面零件的加工，保证精度、尺寸公差和表面粗糙度(尺寸公差等级达IT8，形位公差等级达8级，表面粗糙度 $R_a$ 达 3.2 μm)，为学生进行自动编程分析刀路储备技能。

## 课题重点

☆ 工件坐标系原点的合理建立(虚拟原点的设定)。
☆ 球头刀具的正确使用。
☆ 加工过程中对表面粗糙度的估算。
☆ 工件加工中程序嵌套的应用。
☆ 加工零件刀具切削参数的计算。
☆ 加工步距的设定。

## 实训资源

实训资源如表8.1所列。

**表8.1　实训资源**

| 资源序号 | 资源名称 | 备　注 |
| --- | --- | --- |
| 1 | 数控铣床XD40 | 数控系统FANUC0I |
| 2 | 精密平口钳 | |
| 3 | 虎钳扳手 | |
| 4 | 内六角扳手 | 安装虎钳压板用 |
| 5 | 球头铣刀(φ16) | 高速钢 |
| 6 | 球头铣刀(φ8) | 硬质合金 |
| 7 | 等高垫铁 | |
| 8 | 百分表 | |
| 9 | 图纸(含评分标准) | |
| 10 | 游标卡尺 | 0～150 |
| 11 | 材料(45#钢) | 工件外轮廓74×74×40 |
| 12 | 机床参考书和系统使用手册 | |

**注意事项**

1. 数控机床属于精密设备,未经许可严禁进行尝试性操作。观察操作时必须戴护镜且站在安全位置,并关闭防护挡板。
2. 工件必须装夹稳固。
3. 刀具必须装夹稳固方可进行加工。
4. 严格按照教师给定的切削值加工。
5. 切削加工中禁止用手触摸工件。
6. 粗、精加工工序分开,粗、精加工刀具分开。

# 8.1　典型零件加工

## 8.1.1　图　纸

零件加工尺寸如图 8.1 所示。

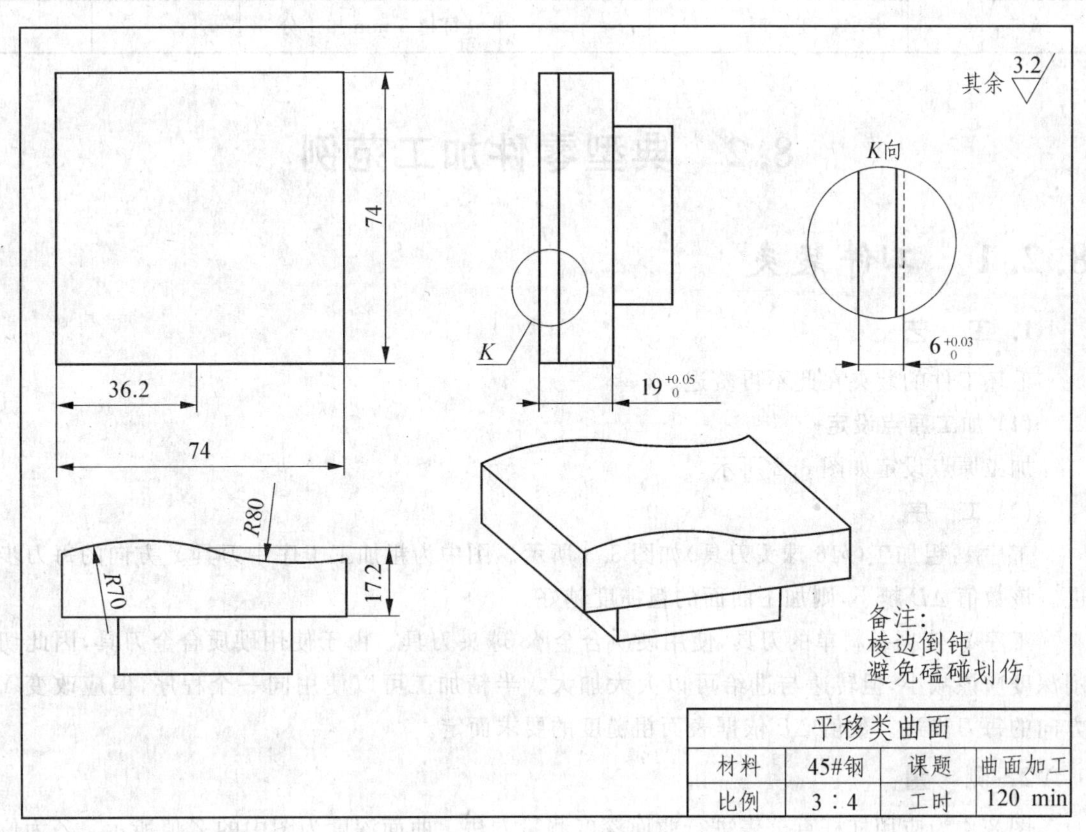


图 8.1　零件加工图

## 8.1.2 评分标准

评分标准如表 8.2 所列。

表 8.2　评分标准

| 序号 | 项目及技术要求 | | 配　分 | 评分标准 | 检测结果 | 实得分 |
|---|---|---|---|---|---|---|
| 1 | 尺寸公差 | $19^{+0.05}_{0}$ | 20 | 超差全扣 | | |
| 2 | | $6^{+0.03}_{0}$ | 20 | 超差全扣 | | |
| 3 | | $R70$ | 15 | 超差全扣 | | |
| 4 | | $R80$ | 15 | 超差全扣 | | |
| 5 | | $R_a 3.2$ | 15 | 超差面扣分 | | |
| 6 | 其他 | 棱边倒钝 | 5 | 超差全扣 | | |
| 7 | | 文明生产 | 10 | 违规操作全扣 | | |
| 8 | | 工　时 | | 每超 5 min 扣 1 分 | | |

# 8.2 典型零件加工范例

## 8.2.1 工件装夹

### 1. 工　艺

毛坯工件的装夹在此不再赘述。

**(1) 加工原点设定**

加工原点设定如图 8.2 所示。

**(2) 工　序**

工序 1：粗加工（$\phi16$ 球头刀具）如图 8.3 所示。图中为粗加工工序中刀具 $Y$ 方向的每刀步进。该数值 $\Delta L$ 越小，则加工曲面的粗糙度越好。

工序 2：依据备料单的刀具，使用硬质合金 $\phi8$ 球头刀具。由于使用硬质合金刀具，因此切削深度应该减小，但转速与进给可以大大加大。半精加工可以使用同一个程序，但应改变 $Y$ 方向的每刀步进。数值 $\Delta L$ 依据表面粗糙度的要求而定。

### 2. 测　量

图 8.4 为应用杠杆百分表进行曲面深度测量方法。曲面深度为图中的 $Z$ 值所示。$Z$ 为位置 2 与位置 1 的 $Z$ 坐标值的差值。

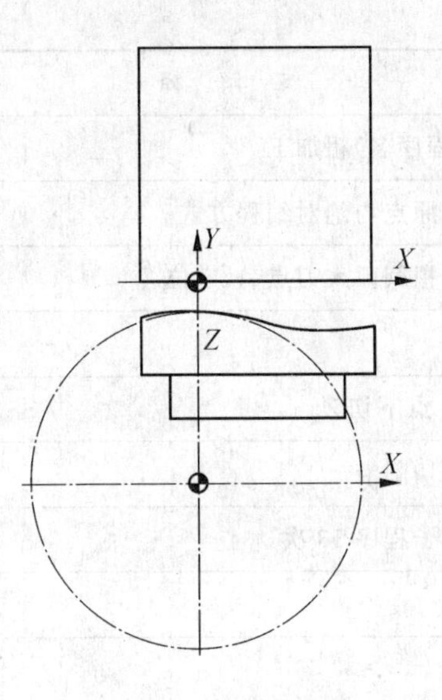


图 8.2　加工原点设定

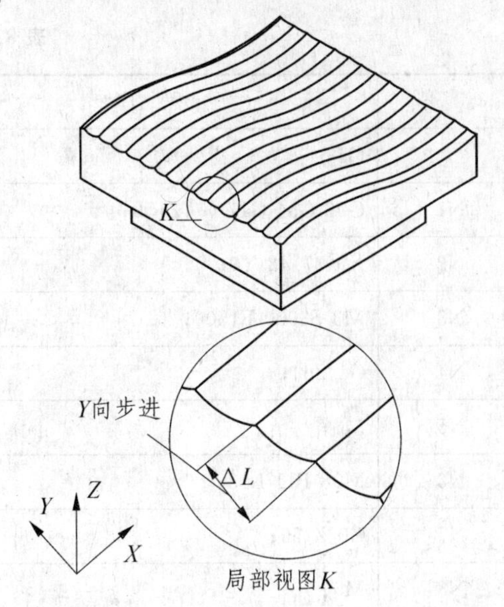


图 8.3　粗加工工序

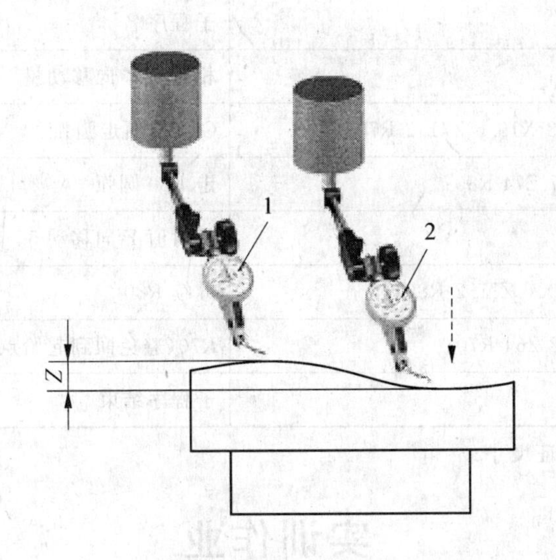


图 8.4　曲面深度测量

## 8.2.2　编　程

程序卡如表 8.3 所列。

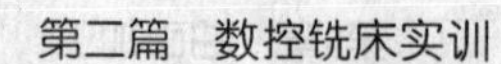


表 8.3 程序卡

| 行 号 | 程 序 | 解 释 |
| --- | --- | --- |
| | O1; | (主程序名)粗加工 |
| N1 | G90 G54 G17 G0 Z150; | 设定原点与绝对编程方式 |
| N2 | X－37.42 Y0; | 至虚拟圆弧入刀点 A,定位 |
| N3 | M3 S3000 F1500; | 起转 |
| N4 | G1 Z64; | 在 A 点下切 Z |
| N5 | M8; | 开启切削液 |
| N6 | M98 P11 L13; | 调用子程序 13 次 |
| N7 | G0 Z150; | 提刀 |
| N8 | M5; | 停转 |
| N9 | M9; | 关闭切削液 |
| N10 | M30; | 程序停止并返回程序开头 |
| | O11; | 子程序名 |
| N11 | G91 G1 Y1; | 相对值 Y 向移动量 |
| N12 | G90 G18 G3 X19.6 Z71.2 R70; | G18 平面走圆弧 |
| N13 | G2 X72.397 Z74 R80; | 走 R80 圆弧 |
| N14 | G91 Y5; | 相对值 Y 向移动 5 |
| N15 | G90 G3 X19.6 Z71.2 R80; | 继续 R80 |
| N16 | G2 X－37.2 Z64 R70; | R70(避免回到起始点) |
| N17 | M99; | 子程序结束 |

注:通过手动下切 Z 保证尺寸。

# 实训作业

完成下列任务:

(1) 请记录机床操作流程。

(2) 加工中装夹与编程需保持图 8.5 所示的坐标方向及尺寸。

(3) 写出参数计算过程并填写如表 8.4 所列的实训工序单。

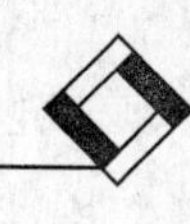

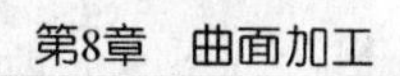

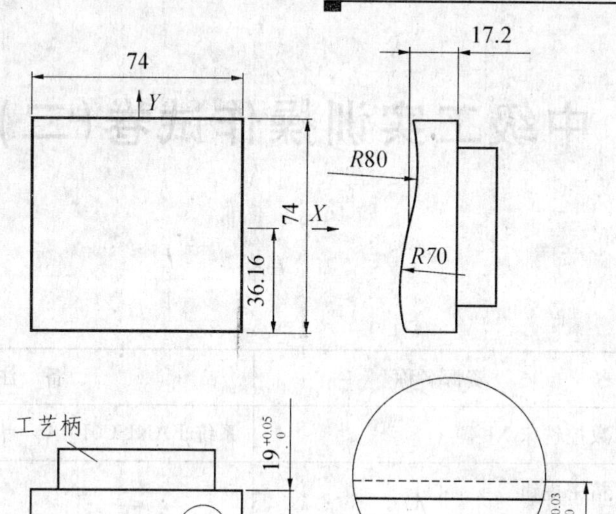


**图 8.5　习题用图**

**表 8.4　实训工序单**

| 加工课题名称： | | 材料： | | 程序号： | | | 机床： | 系统： | |
|---|---|---|---|---|---|---|---|---|---|
| 序号 | 工　序 | 刀具 | 刀具规格 | 半径补偿 | 转速 $n$/(r·min$^{-1}$) | 进给速度 $v_f$/(mm·min$^{-1}$) | 切削深度 $t$/mm | 余量/mm | 备　注 |
| 1 | | | | | | | | | |
| 2 | | | | | | | | | |
| 3 | | | | | | | | | |
| 4 | | | | | | | | | |
| 5 | | | | | | | | | |
| 6 | | | | | | | | | |
| 工艺员签字： | | | | 工时： | | | 件数： | | |

# 中级工实训操作试卷(二)

## 实训资源

| 资源序号 | 资源名称 | 备　注 |
| --- | --- | --- |
| 1 | 数控铣床 XD40 | 系统 FANUC0I |
| 2 | 精密虎钳 | |
| 3 | 三爪夹盘 | 车床用三爪可替代 |
| 4 | 压板 | 2 套(安装三爪用) |
| 5 | 螺钉 | 2 套 |
| 6 | $\phi$100 端铣刀 | 刀片硬质合金 |
| 7 | 百分表 | |
| 8 | 立铣刀(高速钢) | $\phi$16,$\phi$12,$\phi$10,$\phi$8,$\phi$6 |
| 9 | 中心钻($\phi$2.5) | 含钻夹头 |
| 10 | 直柄麻花钻($\phi$6) | $\phi$9.8,$\phi$8,$\phi$6,$\phi$12 含钻夹头 |
| 11 | 绞刀($\phi$10H7) | 含钻夹头 |
| 12 | 通止塞规($\phi$10) | |
| 13 | 图纸(含评分标准) | |
| 14 | 游标卡尺 | |
| 15 | 外径千分尺 | |
| 16 | 内径千分尺 | 0～150 |
| 17 | 材料毛坯(45＃钢) | 110×90×45,110×80×50,<br>110×110×40,$\phi$60×40,$\phi$90×50 |
| 18 | 机床参考书和系统使用手册 | |

## 图纸及评分标准

以下是中级工实训操作试卷中的图纸及评分标准。

# 试卷一

## 1. 图　纸

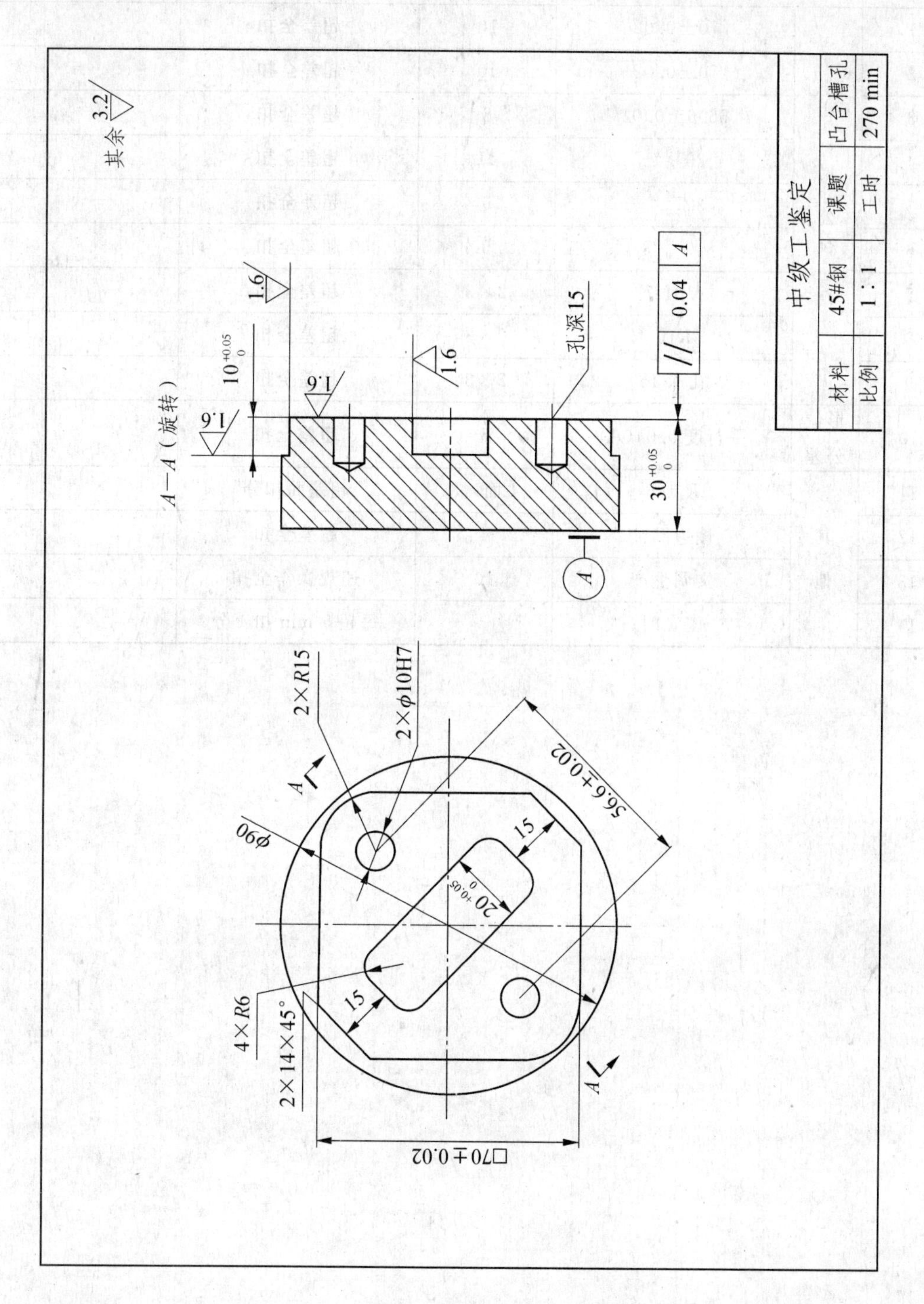
其余 3.2
中级工鉴定
材料
45#钢
课题
凸台槽孔
比例
1∶1
工时
270 min
A—A（旋转）
1.6
10 +0.05 0
孔深15
0.04
A
30 +0.05 0
2×R15
2×φ10H7
56.6±0.02
φ90
15
20 +0.05 0
4×R6
2×14×45°
□70±0.02

## 2. 评分标准

| 序 号 | 项目及技术要求 | | 配 分 | 评分标准 | 检测结果 | 实得分 |
|---|---|---|---|---|---|---|
| 1 | 尺寸公差 | 70±0.02 | 10 | 超差全扣 | | |
| 2 | | 70±0.02 | 10 | 超差全扣 | | |
| 3 | | 56.6±0.02 | 8 | 超差全扣 | | |
| 4 | | $20^{+0.05}_{0}$ | 11 | 超差全扣 | | |
| 5 | | $30^{+0.05}_{0}$ | 6 | 超差全扣 | | |
| 6 | | $10^{+0.05}_{0}$ | 6 | 超差全扣 | | |
| 7 | | $\phi$10H7 | 2×3 | 超差全扣 | | |
| 8 | | $R$15 | 2×3 | 超差全扣 | | |
| 9 | | 孔深 15 | 2×3 | 超差全扣 | | |
| 10 | 形位公差 | 平行度 0.04($A$) | 5 | 超差全扣 | | |
| 11 | 其他 | $R_a$1.6 | 4 面×3 | 超差面扣分 | | |
| 12 | | 棱边倒钝 | 4 | 超差全扣 | | |
| 13 | | 文明生产 | 10 | 违规操作全扣 | | |
| 14 | | 工 时 | | 每超 5 min 扣 1 分 | | |

# 试卷二

## 1. 图　纸

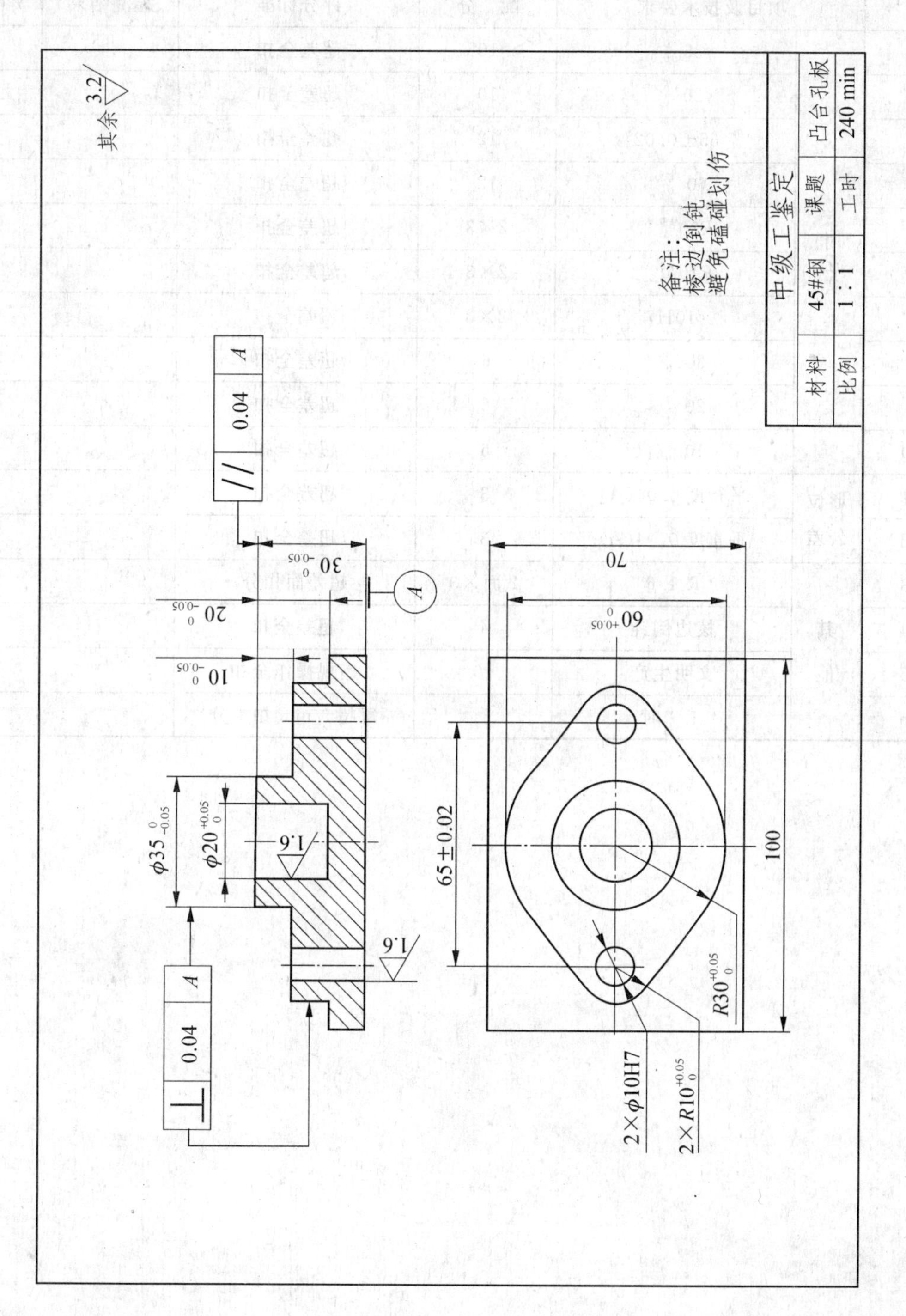

其余 3.2
0.04 A
30 0 -0.05
20 0 -0.05
10 0 -0.05
70
60 +0.05 0
φ35 0 -0.05
φ20 +0.05 0
1.6
1.6
65±0.02
100
R30 +0.05 0
2×φ10H7
2×R10 +0.05 0
0.04 A
备注：
棱边倒钝
避免磕碰划伤
中级工鉴定
材料
45#钢
课题
凸台孔板
比例
1：1
工时
240 min

## 2. 评分标准

| 序　号 | 项目及技术要求 | | 配　分 | 评分标准 | 检测结果 | 实得分 |
|---|---|---|---|---|---|---|
| 1 | 尺寸公差 | $\phi 35_{-0.05}^{0}$ | 10 | 超差全扣 | | |
| 2 | | $\phi 20_{0}^{+0.05}$ | 10 | 超差全扣 | | |
| 3 | | $65 \pm 0.02$ | 12 | 超差全扣 | | |
| 4 | | $60_{0}^{+0.05}$ | 12 | 超差全扣 | | |
| 5 | | $R30_{0}^{+0.05}$ | 2×3 | 超差全扣 | | |
| 6 | | $R10_{0}^{+0.05}$ | 2×3 | 超差全扣 | | |
| 7 | | $\phi 10H7$ | 2×3 | 超差全扣 | | |
| 8 | | $30_{-0.05}^{0}$ | 6 | 超差全扣 | | |
| 9 | | $20_{-0.05}^{0}$ | 6 | 超差全扣 | | |
| 10 | | $10_{-0.05}^{0}$ | 6 | 超差全扣 | | |
| 11 | 形位公差 | 平行度 0.04(*A*) | 3 | 超差全扣 | | |
| 12 | | 垂直度 0.04(*A*) | 3 | 超差全扣 | | |
| 13 | 其他 | $R_a 1.6$ | 2 面×3 | 超差面扣分 | | |
| 14 | | 棱边倒钝 | 4 | 超差全扣 | | |
| 15 | | 文明生产 | 10 | 违规操作全扣 | | |
| 16 | | 工　时 | | 每超 5 min 扣 1 分 | | |

# 试卷三

## 1. 图　纸

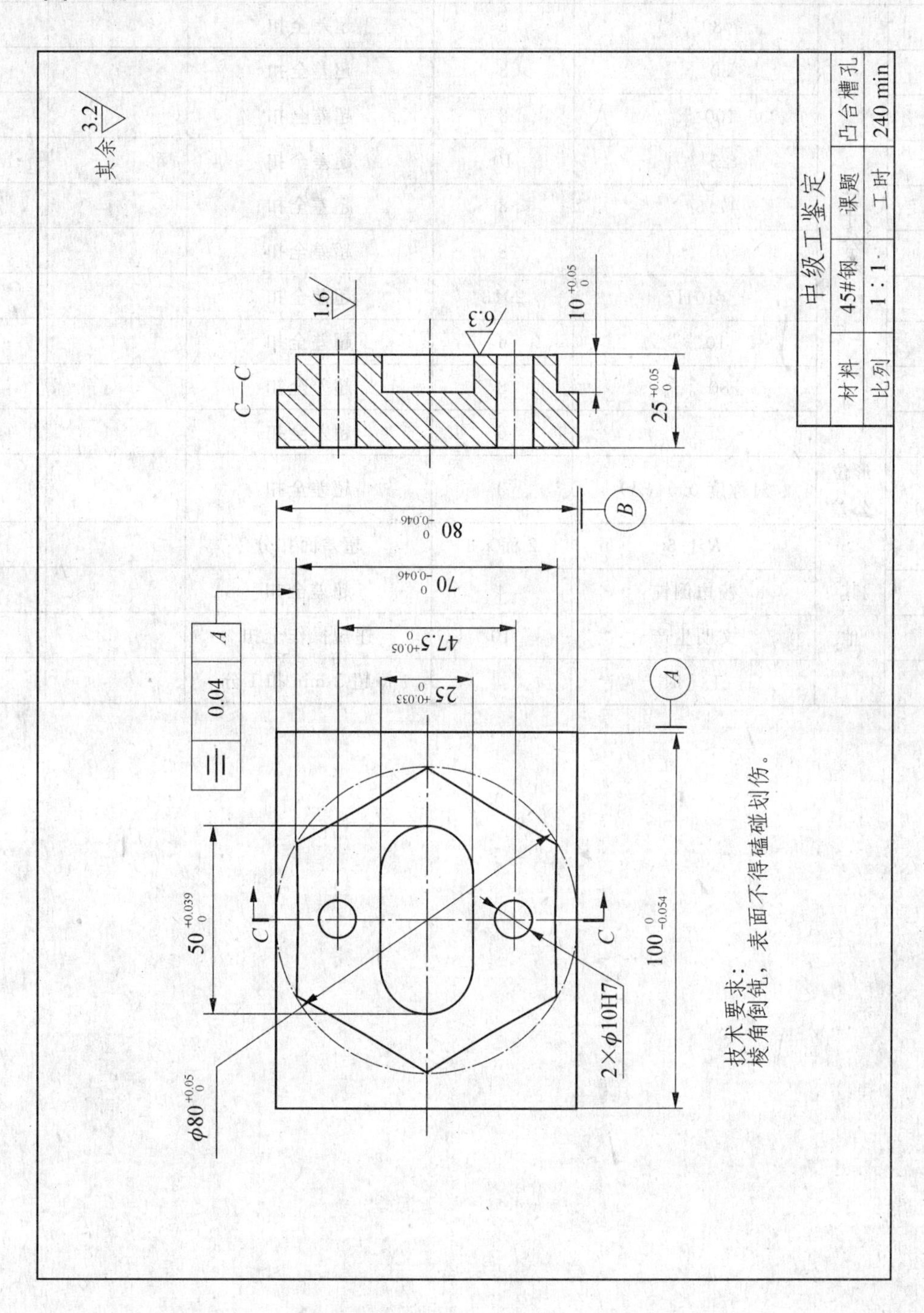

中级工鉴定
材料
45#钢
课题
凸台槽孔
比列
1：1
工时
240 min
其余 3.2
C—C
1.6
6.3
10 +0.05 0
25 +0.05 0
80 0 -0.046
70 0 -0.046
47.5 +0.05 0
25 +0.033 0
0.04
A
B
50 +0.039 0
100 0 -0.054
φ80 +0.05 0
2×φ10H7
技术要求：
棱角倒钝，表面不得磕碰划伤。

## 2. 评分标准

| 序 号 | 项目及技术要求 | | 配 分 | 评分标准 | 检测结果 | 实得分 |
|---|---|---|---|---|---|---|
| 1 | 尺寸公差 | $\phi 80^{+0.05}_{0}$ | 8 | 超差全扣 | | |
| 2 | | $50^{+0.039}_{0}$ | 8 | 超差全扣 | | |
| 3 | | $100^{0}_{-0.054}$ | 8 | 超差全扣 | | |
| 4 | | $25^{+0.033}_{0}$ | 10 | 超差全扣 | | |
| 5 | | $47.5^{+0.05}_{0}$ | 8 | 超差全扣 | | |
| 6 | | $70^{0}_{-0.046}$ | 8 | 超差全扣 | | |
| 7 | | $\phi$10H7 | 2×3 | 超差全扣 | | |
| 8 | | $10^{+0.05}_{0}$ | 6 | 超差全扣 | | |
| 9 | | $80^{0}_{-0.046}$ | 8 | 超差全扣 | | |
| 10 | | $25^{+0.05}_{0}$ | 6 | 超差全扣 | | |
| 11 | 形位公差 | 对称度 0.04(*A*) | 3 | 超差全扣 | | |
| 12 | 其他 | $R_a$1.6 | 2 面×3 | 超差面扣分 | | |
| 13 | | 棱边倒钝 | 4 | 超差全扣 | | |
| 14 | | 文明生产 | 10 | 违规操作全扣 | | |
| 15 | | 工 时 | | 每超 5 min 扣 1 分 | | |

# 试卷四

## 1. 图　纸

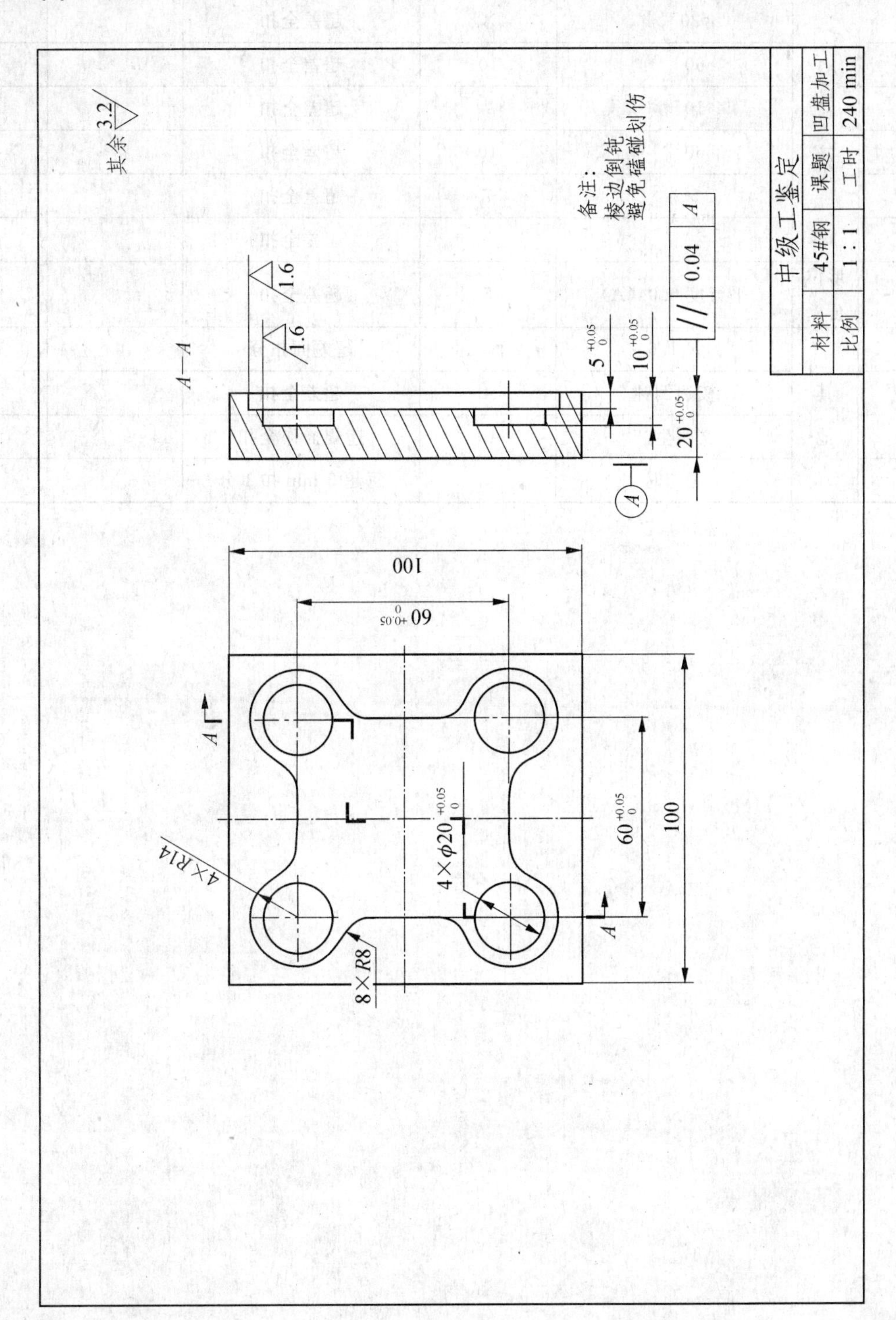

其余 3.2
备注：
棱边倒钝
避免磕碰划伤
中级工鉴定
材料
45#钢
课题
凹盘加工
比例
1：1
工时
240 min
A—A
1.6
1.6
0.04
A
100
100
4×R14
8×R8
4×φ20

## 2. 评分标准

| 序　号 | 项目及技术要求 | | 配　分 | 评分标准 | 检测结果 | 实得分 |
|---|---|---|---|---|---|---|
| 1 | 尺寸公差 | $\phi20^{+0.05}_{0}$ | 4×8 | 超差全扣 | | |
| 2 | | $60^{+0.05}_{0}$ | 10 | 超差全扣 | | |
| 3 | | $10^{+0.05}_{0}$ | 7 | 超差全扣 | | |
| 4 | | $60^{+0.05}_{0}$ | 10 | 超差全扣 | | |
| 5 | | $5^{+0.05}_{0}$ | 7 | 超差全扣 | | |
| 6 | | $20^{+0.05}_{0}$ | 7 | 超差全扣 | | |
| 7 | 形位公差 | 平行度 0.04(*A*) | 5 | 超差全扣 | | |
| 8 | 其他 | $R_a1.6$ | 2 面×4 | 超差面扣分 | | |
| 9 | | 棱边倒钝 | 4 | 超差全扣 | | |
| 10 | | 文明生产 | 10 | 违规操作全扣 | | |
| 11 | | 工　时 | | 每超 5 min 扣 1 分 | | |

# 试卷五

## 1. 图　纸

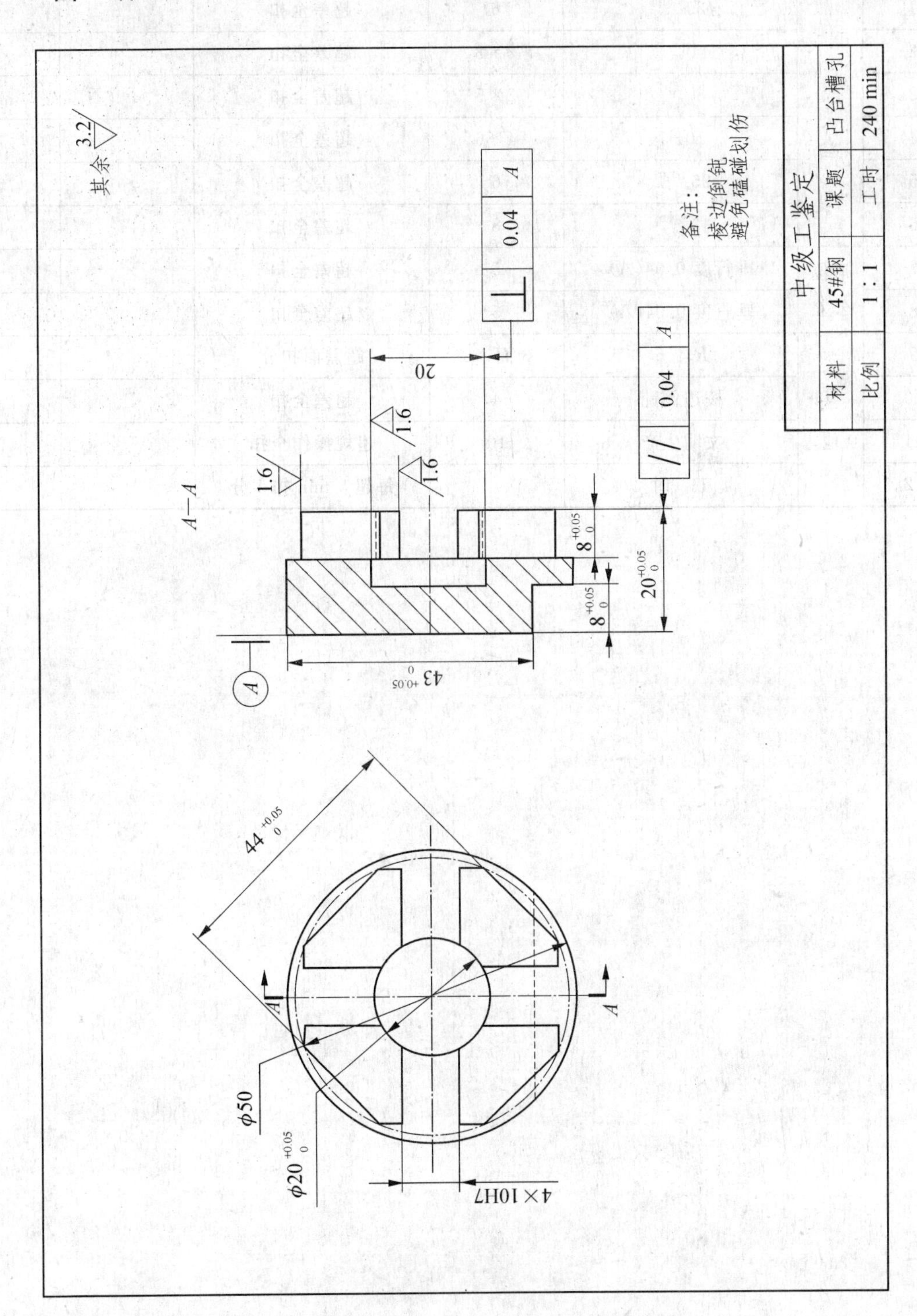
其余 3.2
A—A
1.6
20
0.04 A
备注：
棱边倒钝
避免磕碰划伤
中级工鉴定
材料
45#钢
课题
凸台槽孔
比例
1∶1
工时
240 min
$8^{+0.05}_{0}$
$20^{+0.05}_{0}$
$43^{+0.05}_{0}$
$44^{+0.05}_{0}$
$\phi 50$
$\phi 20^{+0.05}_{0}$
4×10H7
A

## 2. 评分标准

| 序　号 | 项目及技术要求 | | 配　分 | 评分标准 | 检测结果 | 实得分 |
|---|---|---|---|---|---|---|
| 1 | 尺寸公差 | $\phi20^{+0.05}_{0}$ | 6 | 超差全扣 | | |
| 2 | | $44^{+0.05}_{0}$ | 2×8 | 超差全扣 | | |
| 3 | | $8^{+0.05}_{0}$ | 2×5 | 超差全扣 | | |
| 4 | | 10H7 | 4×6 | 超差全扣 | | |
| 5 | | $20^{+0.05}_{0}$ | 6 | 超差全扣 | | |
| 6 | | $43^{+0.05}_{0}$ | 8 | 超差全扣 | | |
| 7 | 形位公差 | 平行度 0.04(*A*) | 5 | 超差全扣 | | |
| 8 | | 垂直度 0.04(*A*) | 5 | 超差全扣 | | |
| 9 | 其他 | $R_a1.6$ | 3 面×3 | 超差面扣分 | | |
| 10 | | 棱边倒钝 | 4 | 超差全扣 | | |
| 11 | | 文明生产 | 10 | 违规操作全扣 | | |
| 12 | | 工　时 | | 每超 5 min 扣 1 分 | | |

# 第三篇

# 加工中心实训

立式加工中心（本章所有程序均为数控系统 FANUC 格式）

# 第 9 章　孔系加工

## 课题名称　钻扩铰攻丝复合加工

## 课题目标

孔加工是加工中心实训的重要内容,也是进一步掌握其他各种复杂箱体、腔体加工的基础。本课题采用平口钳装夹进行孔类工件的加工,并保证精度,为其他零件的加工打下基础。

## 课题重点

☆ 基于硬质合金刀具与材料分析进行切削参数选用与计算。
☆ 加工过程中工件装夹的分析,平行块的正确使用。
☆ 孔加工刀具如麻花钻、扩孔钻、丝锥和铰刀的选用。
☆ 孔加工刀具参数的选择。
☆ 孔系零件加工工艺的划分。
☆ 工件加工中的编程(G73/G81/G83/G84)。
☆ 孔距的测量(游标卡尺),孔直径的测量(通止塞规)。

## 实训资源

实训资源如表 9.1 所列。

表 9.1　实训资源

| 资源序号 | 资源名称 | 备　　注 | 资源序号 | 资源名称 | 备　　注 |
|---|---|---|---|---|---|
| 1 | 立式加工中心 | 数控系统 FANUC0I | 10 | 45°倒角钻头 | 高速钢(含钻夹头) |
| 2 | 精密平口钳 | | 11 | 等高垫铁 | 宽度 10 mm |
| 3 | 虎钳扳手 | | 12 | 寻边器 | |
| 4 | 内六角扳手 | 安装虎钳压板用 | 13 | 图纸(含评分标准) | |
| 5 | 中心钻(ϕ2.5) | 高速钢(含钻夹头) | 14 | 游标卡尺 | 0～150 |
| 6 | 麻花钻(ϕ6) | 高速钢(含钻夹头) | 15 | 通止塞规 | ϕ10 |
| 7 | 麻花钻(ϕ11.8) | 高速钢(含钻夹头) | 16 | 材料(45#钢) | 100×100×40 |
| 8 | 麻花钻(ϕ10.3) | 高速钢(含钻夹头) | 17 | 机床参考书和系统使用手册 | |
| 9 | 丝锥 M12 | 高速钢(含柔性攻丝器) | | | |

**注意事项**

1. 数控机床属于精密设备,未经许可严禁进行尝试性操作。观察操作时必须戴护目镜且站在安全位置,并关闭防护挡板。

2. 工件必须装夹稳固。

3. 使用钻夹头必须稳固钻头,确认无误后方可进行加工。

4. 严格按照刀具手册给定的切削值范围加工。

5. 切削加工中禁止打开加工中心防护门。

# 9.1 典型加工零件

## 9.1.1 图 纸

零件加工尺寸如图 9.1 所示。

## 9.1.2 评分标准

评分标准表 9.2 所列。

表 9.2 评分标准

| 序 号 | 项目及技术要求 | | 配 分 | 评分标准 | 检测结果 | 实得分 |
|---|---|---|---|---|---|---|
| 1 | 尺寸公差 | 29±0.02 | 6×2.5 | 超差全扣 | | |
| 2 | | 30±0.02 | 6×2.5 | 超差全扣 | | |
| 3 | | M12 | 4×4 | 超差全扣 | | |
| 4 | | $\phi$12H7 | 5×4 | 超差全扣 | | |
| 5 | 形位公差 | 垂直度 0.02(A) | 10 | 超差全扣 | | |
| 6 | | 垂直度 0.02(A) | 10 | 超差全扣 | | |
| 7 | 其他 | 孔壁 $R_a$1.6 | 5×1 | 超差扣分 | | |
| 8 | | 倒角 C1.5 | 4×1 | 超差全扣 | | |
| 9 | | 文明生产 | 9 | 违规操作全扣 | | |
| 10 | | 工 时 | | 每超 5 min 扣 1 分 | | |

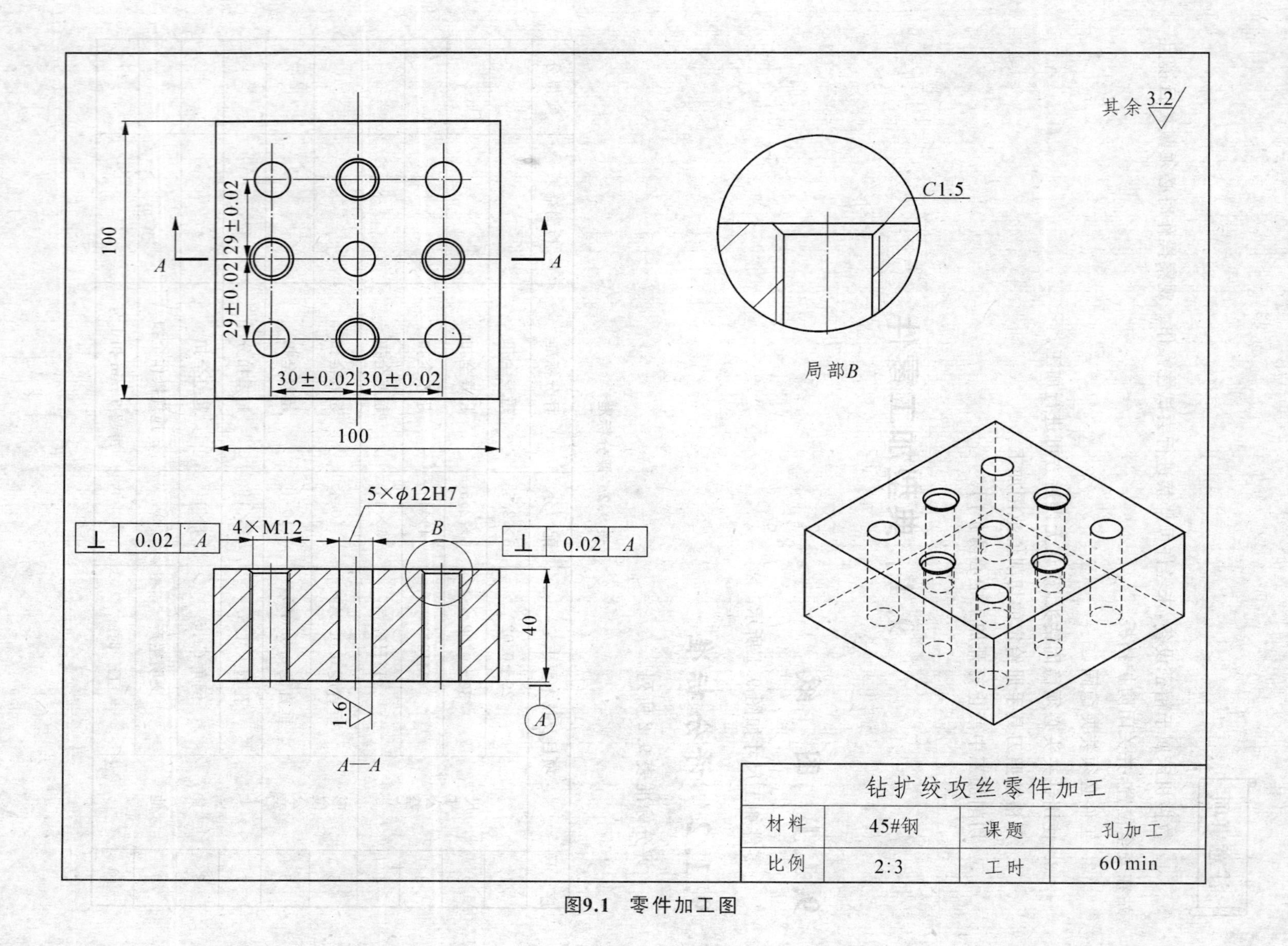
其余 3.2
100
100
29±0.02
29±0.02
30±0.02
30±0.02
A
A
C1.5
局部B
⊥ 0.02 A
4×M12
5×φ12H7
B
⊥ 0.02 A
40
1.6
A
A—A
钻扩铰攻丝零件加工
材料
45#钢
课题
孔加工
比例
2:3
工时
60 min

图9.1 零件加工图

# 9.2　典型零件加工范例

## 9.2.1　工件装夹

### 1. 装　夹

加工中心是一种功能较全的数控加工机床。它把铣削、镗削、钻削、攻螺纹和切削螺纹等功能集中在一台设备上，使其具有多种工艺手段。加工中心设有刀具库，其中存放着不同数量的各种刀具或检具，在加工过程中由程序自动选用和更换。这是它与数控铣床、数控镗床的主要区别。加工中心是一种综合加工能力较强的设备，工件一次装夹后能完成较多的加工步骤，加工精度较高。对于中等加工难度的批量工件，其效率是普通数控铣床的几倍。

通过对零件加工图 9.1 的分析可以看出，该工件为多坐标点孔位，加工工序时间短，工序多，在实际应用中如采用立式加工中心加工，自动换刀可以提高效率，减少人工换刀时间。

加工该孔系零件时，工件的各个表面已经加工完毕，以工件底面为定位基准，所以装夹时必须将底面与定位块贴实，也就是说，将工件安装完后用木榔头敲击工件上表面砸实，如图 9.2(a)所示，然后用百分表在工件表面沿 $X$、$Y$ 方向分别移动，如图 9.2(b)所示。当表针显示工件平面各点装夹误差在 0.01 左右即可，如超差，可以轻微敲击高点。

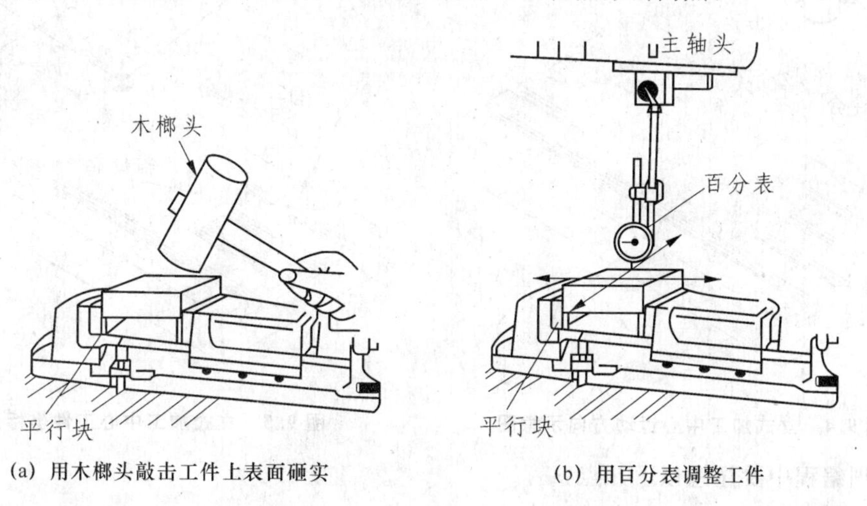


(a) 用木榔头敲击工件上表面砸实　　(b) 用百分表调整工件

图 9.2　装夹工件

### 2. 坐标系设定

如图 9.3 所示设定编程原点。

立式加工中心运动方向示意图如图 9.4 所示。它主要用于加工平面类零件，如板类零件。大多数加工一次装夹只进行一个面的切削。立式加工中心有些也可以选择第四轴，通常是安装在主工作台上的辅助旋转轴，绕 $X$ 轴旋转的 $A$ 轴较常见如图 9.5 所示，可以通过分度或旋转运动来加工带有回转特点的切削面。

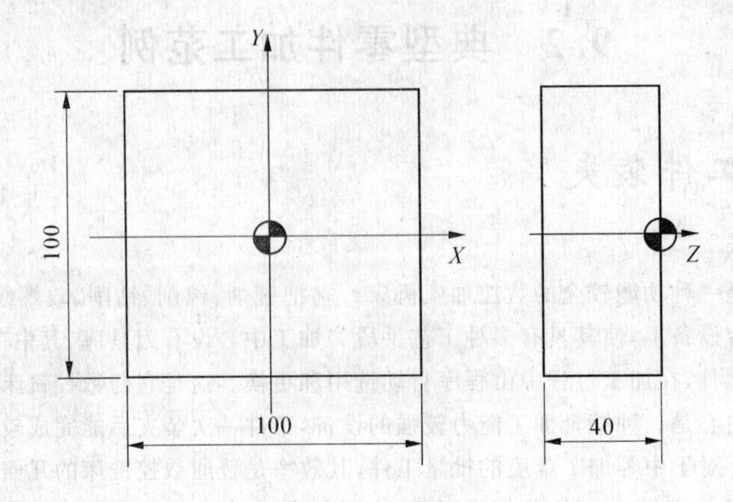


**图 9.3 设定编程原点**

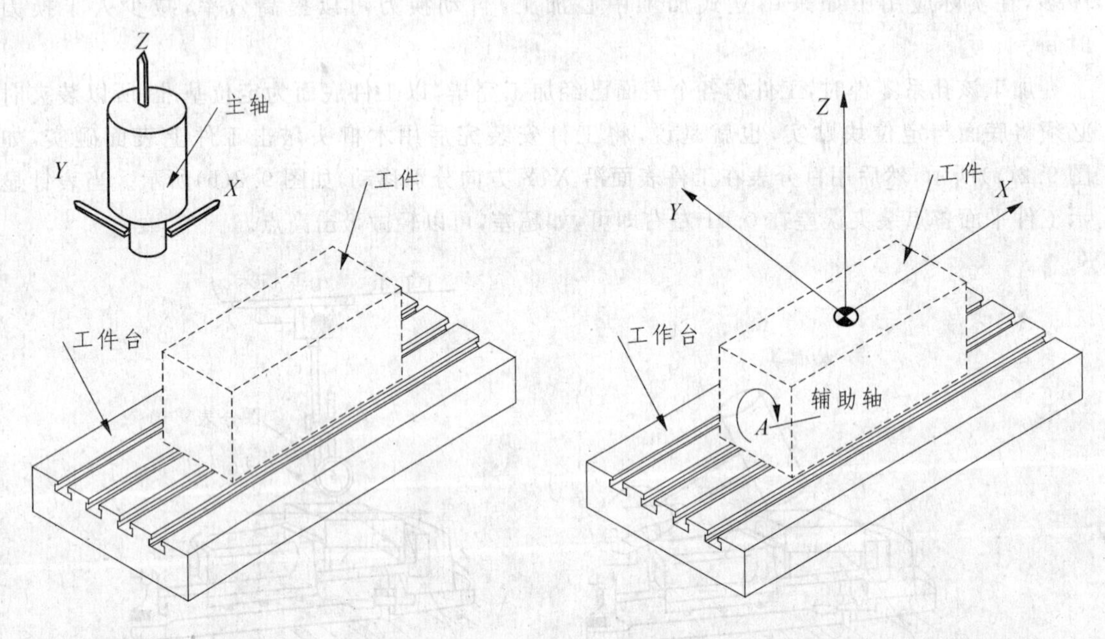


**图 9.4 立式加工中心运动方向示意图**

**图 9.5 立式加工中心工件坐标系设定**

实训编程中要注意以下几点：

① 编程总是以主轴为观察点加以考虑，而不是从操作者的视觉角度考虑，这意味着视角是沿着主轴垂直 90°看向工件观察刀具的运动轨迹的。编程者一般看到的是工件的表面，这就意味着：对于工件坐标系的设定除图纸定位基准特别要求外，尽量选择易于观测的工件表面。

② 位于机床各处的标记表明的是机床各轴的正、负向运动，对于编程而言，图 9.4 和图 9.5 所表示的是以刀具相对于工件的移动轨迹为参考的（即假定工件是静止的，移动刀具本身），也就是说那些机床标示的方向恰恰与实际的编程方向相反。

### 3. 工 艺

工序 1:以中心钻头定位(各点画线交点处),如图 9.6 所示。

工序 2:以 $\phi 6$ 钻头加工底孔如图 9.7 所示。

工序 3:扩攻丝底孔如图 9.8 所示。

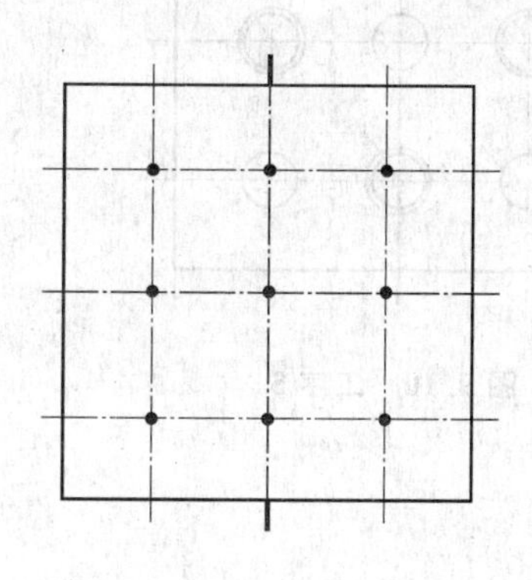

图 9.6 工序 1

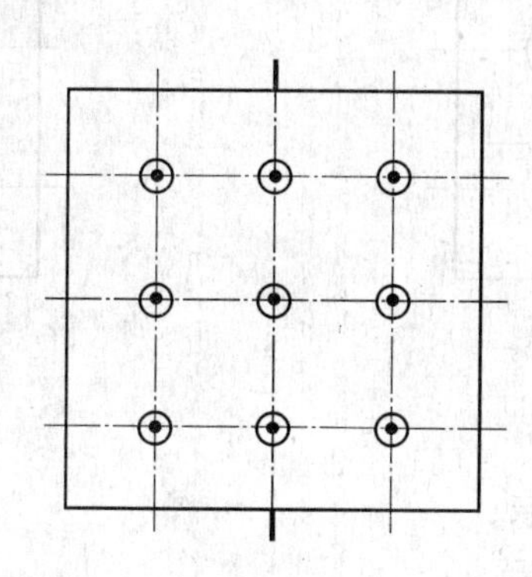

图 9.7 工序 2

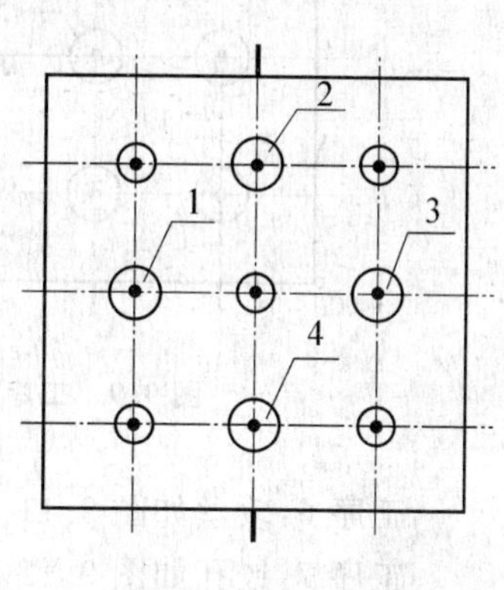


图 9.8 工序 3

攻丝加工中由于丝锥容易折断,所以在加工过程中应在转速 $n$、进给速度 $v_f$ 及加工工艺方面慎重考虑:

① 根据不同的工件材料,丝锥的切削速度 $v_c$ 分别为

钢材为 1.5~5 m/min;

铸铁为 2.5~6 m/min;

铝材为 5~15 m/min。

② 计算公式为

$$n=\frac{1\,000v_c}{3.14d} \tag{9-1}$$

式中:$n$——丝锥的转速,r/min;

$v_c$——丝锥的切削速度,m/min;

$d$——丝锥的直径,mm。

③ 确定攻丝的底孔。根据公称直径 $D$ 为 12 mm,螺距 $P$ 为 1.75 mm,丝锥的底孔直径为

$$d'=D-P \tag{9-2}$$

式中:$D$——攻丝要求的直径;

$P$——螺距。

出于容屑的考虑,底孔最好略大于计算值 $d'$。

工序 4:加工底孔如图 9.9 所示。

工序 5:倒角如图 9.10 所示。

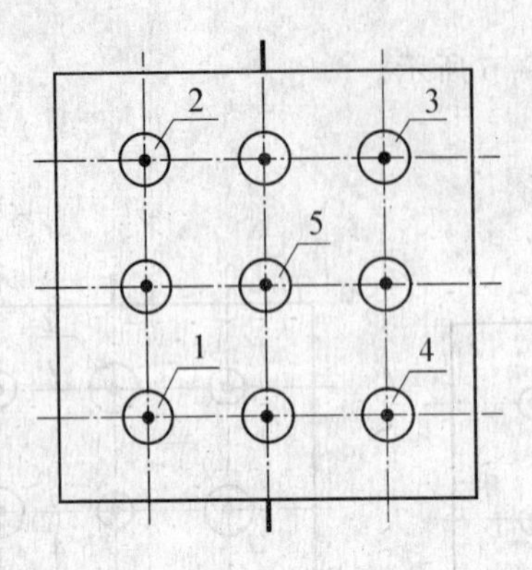


图 9.9　工序 4

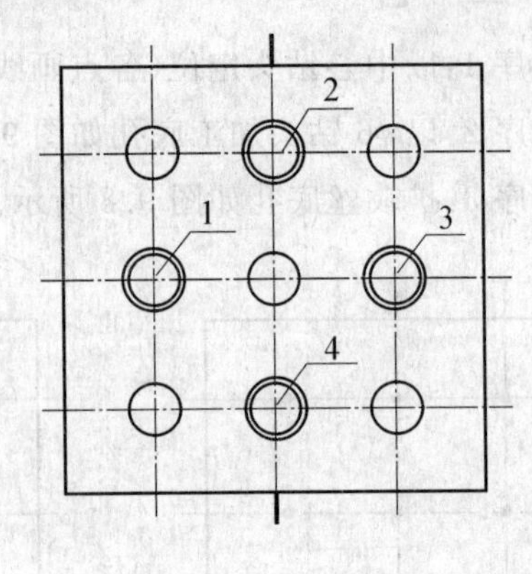


图 9.10　工序 5

工序 6:攻丝如图 9.11 所示。

工序 7:铰孔如图 9.12 所示。

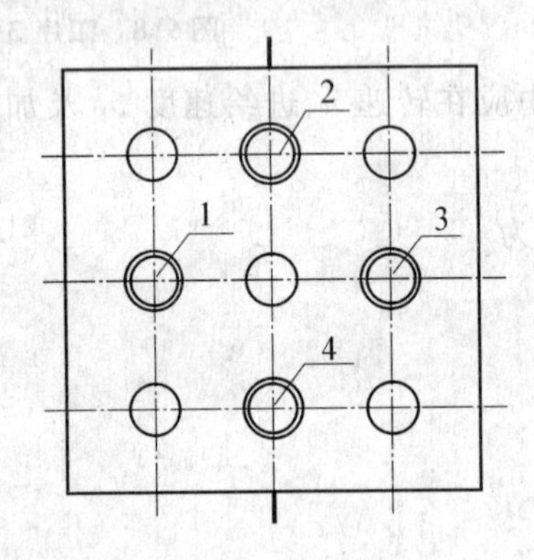


图 9.11　工序 6

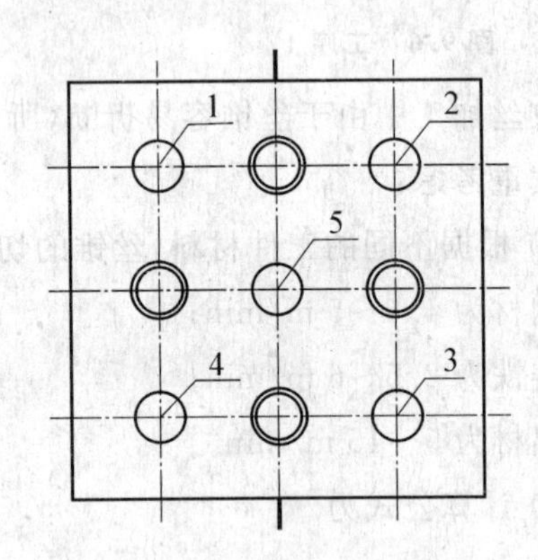


图 9.12　工序 7

## 9.2.2　编　程

### 1. 指令介绍

G81,G83,G84,G73 指令介绍如图 9.13 所示。

**(1) 钻孔固定循环(G81)**

指令格式:

G81 X __ Y __ Z __ R __ F __;

加工方式:进给,孔底,快速退刀。

钻孔固定循环指令 G81 如图 9.13(a)所示。

**(2) 啄式钻孔循环(G83)**

指令格式:

G83 X __ Y __ Z __ Q __ R __ F __;

加工方式:中间进给,孔底,快速退刀。

啄式钻孔循环指令 G83 如图 9.13(b)所示。

**(3) 攻丝循环(G84)**

指令格式：

G84 X__ Y__ Z__ R__ P__ F__;

加工方式：进给，孔底，主轴反转，快速退刀。

攻丝循环指令 G84 如图 9.13(c)所示。

**(4) 高速啄式钻深孔循环(G73)**

指令格式：

G73 X__ Y__ Z__ Q__ R__ F__;

加工方式：进给，孔底，快速退刀。

高速啄式钻深孔循环指令 G73 如图 9.13(d)所示。

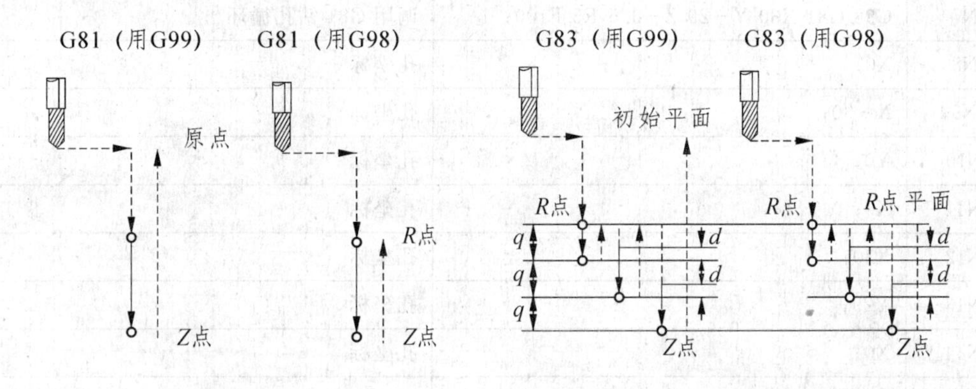


(a) 钻孔固定循指令G81　　(b) 啄式钻孔循环指令G83

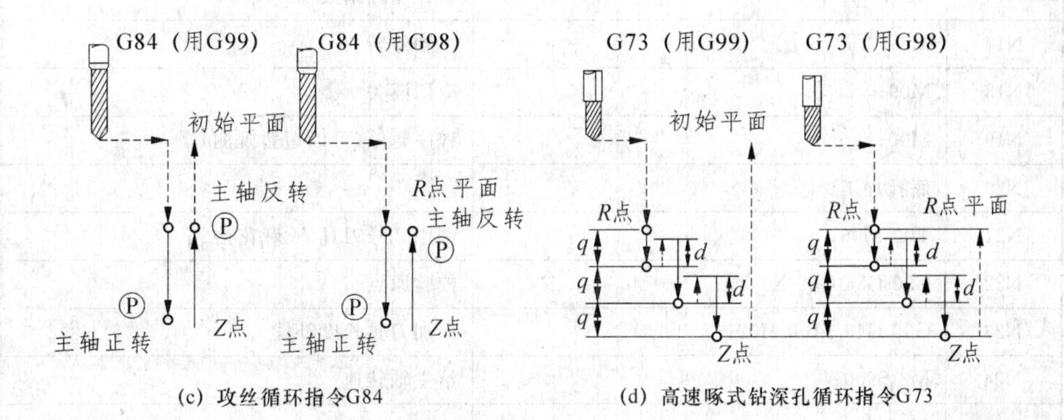


(c) 攻丝循环指令G84　　(d) 高速啄式钻深孔循环指令G73

**图 9.13　G81,G83,G84,G73 指令介绍**

## 2. 参考程序

程序卡如表 9.3 所列。

**表 9.3　程序卡**

| 行　号 | 程　序 | 解　释 |
|---|---|---|
| N1 | O1； | 程序名 |
| N2 | T01 M06； | 调用 1 号刀具 $\phi 2.5$ 中心钻 |
| N3 | G90 G54 G00 X0 Y0； | 校验原点 |
| N4 | G00 G43 Z100 H01； | 添加刀具长度补偿 |
| N5 | M3 S1000； | 给主轴转速 |
| N6 | M08； | 冷切液开 |
| N7 | G98 G81 X30 Y－29 Z－0.5 R5 F100； | 调用 G81 钻孔循环 |
| N8 | X0； | 孔坐标 |
| N9 | X－30； | 孔坐标 |
| N10 | Y0； | 孔坐标 |
| N11 | X0； | 孔坐标 |
| N12 | X30； | 孔坐标 |
| N13 | Y29； | 孔坐标 |
| N14 | X0； | 孔坐标 |
| N15 | X－30； | 孔坐标 |
| N16 | G80； | 钻孔循环结束 |
| N17 | M5； | 主轴停转 |
| N18 | M09； | 冷切液关 |
| N19 | M00； | 程序暂停(可以短暂观测) |
| N20 | 底孔加工 | |
| N21 | T02 M06； | 调用 2 号刀具 $\phi 6$ 麻花钻 |
| N22 | G90 G54 G00 X0 Y0； | 校验原点 |
| N23 | G00 G43 Z100 H02； | 添加刀具长度补偿 |
| N24 | M3 S900； | 给主轴转速 |
| N25 | M08； | 冷切液开 |
| N26 | G98 G83 X30 Y－29 Z－42 Q－1.5 R5 F70； | 调用 G83 钻孔循环 |
| N27 | X0； | 孔位 |

续表 9.3

| 行 号 | 程 序 | 解 释 |
|---|---|---|
| N28 | X－30； | 孔位 |
| N29 | Y0； | 孔位 |
| N30 | X0； | 孔位 |
| N31 | X30； | 孔位 |
| N32 | Y29； | 孔位 |
| N33 | X0； | 孔位 |
| N34 | X－30； | 孔位 |
| N35 | G80； | 取消固定循环 |
| N36 | M05； | 主轴停转 |
| N37 | M09； | 冷切液关 |
| N38 | M00； | 程序暂停(可以短暂观测) |
| N39 | 扩孔为攻丝做准备 | |
| N40 | T03 M06； | 调用 3 号刀具 φ10.3 麻花钻 |
| N41 | G90 G54 G00 X0 Y0； | 校验原点 |
| N42 | G00 G43 Z100 H03； | 添加刀具长度补偿 |
| N43 | M3 S600； | 给主轴转速 |
| N44 | M08； | 冷切液开 |
| N45 | G98 G83 X－30 Y0 Z－42 Q－2 R5 F80； | 调用 G83 钻孔循环 |
| N46 | X0 Y29； | 孔位 |
| N47 | X30 Y0； | 孔位 |
| N48 | X0 Y－29； | 孔位 |
| N49 | G80； | 取消固定循环 |
| N50 | M05； | 主轴停转 |
| N51 | M09； | 冷切液关 |
| N52 | M00； | 程序停止 |
| N53 | 加工铰孔的底孔为铰孔做准备 | |
| N54 | T04 M06； | 调用 4 号刀具 φ11.8 麻花钻 |
| N55 | G90 G54 G00 X0 Y0； | 校验原点 |
| N56 | G00 G43 H04 Z100； | 添加刀具长度补偿 |
| N57 | M03 S500； | 给主轴转速 |

续表 9.3

| 行号 | 程序 | 解释 |
|---|---|---|
| N58 | M08； | 冷切液开 |
| N59 | G98 G83 X－30 Y－29 Z－42 Q－2 R5 F80； | 调用 G83 钻孔循环 |
| N60 | Y29； | 孔位 |
| N61 | X30； | 孔位 |
| N62 | Y－29； | 孔位 |
| N63 | X0Y0； | 孔位 |
| N64 | G80； | 取消钻孔固定循环 |
| N65 | M5； | 主轴停转 |
| N66 | M09； | 冷切液关 |
| N67 | M00； | 程序停止 |
| N68 | 倒角 | 便于丝锥进入 |
| N69 | T05 M06； | 调用 5 号刀具 M12 机用丝锥 |
| N70 | G90 G54 G00 X0 Y0； | |
| N71 | G00 G43 H05 Z100； | |
| N72 | M03 S500； | |
| N73 | M08； | |
| N74 | G98 G81 X－30 Y0 Z－1 R5 F80； | |
| N75 | X0 Y29； | |
| N76 | X30 Y0； | |
| N77 | X0 Y－29； | |
| N78 | G80； | |
| N79 | M05； | |
| N80 | M09； | |
| N81 | M00； | |
| N82 | 攻丝 | |
| N83 | T06 M06； | 调用 6 号刀具 M12 机用丝锥 |
| N84 | G90 G54 G00 X0 Y0； | 校验原点 |
| N85 | G00 G43 Z100 H06； | 添加刀具长度补偿 |
| N86 | M03 S150； | 给主轴转速 |
| N87 | M08； | 冷切液开 |

续表 9.3

| 行 号 | 程 序 | 解 释 |
|---|---|---|
| N88 | G98 G84 X-30 Y0 Z-42 R5 F30; | 调用 G84 攻丝循环 |
| N89 | X0 Y29; | 孔位 |
| N90 | X30 Y0; | 孔位 |
| N91 | X0 Y-29; | 孔位 |
| N92 | G80; | 取消钻孔固定循环 |
| N93 | M05; | 主轴停转 |
| N94 | M09; | 冷切液关 |
| N95 | M00; | 程序停止 |
| N96 | 铰孔 | |
| N97 | T07 M06; | 调用 7 号刀具 ϕ12H7 铰刀 |
| N98 | G90 G54 G00 X0 Y0; | 校验原点 |
| N99 | G00 G43 Z100 H06; | 添加刀具长度补偿 |
| N100 | M03 S200; | 给主轴转速 |
| N101 | M08; | 冷切液开 |
| N102 | G98 G81 X-30 Y29 Z-42 R5 F30; | 调用钻孔循环 G81 铰孔 |
| N103 | X30; | 孔位 |
| N104 | Y-29; | 孔位 |
| N105 | X-30; | 孔位 |
| N106 | X0Y0; | 孔位 |
| N107 | G80; | 取消钻孔固定循环 |
| N108 | M05; | 主轴停转 |
| N109 | M09; | 冷切液关 |
| N110 | M30; | 程序结束 |

# 实训作业

完成下列任务：

(1) 请记录机床操作流程。

(2) 按如图 9.14 所示工件的尺寸进行加工。

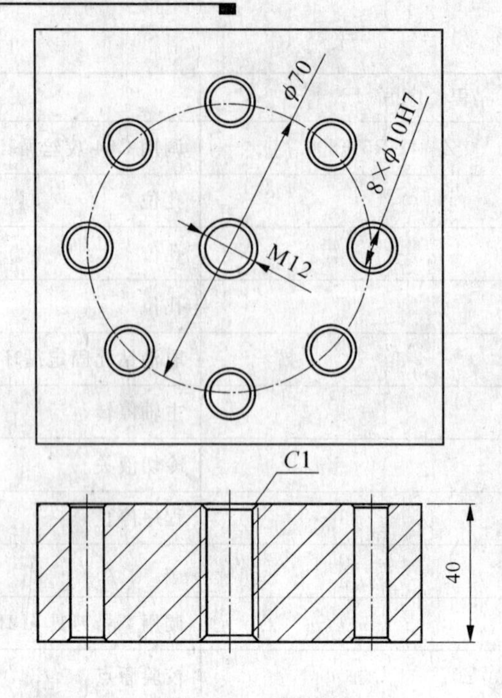


**图 9.14　习题用图**

(3) 填写如表 9.4 所列的实训工序单。

**表 9.4　实训工序单**

| 加工课题名称： | | | 材料： | | 程序号： | 机床： | 系统： | | |
|---|---|---|---|---|---|---|---|---|---|
| 序号 | 工序 | 刀具 | 刀具规格 | 半径补偿 | 转速 $n$/(r·min$^{-1}$) | 进给速度 $v_f$/(mm·min$^{-1}$) | 切削深度 $t$/mm | 余量/mm | 备注 |
| 1 | | | | | | | | | |
| 2 | | | | | | | | | |
| 3 | | | | | | | | | |
| 4 | | | | | | | | | |
| 5 | | | | | | | | | |
| 6 | | | | | | | | | |
| 7 | | | | | | | | | |
| 工艺员签字： | | | | 工时： | | 件数： | | | |

# 第 10 章　盘类加工

## 课题名称　批量盘类加工

## 课题目标

通过对具有批量加工特点的盘类零件的加工定位、装夹和应用，能使用加工中心常用夹具（如压板、虎钳、平口钳和三爪夹盘等）装夹零件，并掌握加工中心的操作使用。

## 课题重点

☆ 基于硬质合金刀具与材料分析进行切削参数的选用与计算。
☆ 通过加工过程中对工件装夹分析，进行工作坐标系的设定。
☆ 三爪夹盘的定位与使用。
☆ 一面两销定位与加工工艺划分。
☆ 工件加工中的编程进刀方式分析。
☆ 孔径的测量（游标卡尺）。

## 实训资源

实训资源如表 10.1 所列。

表 10.1　实训资源

| 资源序号 | 资源名称 | 备　　注 |
|---|---|---|
| 1 | 立式加工中心 | 系统 FANUC0I |
| 2 | 精密虎钳 | |
| 3 | 三爪夹盘 | 车床用三爪可替代 |
| 4 | 压板 | 2 套（安装三爪用） |
| 5 | 螺钉 | 2 套 |
| 6 | $\phi$100 端铣刀 | 刀片硬质合金 |
| 7 | $\phi$16 端铣刀 | 高速钢（粗加工） |
| 8 | $\phi$12 立铣刀 | 高速钢（精加工） |
| 9 | 中心钻（$\phi$2.5） | 含钻夹头 |
| 10 | 直柄麻花钻（$\phi$6） | 含钻夹头 |
| 11 | 直柄麻花钻（$\phi$8） | 含钻夹头 |

续表 10.1

| 资源序号 | 资源名称 | 备　　注 |
| --- | --- | --- |
| 12 | 铰刀(ϕ10) | 含钻夹头 |
| 13 | 直柄麻花钻(ϕ12) | 含钻夹头 |
| 14 | M12 丝锥 | 高速钢(含柔性攻丝器) |
| 15 | M12 螺栓 | 垫片内径 ϕ12,外径 ϕ18,厚 4 mm,可自制 |
| 16 | 通止塞规(ϕ10) | |
| 17 | 图纸(含评分标准) | |
| 18 | 游标卡尺 | |
| 19 | 内径千分尺 | 0～150 |
| 20 | 材料(HT100) | 25～50,50～100 |
| 21 | 工件毛坯 | ϕ90 厚度 12 mm 的棒料,材质 45＃钢 |
| 22 | 机床参考书和系统使用手册 | |

**注意事项**

1. 数控机床属于精密设备,未经许可严禁进行尝试性操作。观察操作时必须戴护目镜且站在安全位置,并关闭防护挡板。

2. 工件必须装夹稳固,压板的受力必须在中部。

3. 在换刀前必须返回第一参考点。

4. 严格按照工序给定的工作坐标系进行加工。

5. 切削加工中禁止打开加工中心防护门。

6. 三爪夹盘必须用压板紧固,防止加工中挪位。

7. 三爪定位工件毛坯时,如夹持力不够,可在毛坯下增加垫块一对,位置需避开孔位置,防止加工中与刀具干涉。

# 10.1　典型加工零件

## 10.1.1　图　纸

零件加工尺寸如图 10.1 所示。

## 10.1.2　评分标准

评分标准如表 10.2 所列。

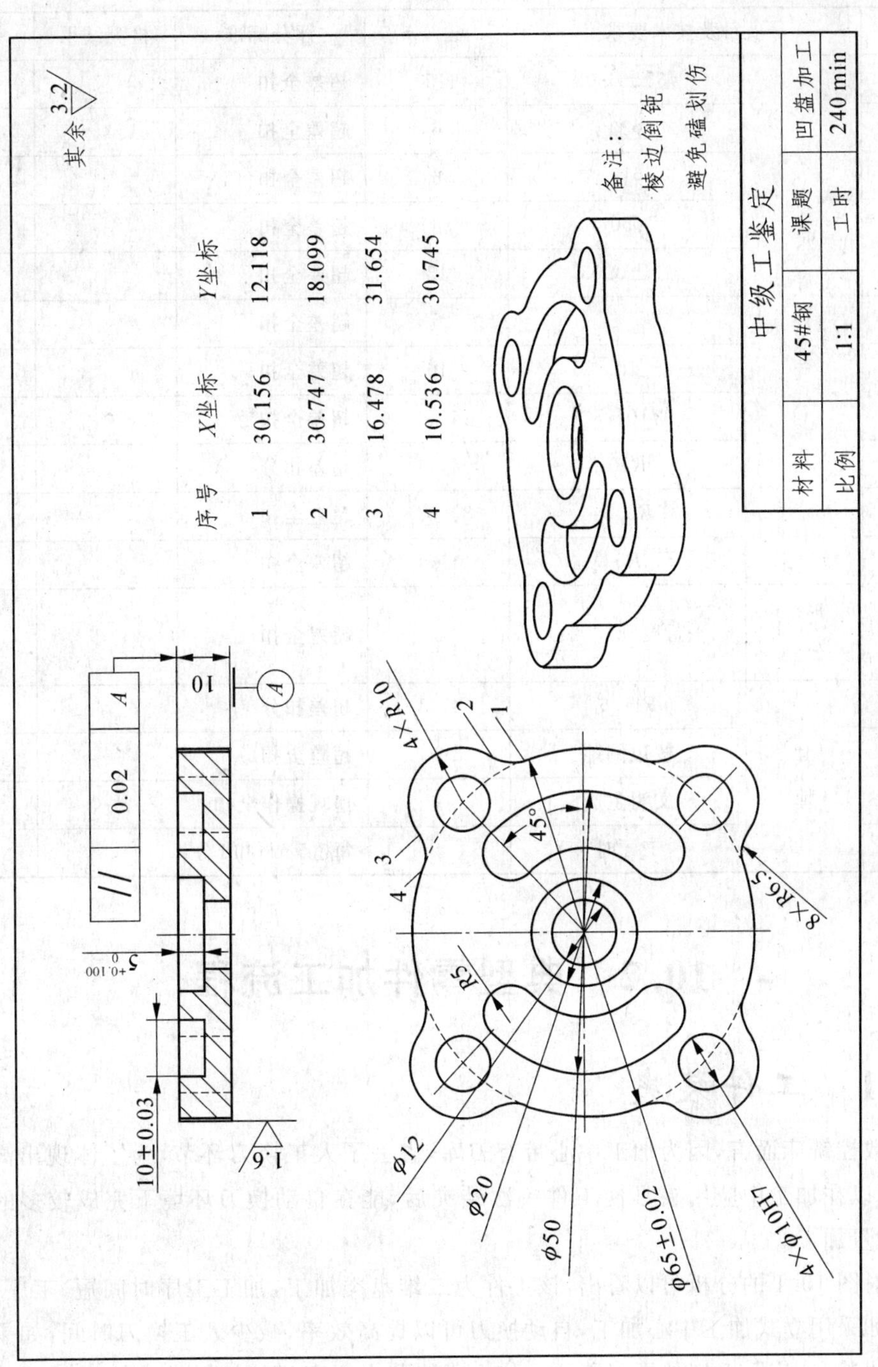


| 序号 | X坐标 | Y坐标 |
| --- | --- | --- |
| 1 | 30.156 | 12.118 |
| 2 | 30.747 | 18.099 |
| 3 | 16.478 | 31.654 |
| 4 | 10.536 | 30.745 |

| 中级工鉴定 | | | |
| --- | --- | --- | --- |
| 材料 | 45#钢 | 课题 | 凹盘加工 |
| 比例 | 1:1 | 工时 | 240 min |

图10.1 零件加工图

表 10.2 评分标准

| 序 号 | 项目及技术要求 | | 配 分 | 评分标准 | 检测结果 | 实得分 |
|---|---|---|---|---|---|---|
| 1 | 尺寸公差 | $\phi65\pm0.02$ | 15 | 超差全扣 | | |
| 2 | | $\phi20$ | 6 | 超差全扣 | | |
| 3 | | $\phi12$ | 6 | 超差全扣 | | |
| 4 | | $\phi50$ | 6 | 超差全扣 | | |
| 5 | | $10\pm0.03$ | 15 | 超差全扣 | | |
| 6 | | $5^{+0.100}_{0}$ | 6 | 超差全扣 | | |
| 7 | | 10 | 10 | 超差全扣 | | |
| 8 | | $\phi10H7$ | 4×1 | 超差全扣 | | |
| 9 | | $R10$ | 4×1 | 超差扣分 | | |
| 10 | | $R6.5$ | 8×0.5 | 超差全扣 | | |
| 11 | | $R5$ | 4×1 | 超差全扣 | | |
| 12 | 形位公差 | 平行度 0.02(*A*) | 5 | 超差全扣 | | |
| 13 | 其他 | $R_a1.6$ | 4×1 | 超差扣分 | | |
| 14 | | 棱边倒钝 | 2 | 超差全扣 | | |
| 15 | | 文明生产 | 9 | 违规操作全扣 | | |
| 16 | | 工 时 | | 每超 5 min 扣 1 分 | | |

# 10.2 典型零件加工流程

## 10.2.1 工件装夹

相对数控铣床而言，因为加工中心带有刀库，省去了人工换刀环节，为了体现出高效加工的特点，可以在加工中应用夹具使工件一次装夹后，能在自动换刀环境下完成较多的加工步骤，方便批量加工。

通过对图 10.1 的分析可以看出，该工件为二维盘类加工，加工工序时间短，工序多，在实际应用中如采用立式加工中心加工，自动换刀可以提高效率，减少人工换刀时间，如果只单纯地采用虎钳装夹，实际毛坯的厚度需要再加上虎钳装夹厚度，不利于节约材料。为此，采用“一面两销”进行定位装夹，可以实现工件的批量加工，真正体现加工中心的特点。

加工该盘类零件时，工件的各个表面均为圆盘毛坯状态，工件底面为定位基准，上下底面平行，为了保证平行度及孔与基准的垂直，所以采取了“三爪——一面两销定位”组合使用的装夹方式。

## 1. 加工原点设定

如图 10.2 所示设定编程原点。

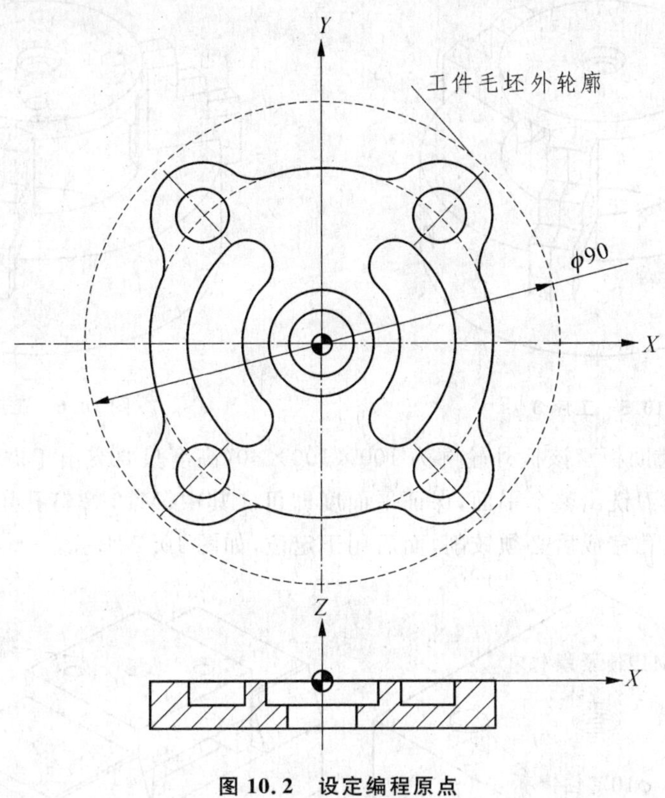


**图 10.2 设定编程原点**

## 2. 工 艺

工序 1:用 $\phi$100 端铣刀加工工件上表面。利用三爪夹盘装夹工件毛坯,必要时可以在工件底部与夹盘间放置垫块(垫块位置应避免与下一步钻孔发生干涉),如图 10.3 所示。

工序 2:加工工件中心的 $\phi$12 孔。M12 用于锁紧螺栓如图 10.4 所示。

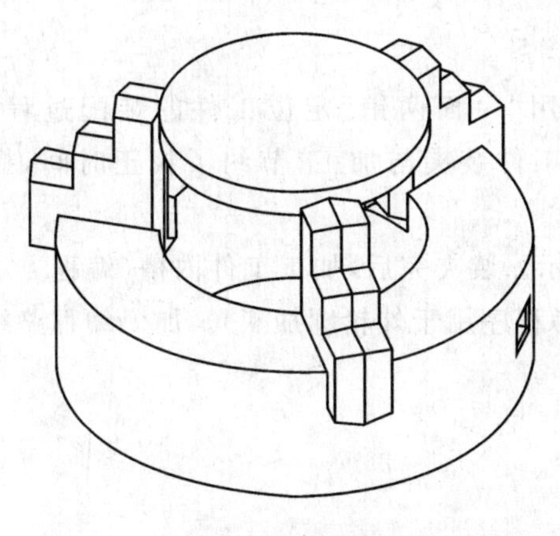

**图 10.3 工序 1**

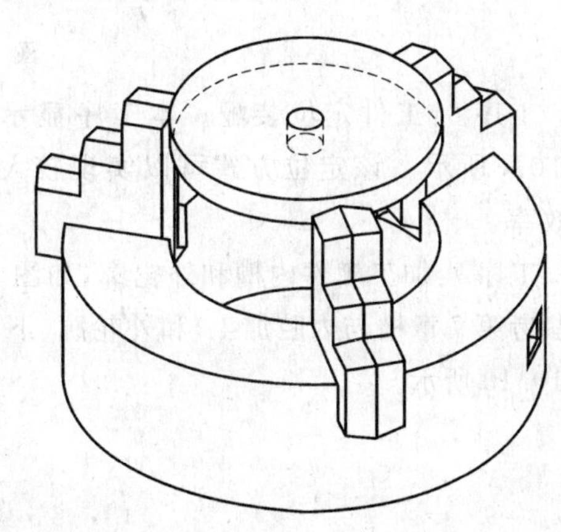

**图 10.4 工序 2**

工序 3：加工工件中心 $\phi20$ 沉孔。该沉孔用于安放锁紧螺栓垫片，如图 10.5 所示。

工序 4：加工 4 个 $\phi10$ 孔。其中两个用于 $\phi10$ 圆锥销定位，如图 10.6 所示。

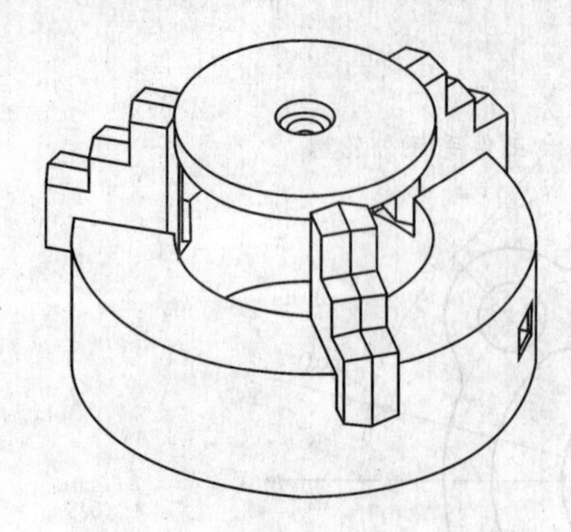

**图 10.5　工序 3**

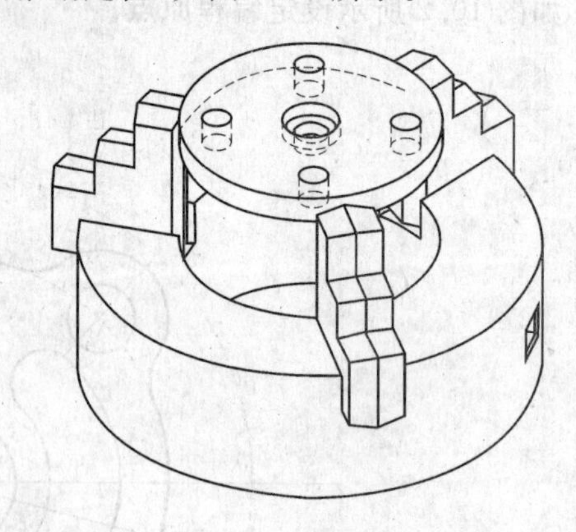

**图 10.6　工序 4**

工序 5：加工辅助板。该板外轮廓为 100×100×40（高度只要突出于虎钳即可），装夹完毕后将上表面用端铣刀铣出整个平面，保证平面度即可。其中，M12 螺钉孔用于锁紧工件，其余两个定位销孔钻底孔完成后必须铰削，而后用于定位，如图 10.7 所示。

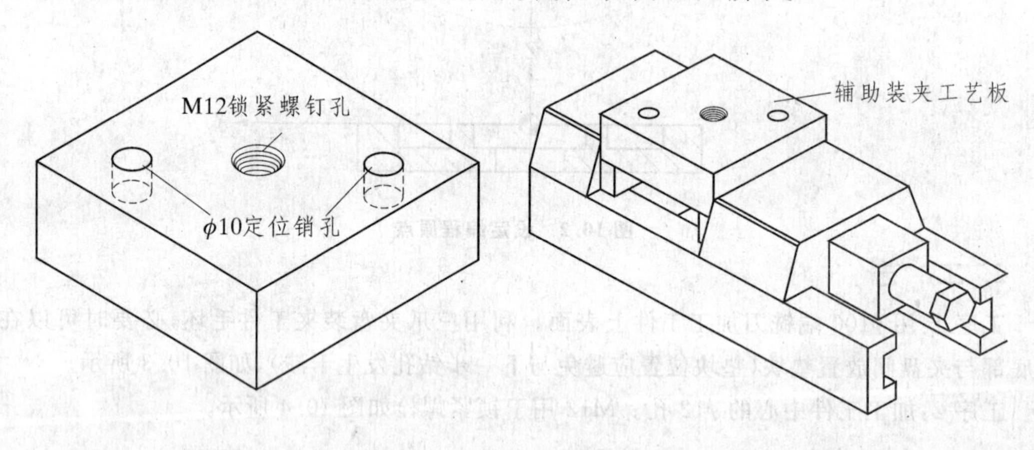


**图 10.7　工序 5**

工序 6：工件定位装配。本工序显示的是应用"一面两销"定位工件的装配过程，如图 10.8所示。该定位方式可以实现较大批量的工件装夹与加工，节约了找正时间，提高了效率。

工序 7：加工工件内槽和外轮廓，如图 10.9 所示。装夹完后，加工工件内槽（编程方法可以参考第 7 章槽与内腔加工）和外轮廓（下面的参考程序用于外轮廓加工）。加工编程路线如图 10.10 所示。

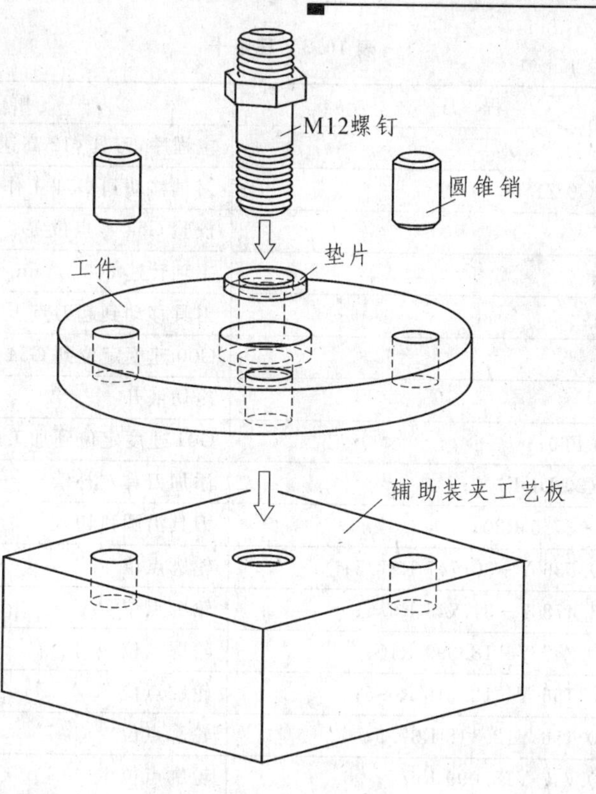


图 10.8 工序 6

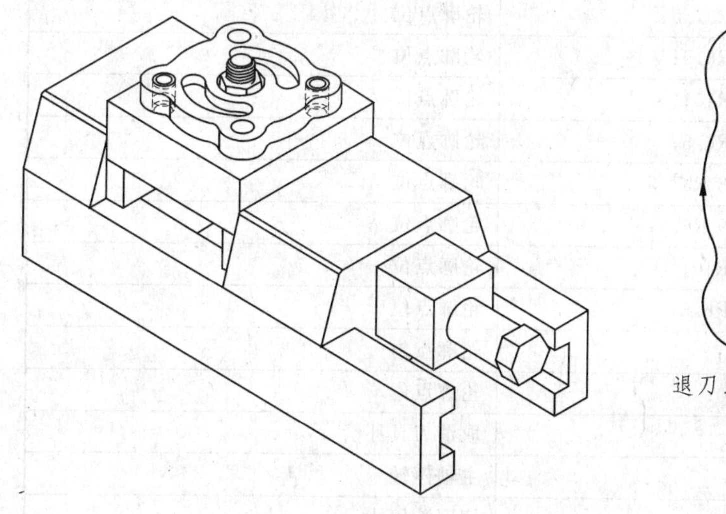

图 10.9 工序 7

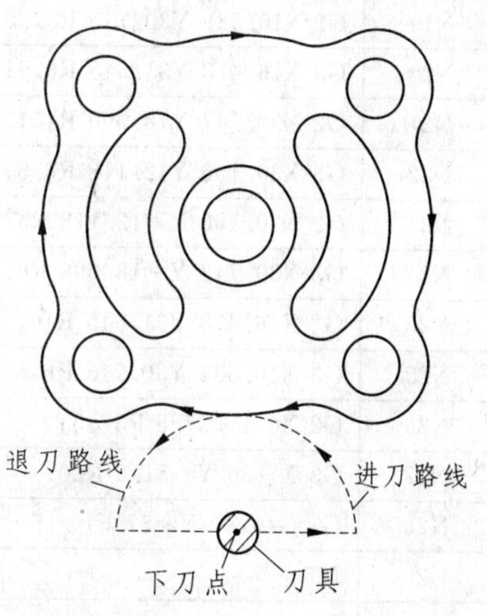


图 10.10 加工编程路线图

## 10.2.2 编 程

程序卡如表 10.3 所列。

表 10.3　程序卡

| 行　号 | 程　序 | 解　释 |
|---|---|---|
| N1 | O1； | 主程序，刀具 φ12 高速钢立铣刀 |
| N2 | G90 G54 G0 Z150； | 刀具移动到 G54 工作面以上 150 mm 处 |
| N3 | X0 Y0； | 校验 G54 零点位置 |
| N4 | M3 S800； | 主轴转速 800 r/min |
| N5 | Y－57.5； | 刀具移动到起刀点上方 |
| N6 | Z10.0； | G00 速度定位到 G54 工件坐标系 *Z*10 |
| N7 | M8； | 冷切液开 |
| N8 | G1 Z－10 F60； | G01 速度定位到加工所需深度 |
| N9 | G1 G41 X20 D1 F100； | 添加刀具左补偿 |
| N10 | G3 X0 Y－37.5 R20； | 刀具沿圆弧切入 |
| N11 | G2 X－10.536 Y－30.747 R37.5； | 轮廓点位 |
| N12 | G3 X－16.478 Y－31.745 R6.5； | 轮廓点位 |
| N13 | G2 X－30.747 Y－18.099 R10； | 轮廓点位 |
| N14 | G3 X－30.156 Y－12.118 R6.5； | 轮廓点位 |
| N15 | G2 X－30.156 Y12.118 R37.5； | 轮廓点位 |
| N16 | G3 X－30.747 Y18.099 R6.5； | 轮廓点位 |
| N17 | G2 X16.478 Y31.645 R10； | 轮廓点位 |
| N18 | G3 X－10.536 Y30.745 R6.5； | 轮廓点位 |
| N19 | G2 X10.536 Y30.745 R37.5； | 轮廓点位 |
| N20 | G3 X16.478 Y31.645 R6.5； | 轮廓点位 |
| N21 | G2 X30.747 Y18.099 R10； | 轮廓点位 |
| N22 | G3 X30.156 Y12.118 R6.5； | 轮廓点位 |
| N23 | G2 X30.156 Y－12.118 R37.5； | 轮廓点位 |
| N24 | G3 X30.747 Y－18.099 R6.5； | 轮廓点位 |
| N25 | G2 X16.478 Y31.645 R10； | 轮廓点位 |
| N25 | G3 X10.536 Y30.745 R6.5； | 轮廓点位 |
| N26 | G2 X0 Y－37.5 R37.5； | 轮廓点位 |
| N27 | G3 X－20 Y－57.5 R20； | 轮廓点位 |
| N28 | G1 G40 X0 Y－57.5； | 取消刀具补偿 |
| N29 | M5； | 主轴停转 |
| N30 | M9； | 切削液停止 |
| N31 | G0 Z150； | 将刀具移动到工作台表面以上 150 mm 处 |
| N32 | M30； | 程序停止 |

# 实训作业

完成下列任务：

(1) 请记录机床操作流程。

(2) 使用 $\phi$150 厚度为 12 mm 的 45＃钢棒料加工如图 10.11 所示的零件。

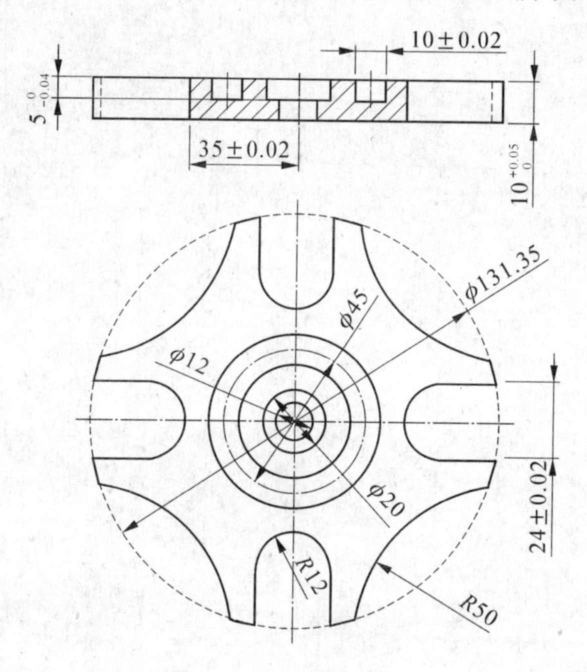


图 10.11　习题用图

(3) 填写如表 10.4 所列的实训工序单。

表 10.4　实训工序单

| 加工课题名称： | | | 材料： | | 程序号： | | 机床： | | 系统： |
|---|---|---|---|---|---|---|---|---|---|
| 序号 | 工　序 | 刀具 | 刀具规格 | 半径补偿 | 转速 $n$/(r·min$^{-1}$) | 进给速度 $v_f$/(mm·min$^{-1}$) | 切削深度 $t$/mm | 余量/mm | 备注 |
| 1 | | | | | | | | | |
| 2 | | | | | | | | | |
| 3 | | | | | | | | | |
| 4 | | | | | | | | | |
| 5 | | | | | | | | | |
| 6 | | | | | | | | | |
| 7 | | | | | | | | | |
| 工艺员签字： | | | 工时： | | | 件数： | | | |

# 第四篇

# 数控线切割机床实训

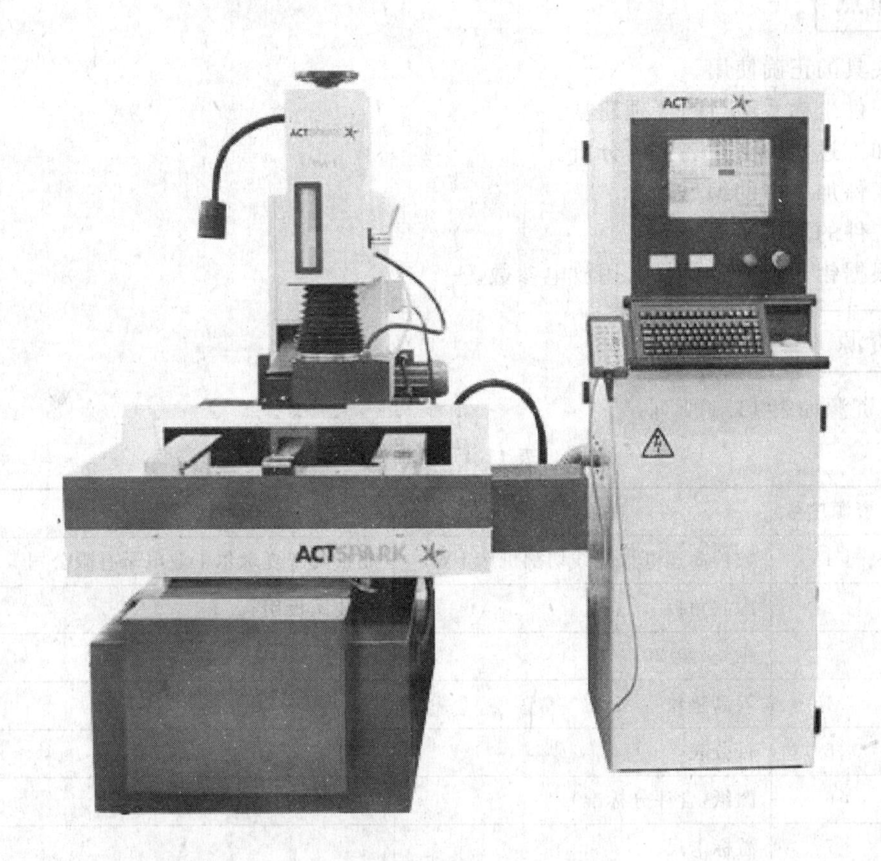


（本章所有程序试切用机床）

# 第 11 章　轮廓加工

## 课题名称　外轮廓加工

## 课题目标

本课题采用夹具装夹进行工件外轮廓加工，掌握外轮廓加工参数的选择，并保证精度。

## 课题重点

☆ 夹具的正确使用。
☆ 工件坐标系原点的合理建立。
☆ 加工过程中工件装夹的分析。
☆ 工件加工中的编程。
☆ 工件的测量。
☆ 根据钼丝直径及材料选用放电参数。

## 实训资源

实训资源如表 11.1 所列。

**表 11.1　实训资源**

| 资源序号 | 资源名称 | 备　注 |
|---|---|---|
| 1 | 数控高速电火花线切割机床 FW1 | 北京阿奇夏米尔工业电子有限公司 |
| 2 | 内六角扳手 | 安装压板用 |
| 3 | 钼丝($\phi$0.20) | |
| 4 | 等高垫铁 | |
| 5 | 百分表 | |
| 6 | 图纸(含评分标准) | |
| 7 | 游标卡尺 | |
| 8 | 千分尺 | |
| 9 | 材料(Cr12) | 80×80×20 |
| 10 | 机床参考书和系统使用手册 | |

**注意事项**

1. 数控机床属于精密设备，未经许可严禁进行尝试性操作。观察操作时必须戴护目镜且站在安全位置，并关闭防护挡板。

2. 工件必须装夹稳固。

3. 严格按照教师给定的参数加工。

4. 加工中禁止用手触摸工件及电极丝。

# 11.1　基础知识

## 11.1.1　数控高速电火花线切割机

电火花线切割加工是在电火花加工基础上，于20世纪50年代末最早在苏联发展起来的一种新的加工工艺。它是用线状电极(钼丝或铜丝)靠火花放电对工件进行切割，故称为电火花线切割，简称线切割。由于这种加工方法具有很多优越性，所以一经产生便得到了广泛应用，目前国内外的线切割机床已占电加工机床的60%以上。

### 1. 数控线切割机床的特点

数控线切割机床具有以下特点：

① 不需要制造成形电极，工件材料的预加工量小。

② 能方便地加工出复杂形状的工件、小孔和窄缝等。

③ 脉冲电源的加工电流小，脉冲宽度较窄，属中、精加工范畴，可以加工一般切削方法难以加工或无法加工的形状复杂的工件，如冲模、凸轮、样板及外形复杂的精密零件和窄缝等，尺寸精度可达0.01～0.02 mm，表面粗糙度 $R_a$ 可达1.6 μm。

④ 一般采用负极性加工，即脉冲电源的正极接工件，负极接电极丝。

⑤ 由于电极丝是运动着的长金属丝，单位长度电极损耗较小，所以对切割面积不大的工件，因电极损耗带来的误差较小。

⑥ 因只对工件进行平面轮廓加工，故材料的蚀除量小，余料还可利用。

⑦ 工作液选用乳化液，而不是煤油，成本低且安全，容易实现无人安全运转。

⑧ 线切割加工可以对一般切削方法难以加工或无法加工的金属材料和半导体材料的工件进行加工，如淬火钢、硬质合金钢及高硬度金属等，但无法实现对非金属导电材料的加工。

### 2. 数控线切割机床的工艺范围

数控线切割加工已在生产中得到广泛应用，目前国内外的线切割机床已占电加工机床的60%以上。图11.1所示为数控线切割加工出的多种表面和零件。

**(1) 加工模具**

数控线切割加工工艺适用于加工各种形状的冲模、注塑模、挤压模、粉末冶金模和弯曲模等。

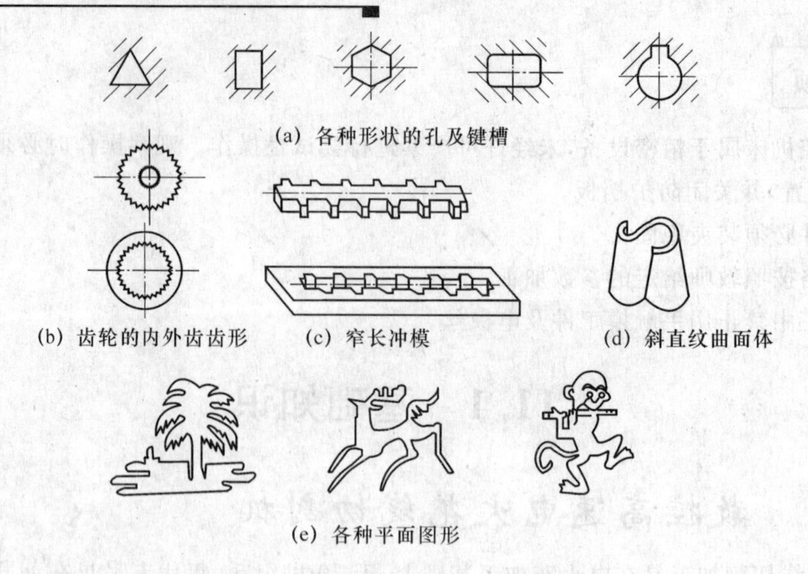

(a) 各种形状的孔及键槽

(b) 齿轮的内外齿齿形　(c) 窄长冲模　(d) 斜直纹曲面体

(e) 各种平面图形

**图 11.1　数控线切割加工的生产实例**

**(2) 加工电火花成形加工用的电极**

一般穿孔加工用、带锥度型腔加工用及微细复杂形状的电极，以及铜钨、银钨合金之类的电极材料，用线切割加工特别经济。

**(3) 加工零件**

数控线切割加工工艺可用于加工材料试验样件、各种型孔、特殊齿轮凸轮、样板、成型刀具等复杂形状零件及高硬材料的零件；可进行微细结构、异形槽和标准槽的加工；试制新产品时，可在坯料上直接切割出零件；加工薄形零件时，可多片叠在一起加工。

## 3. 名词术语

**(1) 放电加工**

在一定的加工介质中，通过两极（工具电极简称电极，工件电极简称工件）之间的火花放电或短电弧放电的电蚀作用来对材料进行加工的方法称为放电加工，简称 EDM。

**(2) 电火花加工**

当放电加工只采用脉冲放电（广义火花放电）形式来进行加工时，称为电火花加工。

**(3) 放　电**

电流通过绝缘介质（气体、液体或固体）的现象称为放电。

**(4) 脉冲放电**

脉冲性的放电，即在时间上是断续的，在空间上放电点是分散的，是电火花加工所采用的放电形式。

**(5) 火花放电**

介质击穿后伴随有火花的放电。其特点是放电时通道中的电流密度很大，温度很高。

**(6) 极性效应**

电火花加工中，相同材料的两电极被蚀除量是不同的，这和两电极与脉冲电源的极性连接有关。一般把工件接脉冲电源正极、电极接脉冲电源负极的加工方法称为负极性加工，反之为正极性加工。

放电加工中，介质被击穿后对两极材料的蚀除与放电通道中的正、负离子对两极的轰击能量有关。负极性加工时，带负电的电子向工件移动，而带正电的阳离子向电极移动。由于电子质量小易加速，在小脉宽加工时容易在较短的时间内获得较大的动能，而质量较大的阳离子还未充分加速介质已消电离，因此工件阳极获得的能量大于阴极电极，造成工件阳极的蚀除量大于阴极电极。高速走丝一般采用中、小脉宽加工，因此常采用负极性加工。

**(7) 伺服控制**

电火花线切割加工过程中，电极丝的进给速度由材料的蚀除速度和极间放电状况的好坏决定。伺服控制系统能动态调节电极丝的进给速度，使电极丝根据工件的蚀除速度和极间放电状态进给或后退，保证加工顺利进行。电极丝的进给速度与材料的蚀除速度一致，此时的加工状态最好，加工效率和表面粗糙度均较好。

**(8) 短　路**

电极丝的进给速度大于材料的蚀除速度，致使电极丝与工件接触，不能正常放电，称为短路。它使放电加工不能连续进行，严重时还会在工件表面留下明显条纹。短路发生后，伺服控制系统会做出判断并让电极丝沿原路回退，以形成放电间隙，保证加工顺利进行。

**(9) 开　路**

电极丝的进给速度小于材料的蚀除速度。开路不但影响加工速度，还会形成二次放电，影响已加工面精度，也会使加工状态变得不稳定。开路状态可从加工电流表上反映出来，即加工电流间断性回落。

**(10) 放电间隙**

放电间隙是放电发生时电极丝与工件之间的距离。这个间隙存在于电极丝的周围，因此侧面的间隙会影响成形尺寸，确定加工尺寸时应予考虑。高速走丝的放电间隙，钢件一般为0.01 mm左右，硬质合金为0.005 mm左右，紫铜为0.02 mm左右。

**(11) 偏　移**

线切割加工时，电极丝中心的运动轨迹与零件的轮廓有一个平行位移量。也就是说，电极丝中心相对于理论轨迹要偏在一边，这就是偏移。平行位移量称为偏移量。为了保证理论轨迹的正确，偏移量等于电极丝半径与放电间隙之和，如图11.2所示。

偏移分为左偏和右偏。左偏还是右偏要根据成形尺寸的需要来确定。依电极丝的前进方向，电极丝位于理论轨迹的左边即为左偏，位于理论轨迹的右边即为右偏，如图11.3所示。

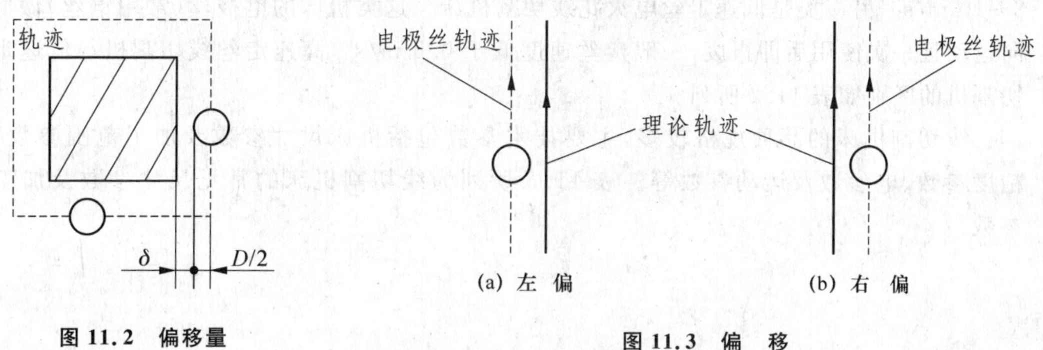


**图11.2　偏移量**

**图11.3　偏　移**

**(12) 锥　度**

电极丝在进行二维切割时，还能按一定的规律进行偏摆，形成一定的倾斜角，从而加工出带锥度的工件或上、下形状不同的异形件。这就是所谓的四轴联动、锥度加工。

实际加工中，当加工方向确定时，电极丝的倾斜方向不同，加工出的工件锥度方向也就不同，反映在工件上不是上宽就是下宽。锥度也有左锥和右锥之分，依电极丝的前进方向，电极丝向左倾斜即为左锥，向右倾斜即为右锥，如图 11.4 所示。

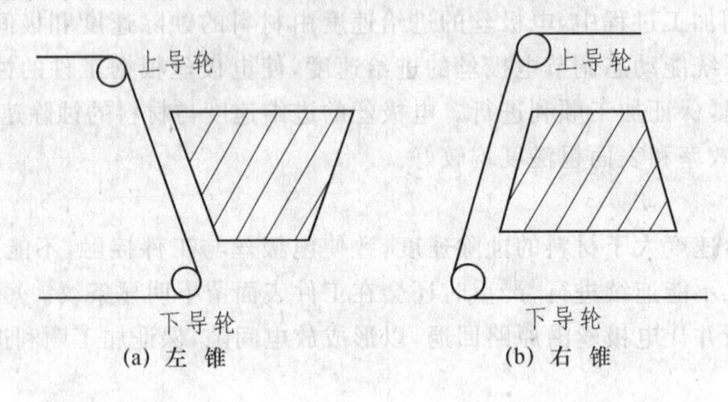


图 11.4　锥　度

**(13) 加工效率**

加工效率($\eta$)是衡量线切割加工速度的一个参数，以单位时间内电极丝加工过的面积大小来衡量，单位为 $mm^2/min$，表达式为

$$\eta=\frac{\text{加工面积}}{\text{加工时间}}=\frac{\text{切割长度}\times\text{工件厚度}}{\text{加工时间}}$$

**(14) 表面粗糙度**

表面粗糙度 $R_a$ 是机械加工中衡量表面加工质量的一个通用参数。其含义是工件表面微观不平度的算术平均值，单位为 $\mu m$。$R_a$ 是衡量线切割加工表面质量的一个重要指标。

## 4. 电火花线切割加工设备简介

根据电极丝的运行速度，电火花线切割机床通常分为两大类：一类是高速走丝电火花线切割机床。这类机床的电极丝(常用钼丝)作高速往复运动并长时间重复使用，一般走丝速度为 8～10 m/s。另一类是低速走丝电火花线切割机床。这类机床的电极丝(常用铜丝)做低速单向运动且一次使用后即报废，一般走丝速度低于 0.2 m/s。高速走丝线切割机与低速走丝线切割机的区别如表 11.2 所列。

线切割机床的品种规格较多，主要技术参数包括机床尺寸参数及加工范围参数、加工精度参数、电参数及运动参数等。表 11.3 所列为线切割机床的常见尺寸参数及加工范围参数。

**表 11.2 高速走丝线切割机床与低速走丝线切割机床的区别**

| 机床类型 / 比较项目 | 高速走丝线切割机床 | 低速走丝线切割机床 |
|---|---|---|
| 走丝速度/$(m \cdot s^{-1})$ | ≥2.5，常用为 6～10 | <2.5，常用为 0.25～0.001 |
| 电极丝工作状态 | 往复运动，反复使用 | 单次运行，一次性使用 |
| 电极丝材质 | 钼、钨钼合金 | 黄铜、铜及其合金及镀覆材料 |
| 电极丝直径/mm | $\phi$0.03～$\phi$0.25<br>常用为 $\phi$0.12～$\phi$0.20 | $\phi$0.03～$\phi$0.30<br>常用为 $\phi$0.20 |
| 穿丝方式 | 手动 | 自动 |
| 电极丝张力 $N$ | 不可调 | 可调 |
| 电极丝振动 | 较大 | 较小 |
| 脉冲电源 | 开路电压为 80～100 V<br>工作电流为 1～5 A | 开路电压为 300 V 左右<br>工作电流为 1～32 A |
| 单边放电间隙/mm | 0.01～0.03 | 0.01～0.12 |
| 工作液 | 线切割乳化液或水基工作液 | 去离子水 |
| 导丝机构型式 | 导轮，寿命较短 | 导向器，寿命较长 |
| 机床价格 | 便宜 | 昂贵 |
| 切割速度/$(mm^2 \cdot min^{-1})$ | 20～160 | 20～240 |
| 加工精度/mm | ±(0.02～0.005) | ±(0.005～0.002) |
| 表面粗糙度 $R_a$/μm | 3.2～1.6 | 1.6～0.1 |
| 重复定位精度/mm | ±0.01 | ±0.002 |
| 电极损耗/mm | 均匀分布于参与加工的电极丝全长<br>为$(3\sim10)\times10^4$ $mm^2$ 时损耗为 0.01 | 不计 |
| 最大切割厚度/mm | 钢为 500，铜为 610 | 400 |
| 最小切缝宽度/mm | 0.09～0.04 | 0.014～0.004 5 |

**表 11.3 电火花线切割机床的主要技术参数**

| 技术参数名称 | 常见规格 |
|---|---|
| 坐标工作台行程 $X\times Y$/mm×mm | 160×125，200×160，250×200<br>300×200，320×250，500×300 |
| 坐标工作台尺寸 $B\times L$/mm×mm | 125×200，200×320，320×500，500×800 |
| 最大切割锥度 | ±3°，±6°，±9°，±12° |
| 工件最大质量/kg | 20，40，60，80，120，200，320，400，500 |

# 11.1.2 高速走丝线切割加工原理

## 1. 基本结构

电火花线切割加工设备主要由机床本体、脉冲电源、控制系统、工作液循环系统和机床附件等几部分组成。其结构如图 11.5 所示。

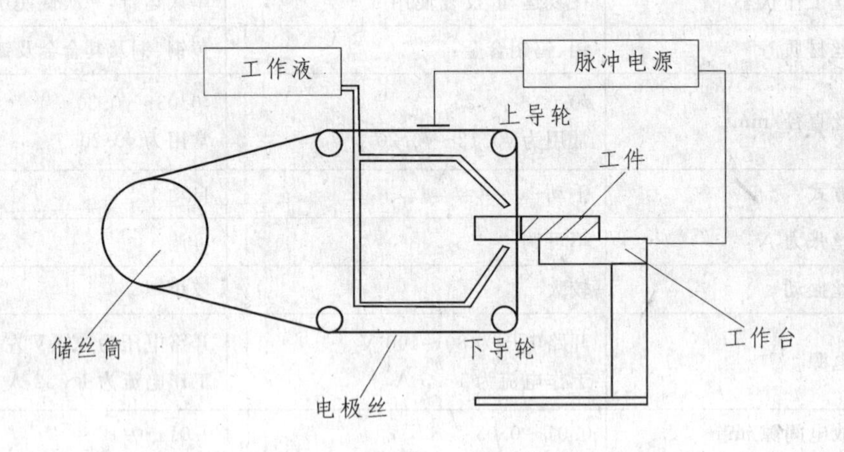


图 11.5 线切割机床结构示意图

## 2. 基本原理

高速走丝线切割机床采用钼丝作为电极丝,被切割的工件为工件电极,电极丝为工具电极。脉冲电源发出连续的高频脉冲电压,加到工件电极和工具电极上(电极丝)。在电极丝与工件之间加有足够的、具有一定绝缘性能的工作液。当电极丝与工件的距离小到一定程度时,工作液介质被击穿,电极丝与工件之间形成瞬间的火花放电,产生瞬间高温,生成大量的热,使工件表面的金属局部熔化;再加上工作液的冲洗作用,使金属被蚀除下来达到加工的目的。这就是线切割机床的加工原理。

工件放在机床工作台上,按数控装置控制下的预定轨迹进行加工,最后得到所需形状的工件。由于储丝筒带动电极丝作正、反向交替的高速运动,所以电极丝基本上不被蚀除,可以使用较长时间。

## 3. 加工工件材料

Cr12 属高合金工具钢,其特点是具有较高的淬透性和耐磨性、热处理变形小,能承受较大的冲击负荷。Cr12 广泛用于制造承载大、冲次多、工件形状复杂的模具,具有良好的线切割加工性能,加工速度高,加工表面光亮、均匀,表面粗糙度值较小。

## 4. 加工条件选用

### (1) 加工条件

加工条件对加工精度有较大的影响,只要正确选择各项加工条件也能保证加工精度。加工条件包括:放电参数、工作液、电极丝。

### (2) 放电参数的选用

以北京阿奇夏米尔公司的数控高速电火花线切割机床 FW1 为例,说明如何选用放电参数。

1）波形 GP

FW 线切割机床有两种波形可供选择："0"为矩形波脉冲；"1"为分组脉冲。

① 矩形波脉冲：波形如图 11.6 所示。矩形波脉冲加工效率高、范围广、稳定性好，是高速走丝线切割常用的加工波形。

② 分组脉冲：波形如图 11.7 所示。分组脉冲适用于薄形工件的加工，精加工较稳定。

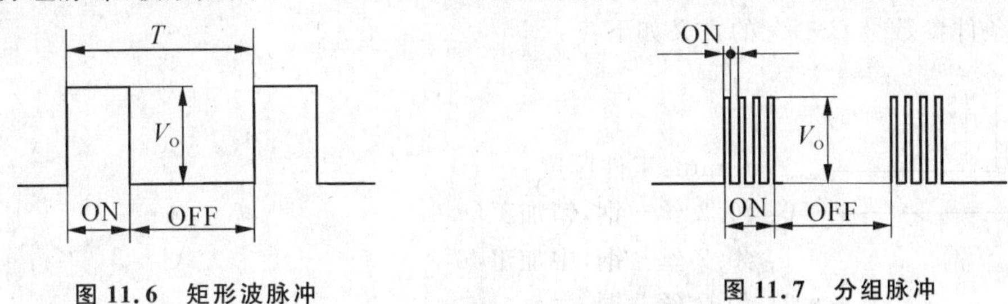


图 11.6 矩形波脉冲　　图 11.7 分组脉冲

2）脉宽 ON

设置脉冲放电时间，其值为(ON+1) μs，最大取值为 32 μs。在特定的工艺条件下，脉宽增加，切割速度提高，表面粗糙度也增大，这个趋势在 ON 增加的初期，加工速度增大较快，但随着 ON 的进一步增大，加工速度的增大相对平缓，粗糙度变化趋势也一样。这是因为单脉冲放电时间过长，会使局部温度升高，形成对侧边的加工量增大，热量散发快，因此减缓了加工速度。

通常情况下，ON 的取值要考虑工艺指标及工件的材质和厚度。如对表面粗糙度要求较高，工件材质易加工，厚度适中时，ON 的取值较小，一般为 3～10。中、粗加工，工件材质切割性能差且较厚时，ON 的取值一般为 10～25。当然，这里只能定性地介绍 ON 的选择趋势和大致取值范围，实际加工时要综合考虑各种影响因素，根据侧重点的不同，最终确定合理的数值。

3）脉间 OFF

设置脉冲停歇时间，其值为(OFF+1)×5 μs，最大取值为 160 μs。在特定的工艺条件下，OFF 减小，切割速度增大，表面粗糙度增大不多。这表明 OFF 对加工速度影响较大，而对表面粗糙度影响较小。减小 OFF 可以提高加工速度，但是 OFF 不能太小，否则消电离不充分，电蚀产物来不及排除，将使加工变得不稳定，易烧伤工件并断丝。OFF 太大也会导致不能连续进给，使加工也变得不稳定。

对于难加工、厚度大、排屑不利的工件，停歇时间应选长些，为脉宽的 5～8 倍比较适宜。OFF 取值则为：(停歇时间/5)－1。对于加工性能好、厚度不大的工件，停歇时间可选脉宽的 3～5倍。OFF 取值主要考虑加工稳定、防短路及排屑，在满足要求的前提下，通常减小 OFF 以取得较高的加工速度。

4）功率管数 IP

设置投入放电加工回路的功率管数，以 0.5 为基本设置单位，取值范围为 0.5～9.5。管数的增、减决定脉冲峰值电流的大小，每只管子投入的峰值电流为 5 A，电流越大切割速度越高，表面粗糙度增大，放电间隙变大。IP 的选择，一般中厚度精加工为 3～4 只管子，中厚度中加工、大厚度精加工为 5～6 只管子，大厚度中粗加工为 6～9 只管子。

5）间隙电压 SV

用来控制伺服的参数。当放电间隙电压高于设定值时，电极丝进给；低于设定值时，电极丝回退。加工状态的好坏，与 SV 取值密切相关。SV 取值过小，会造成放电间隙小，排屑不畅，易短路。反之，使空载脉冲增多，加工速度下降。SV 取值合适，加工状态最稳定。从电流表上可观察加工状态的好坏，若加工中表针间歇性的回摆则说明 SV 过大；若表针间歇性前摆

(向短路电流值处摆动)说明SV过小;若表针基本不动说明加工状态稳定。

SV一般取02～03,对薄工件一般取01～02,对大厚度工件一般取03～04。

6) 电压V

即加工电压值。目前有两种选择,"0"常压选择,"1"低压选择。低压一般在找正时选用。

**(3) 加工条件件参数号**

加工条件参数号C＊＊＊的含义如下:

C＊＊＊

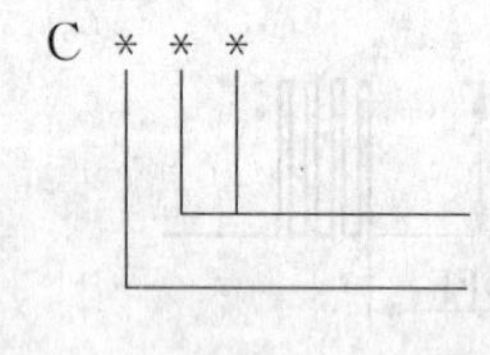

×10 mm:工件厚度

0:$\phi$0.2丝—钢,精加工

1:$\phi$0.2丝—钢,中加工

2:$\phi$0.2丝—铜

3:$\phi$0.2丝—铝

4:$\phi$0.13丝—钢

5:$\phi$0.15丝—钢

6:$\phi$0.2丝—合金(未用)

7:分组加工参数

例如:C005的含义。

通过查机床厂家提供的用户手册中的加工参数表可知其参数含义为:用$\phi$0.2的钼丝对钢件进行精加工,工件厚度为50 mm,脉宽ON为08,脉间OFF为07,功率管数IP为3只,间隙电压SV为02,波形GP:0为矩形波脉冲,电压V:0为常压选择。

## 5. 电极丝

电极丝是线切割加工过程中必不可少的重要工具,合理选择电极丝的材料、直径及其均匀性是保证加工稳定进行的重要环节。

电极丝材料应具有良好的导电性、较大的抗拉强度和良好的耐电腐蚀性能,且电极丝的质量应该均匀,直线性好,无弯折和打结现象,便于穿丝。高速走丝线切割机床上用的电极丝主要是钼丝和钨钼合金丝,尤以钼丝的抗拉强度较高,韧性好,不易断丝,因而应用广泛。钨钼合金丝的加工效果电极丝材料不同,其直径范围也不同,一般钼丝为$\phi$0.06～$\phi$0.25,钨钼合金丝为$\phi$0.03～$\phi$0.35;电极丝直径小,有利于加工出窄缝和内尖角的工件,但电极丝直径太小,能够加工的工件厚度也将受限。因此,电极丝直径的大小应根据切缝宽窄、工件厚度及凹角尺寸大小等要求确定,高速走丝线切割加工中一般使用$\phi$0.12～$\phi$0.20的电极丝。

**(1) 电极丝的材料性能**

可做高速走丝电极丝的材料性能如表11.4所列。

**表11.4　高速走丝电极丝的材料性能**

| 材　料 | 适用温度/℃ | | 延伸率/% | 抗张力/MPa | 熔点 $T_m$/℃ | 电阻率 $\rho$/($m \cdot mm^{-2}$) | 备　注 |
|---|---|---|---|---|---|---|---|
| | 长　期 | 短　期 | | | | | |
| 钨 W | 2 000 | 2 500 | 0 | 1 200～1 400 | 3 400 | 0.061 2 | 较脆 |
| 钼 Mo | 2 000 | 2 300 | 30 | 700 | 2 600 | 0.047 2 | 较韧 |
| 钨钼 $W_{50}$Mo | 2 000 | 2 400 | 15 | 1 000～1 100 | 3 000 | 0.053 2 | 韧性适中 |

**(2) 电极丝的直径及张力选择**

常用的电极丝直径有 $\phi$0.12,$\phi$0.14,$\phi$0.18 和 $\phi$0.2。

张力是保证加工零件精度的一个重要因素,但受电极丝直径和使用时间长短等要素的限制。一般电极丝在使用初期张力大些,使用一段时间后,电极丝已不易伸长,可适当去掉一些配重,以延长其使用寿命。

## 6. 工作液

高速走丝线切割选用的工作液是乳化液。

**(1) 乳化液的特点**

高速走丝线切割常用的乳化液具有以下特点:

① 有一定的绝缘性能。乳化液水溶液的电阻率为 $10^4 \sim 10^5\ \Omega \cdot cm$,适合于高速走丝对放电介质的要求。另外,由于高速走丝的独特放电机理,乳化液会在放电区域金属材料表面形成绝缘膜,即使乳化液使用一段时间后电阻率下降,也能起到绝缘介质的作用,使放电正常进行。工作液的绝缘性能可使击穿后的放电通道压缩,局限在较小的通道半径内火花放电,形成瞬时局部高温熔化、气化金属。放电结束后又迅速恢复放电间隙成为绝缘状态。

② 具有良好的洗涤性能。所谓洗涤性能指乳化液在电极丝带动下,渗入工件切缝起溶屑、排屑作用。洗涤性能好的乳化液,切割时排屑效果好,切割速度高,切割后表面光亮清洁,割缝中没有油污粘糊,切割后的工件易取。洗涤性能不好的乳化液则相反,有时切割下来的料芯被油污糊状物粘住,不易取下来,切割表面也不易清洗干净。

③ 有良好的冷却性能。在放电过程中,放电点局部、瞬时温度极高,尤其是大电流加工时表现更加突出,为防止电极丝烧断和工件表面局部退火,必须充分冷却。而乳化液在高速运行的电极丝的带动下易进入切缝,因而整个放电区能得到充分冷却。

④ 有良好的防锈能力。线切割要求用水基介质,以去离子水作介质,工件易氧化,而乳化液对金属起到了防锈作用,有其独到之处。

⑤ 对环境无污染,对人体无害。

**(2) 常用乳化液种类**

常用乳化液有 4 种:①DX-1 型皂化液;②502 型皂化液;③植物油皂化液;④线切割专用皂化液。

**(3) 乳化液的配制方法**

乳化液一般是以体积比配制的,即以一定比例的乳化液加水配制而成,浓度根据以下要求决定:

① 加工表面粗糙度和精度要求较高,工件较薄或中厚,配比浓度大些,为 8%~15%。

② 要求切割速度高或大厚度工件,浓度小些,为 5%~8%,以便于排屑。

③ 用蒸馏水配制乳化液,可提高加工效率和表面粗糙度。对大厚度切割,可适当加入洗涤剂,以改善排屑性能,提高加工稳定性。

根据加工使用经验,新配制的工作液切割效果并非最好,使用 20 h 左右,其切割速度、表面质量最好。

**(4) 流量的确定**

高速走丝线切割是靠高速运行的电极丝把工作液带入切缝的,因此工作液不需要多大压力,只要能充分包住电极丝,浇到切割面上即可。

## 11.1.3　编程基础

### 1. 代码与数据

代码和数据的输入形式如下：

- A＊　指定加工锥度，其后接一个十进制数。
- C＊＊＊　加工条件号，如C007，C105。
- D/H＊＊＊　补偿代码，从H000～H099共有100个。可给每个代码赋值，范围为±99 999.999 mm或±9 999.999 9 in。
- G＊＊　准备功能，可指令插补、平面和坐标系等，如G00，G17，G54。
- I＊，J＊，K＊　表示圆弧中心坐标，数据范围为±99 999.999 mm或±9 999.999 9 in，如I5，J10。
- L＊　子程序重复执行次数，后接1～3位十进制数，最多为999次，如L5，L99。
- M＊＊　辅助功能代码，如M00，M02，M05。
- N＊＊＊＊/O＊＊＊＊　程序的顺序号，最多可有10 000个顺序号，如N0000，N9999等。
- P＊＊＊＊　指定调用子程序的序号，如P0001，P0100。
- R　转角功能。后接的数据为所插圆弧的半径，最大为99 999.999 mm。
- SF　变换加工条件中的SF值，其后接一位十进制数。
- T＊＊　表示一部分机床控制功能，如T84，T85。
- X＊，Y＊，Z＊，U＊，V＊，W＊　坐标值代码，指定坐标移动值，数据范围为±99 999.999 mm或±9 999.999 9 in。

### 2. 坐标系

#### (1) 绝对坐标系

所谓绝对坐标系，即每一点的坐标值都是以所选坐标系原点为参考点而得出的值。

#### (2) 增量坐标系

所谓增量坐标系，指当前点的坐标值是以上一个点为参考点而得出的值。

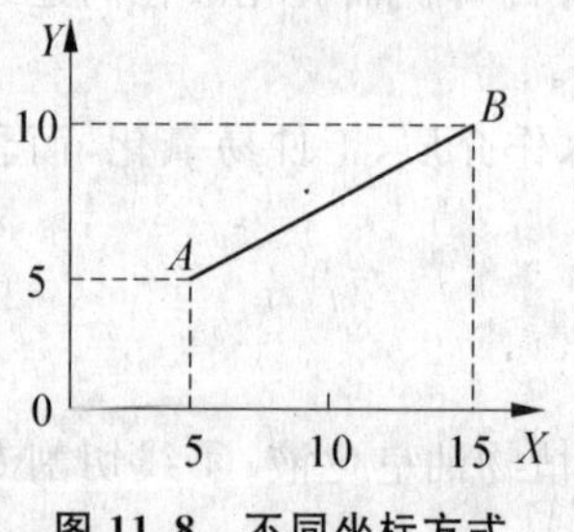

图11.8　不同坐标方式

如图11.8所示，从点$A(5,5)$加工到点$B(15,10)$，不同坐标方式的程序如下：

绝对坐标：G90 G01 X15. Y10.；

增量坐标：G91 G01 X10. Y5.；

### 3. 顺序号

所谓顺序号，就是加在每个程序段前的编号，可以省略。顺序号用N或O开头，后接4位十进制数，以表示各段程序的相对位置，这对查询一个特定程序很方便。使用顺序号有以下两个目的：

① 用做程序执行过程中的编号；

② 用做调用子程序时的标记编号。

### 4. G代码

G代码大体上可分为两种类型：

① 只对指令所在程序段起作用，称为非模态，如G80，G04等。

② 在同组的其他代码出现前，这个代码一直有效，称为模态。在代码一览表 11.5 中，凡“组”栏目有字母的均为模态代码。在后面的叙述中，如无必要，这一类代码均作省略处理，不再说明。

**表 11.5　代码一览表**

| 组 | 代码 | 功　能 | 组 | 代码 | 功　能 |
|---|---|---|---|---|---|
| A | G00 | 快速移动，定位指令 | M | G74 | 四轴联动打开 |
|  | G01 | 直线插补加工指令 |  | G75 | 四轴联动关闭 |
|  | G02 | 顺时针圆弧插补指令 |  | G80 | 移动轴直到接触感知 |
|  | G03 | 逆时针圆弧插补指令 |  | G81 | 移动到机床的极限 |
|  | G04 | 暂停指令 |  | G82 | 移动到原点与现位置的一半处 |
| B | G05 | $X$ 镜像 | N | G90 | 绝对坐标指令 |
|  | G06 | $Y$ 镜像 |  | G91 | 增量坐标指令 |
|  | G07 | $Z$ 镜像 |  | G92 | 指定坐标原点 |
|  | G08 | $X$、$Y$ 交换 |  | I | 圆心 $X$ 坐标 |
|  | G09 | 取消镜像和 $X$、$Y$ 交换 |  | J | 圆心 $Y$ 坐标 |
| C | G11 | 打开跳转(SKIP ON) |  | K | 圆心 $Z$ 坐标 |
|  | G12 | 关闭跳转(SKIP OFF) |  | L*** | 子程序重复执行次数 |
| D | G20 | 英制 |  | P**** | 指定调用子程序号 |
|  | G21 | 公制 |  | M00 | 暂停指令 |
| E | G25 | 回最后设定的坐标系原点 |  | M02 | 程序结束 |
|  | G26 | 图形旋转打开(ON) |  | M05 | 辅助功能代码 |
|  | G27 | 图形旋转关闭(OFF) |  | M98 | 子程序调用 |
| F | G28 | 尖角圆弧过渡 |  | M99 | 子程序结束 |
|  | G29 | 尖角直线过渡 |  | N**** | 程序行号 |
| G | G30 | 取消过切 |  | O**** | 程序号 |
|  | G31 | 加入过切 |  | R | 转角功能 |
| H | G34 | 减速加工 |  | T84 | 打开液泵 |
|  | G35 | 取消减速加工 |  | T85 | 关闭液泵 |
| I | G40 | 取消电极补偿 |  | T86 | 启动走丝机构 |
|  | G41 | 电极左补偿 |  | T87 | 停止走丝机构 |
|  | G42 | 电极右补偿 |  | X | 指定坐标移动值 |
| J | G50 | 取消锥度 |  | Y | 指定坐标移动值 |
|  | G51 | 左锥度 |  | U | 指定坐标移动值 |
|  | G52 | 右锥度 |  | V | 指定坐标移动值 |
| K | G54 | 选择工作坐标系 1 |  | W | 指定坐标移动值 |
|  | G55 | 选择工作坐标系 2 |  | A | 指定加工锥度 |
|  | G56 | 选择工作坐标系 3 |  | C | 加工条件号 |
|  | G57 | 选择工作坐标系 4 |  | D*** | 补偿码 |
|  | G58 | 选择工作坐标系 5 |  | H*** | 补偿码 |
|  | G59 | 选择工作坐标系 6 |  |  |  |
| L | G60 | 上、下异形 OFF |  |  |  |
|  | G61 | 上、下异形 ON |  |  |  |

**(1) G00 指令(定位、移动轴)**

格式：G00 {轴 1}±{数据 1}{轴 2}±({数据 2}；

G00 代码为定位指令，用来快速移动轴。执行此指令后，不加工而移动轴到指定的位置。可以是一轴移动，也可以两轴移动。例如：

```
G00 X+10. Y-20.;
```

轴标志后面的数据如果为正，"+"号可以省略，但不能出现空格或其他字符，否则属于格式错误。这一规定也适用于其他代码。例如：

```
G00 X 10. YA10.;
     ↑    ↑
出错，轴标志和数据间有空格或字符
```

**(2) G01 指令(直线插补加工)**

格式：G01 {轴 1}±{数据 1}{轴 2}±{数据 2}；

用 G01 代码，指令各轴直线插补加工，最多可有 4 个轴标志及数据。例如：

```
G01 X20. Y60.;
```

**(3) G02,G03 指令(圆弧插补加工)**

格式：{平面指定}{圆弧方向}{终点坐标}{圆心坐标}；

用于两坐标平面的圆弧插补加工。平面指定默认值为 *XOY* 平面。G02 表示顺时针方向加工，G03 表示逆时针方向加工。圆心坐标分别用 *I*,*J*,*K* 表示，它是圆心相对于圆弧起点的坐标增量值。

**(4) G04 指令(停歇指令)**

格式：G04 X{数据}；

执行完一段程序后，暂停一段时间，再执行下一程序段。X 后面的数据即为暂停时间，单位为 s，最大值为 99 999.999 s。例如暂停 5.8 s 的程序格式为

公制：G04 X5.8；或 G04 X5800；

英制：G04 X5.8；或 G04 X58000；

**(5) G05,G06,G07,G08,G09 指令(轴镜像，*X*、*Y* 轴交换，取消镜像和交换)**

这组代码仅在自动方式下执行程序时起作用，在手动方式下不起作用。

镜像指令：G05 定义 *X* 轴，G06 定义 *Y* 轴，G07 定义 *Z* 轴。

这里所说的镜像，是将原程序中镜像轴的值变号后所得到的图形。例如在 *XOY* 平面，*X* 轴镜像是将 *X* 值变号后所得到的图形，它实际上是原图形关于 *Y* 轴的对称图形。这与几何中镜像的概念是不同的。

G08：图形 *X*、*Y* 轴交换，即将程序中的 *X* 与 *Y* 值互换后所得到的图形。

G09：取消图形镜像，取消 *X*、*Y* 轴交换。

**(6) G40,G41,G42 指令(补偿和取消电极补偿)**

格式：G41 H *** ；

如图 11.9 所示 G41 为电极左补偿，G42 为电极右补偿。它是在电极运行轨迹的前进方

向上,向左(或者向右)偏移一定量,偏移量由 H ∗∗∗ 确定。G40 为取消电极补偿。

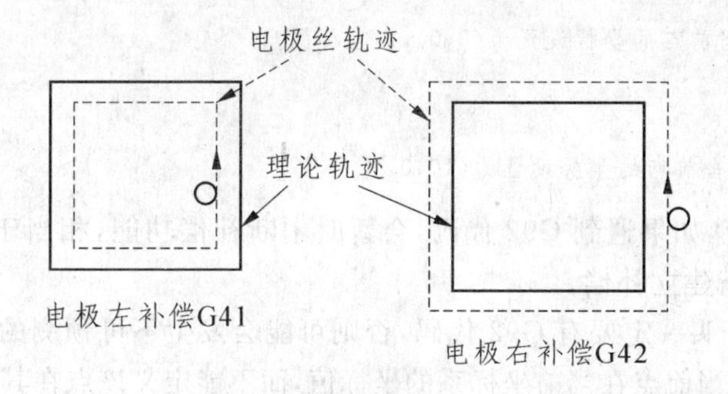


图 11.9　补偿和取消补偿

补偿值(D,H)较常用的是 H 代码,从 H000～H099 共有 100 个补偿码,它存于 offset. sys 文件中,开机即自动调入内存。可通过赋值语句 H ∗∗∗ ＝________赋值,范围为 0～99 999 999。

**(7) G50,G51,G52 指令(锥度加工和取消锥度)**

所谓锥度加工(Taper 式倾斜加工),指电极丝向指定方向倾斜指定角度的加工。

G50:取消锥度。

G51:锥度左倾斜(沿电极丝行进方向,向左倾斜)。

G52:锥度右倾斜(沿电极丝行进方向,向右倾斜)。

**(8) G54,G55,G56,G57,G58,G59 指令(工作坐标系 1～6)**

这组代码用来选择工作坐标系,从 G54～G59 共有 6 个坐标系可选择,以方便编程。这组代码可以与 G90,G91,G92 等一起使用。

**(9) G60,G61 指令(上、下异形)**

根据要求可加工上、下面不同形状的工件。G60 为上、下异形关闭,G61 为上、下异形打开。在上、下异形打开时,不能用 G74,G75,G50,G51 和 G52 等代码。上、下形状代码的区分符为":",":"左侧为下面形状,":"右侧为上面形状。程序举例:

```
G92 X0 Y0 U0 V0;
C010 G61;
G01 X0 Y10.         :G01 X0 Y10.;
G02 X-10. Y20. J10.:G01 X-10. Y20.;          下面是 φ20 的圆,上面是其内接正方形
    X0 Y30. I10.    :    X0 Y30.;
    X10. Y20. J-10.:     X10.Y20.;
    X0 Y10. I-10.   :    X0 Y10.;
G01 X0 Y0           :G01 X0 Y0;
G60;
M02;
```

**(10) G90(绝对坐标指令)、G91(增量坐标指令)**

G90:绝对坐标指令,即所有点的坐标值均以坐标系的零点为参考点。

G91:增量坐标指令,即当前点坐标值是以上一点为参考点得出的。

**(11) G92(设置当前点的坐标值)**

G92 指令把当前点的坐标设置为需要的值。

例如

G92 X0 Y0； 把当前点的坐标设置为(0,0)，即坐标原点

又如

G92 X10 Y0； 把当前点的坐标设置为(10,0)

① 在补偿方式下，如果遇到 G92 代码，会暂时中断补偿功能，相当于撤销一次补偿，执行下一段程序时，再重新建立补偿。

② 每个程序的开头一定要有 G92 代码，否则可能会发生不可预测的错误。

③ G92 只能定义当前点在当前坐标系的坐标值，而不能定义该点在其他坐标系的坐标值。

### 5. M 代码

**(1) M00 指令(暂停指令)**

执行 M00 代码后，程序运行暂停。它的作用与单段暂停作用相同，按下 Enter 键后，程序接着运行。

**(2) M02(程序结束)**

M02 代码是整个程序结束命令，其后的代码将不被执行。执行 M02 代码后，所有模态代码的状态都将被复位，然后接受新的命令以执行相应的动作。也就是说，上一个程序的模态代码不会对下一个执行程序构成影响。

**(3) M05(忽略接触感知)**

M05 代码只在本程序段有效，而且只忽略一次。当电极与工件接触时，要用此代码才能把电极移开。如电极与工件再次接触，须再次使用 M05。

**(4) M98(子程序调用)**

格式：M98 P**** L***；

M98 指令使程序进入子程序，子程序号由 P**** 给出，子程序的循环次数则由 L*** 确定。

**(5) M99(子程序结束)**

M99 是子程序的最后一个程序段。它表示子程序结束，返回主程序，继续执行下一个程序段。

### 6. C 代码

C 代码用在程序中选择加工条件，格式为 C***，C 与数字之间不能有其他字符，数字也不能省略，不够 3 位用“0”补齐，如 C005。加工条件的各个参数显示在加工条件显示区域中，加工进行中可随时更改。

### 7. T 代码

**(1) T84，T85 指令(打开、关闭液泵)**

T84 为打开液泵指令，T85 为关闭液泵指令。

**(2) T86，T87 指令(走丝机构启动、停止)**

T86 为启动走丝机构，T87 为停止。

### 8. 子程序

在加工中，往往有相同的工作步骤，将这些相同的步骤编成固定的程序，在需要的地方调

用，那么整个程序将会简化和缩短。调用固定程序的程序称为主程序，这个固定程序称为子程序，并以程序开始的序号来定义子程序。当主程序调用子程序时，只需指定它的序号，并将此子程序当作一个单段程序来对待。

主程序调用子程序的格式：M98 P∗∗∗∗ L∗∗∗；

其中：P∗∗∗∗为要调用的子程序序号；L∗∗∗为子程序调用次数。如果L∗∗∗省略，那么此子程序只调用一次，如果为"L0"，那么不调用此子程序。子程序最多可调用999次。

子程序的格式：N∗∗∗∗ ……；

(程序)

M99；

子程序以M99作为结束标志。当执行到M99时，返回主程序，继续执行下面的程序。

在主程序调用的子程序中，也可以再调用其他子程序，它的处理与主程序调用子程序相同。

**9. 程序举例**

**(1) G01指令(直线插补加工)**

格式：G01 {轴1}±{数据1} {轴2}±{数据2}；

**(2) G40，G41，G42指令(补偿和取消补偿)**

格式：G41 H∗∗∗ ；

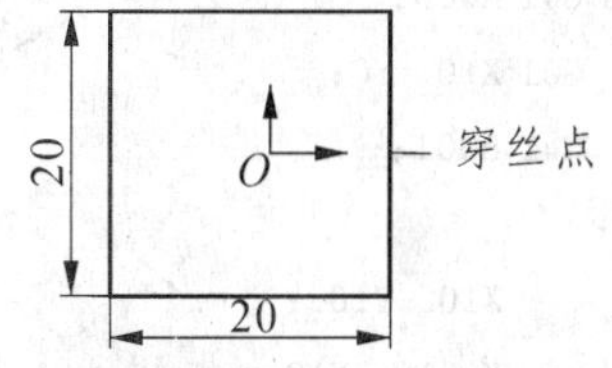

**图11.10 确定坐标系和加工起点**

[**例11.1**] 以图11.10为例编写一个无偏移量、无锥度凸模工件的加工程序。编程前先根据编程和装夹需要确定坐标系和加工起点。程序代码如下：

```
H005 = 0;                                给变量赋值，H005代表暂停时间
T84 T86                                  开液泵，开丝筒
G54 G90 G92 X15. Y0 U0 V0;               选工作坐标系、绝对坐标，设加工起点坐标
C007;                                    选加工条件
G01 X11. Y0;G04 X0 + H005;               进刀线
C003;                                    更换为正式加工条件
G01 X10. Y0;G04 X0 + H005;               切入点，加工到尺寸后暂停0 s
    X10. Y10.;G04 X0 + H005;             加工直线，加工到尺寸后暂停0 s
    X-10. Y10.;G04 X0 + H005;            加工直线，加工到尺寸后暂停0 s
    X-10. Y-10.;G04 X0 + H005;           加工直线，加工到尺寸后暂停0 s
    X10. Y-10.;G04 X0 + H005;            加工直线，加工到尺寸后暂停0 s
    X10. Y0;G04 X0 + H005;               加工直线，加工到尺寸后暂停0 s
G01 X11. Y0;                             退刀线
M00;                                     暂停
C007;                                    更换为初始加工条件
G01 X15. Y0;G04 X0 + H005;               退回穿丝点
T85 T87 M02;                             关液泵、关丝筒，程序结束
```

[**例11.2**] 以图11.11为例编写一个有偏移量、无锥度凹模工件的加工程序。编程前先根据编程和装夹需要确定坐标系和加工起点。程序代码如下：

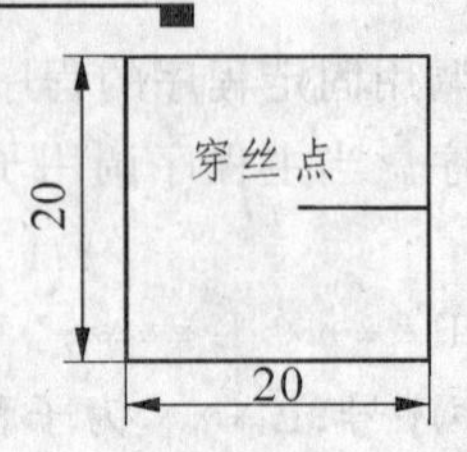


图 11.11 确定坐标系和加工起点

```
H000 = 0 H001 = 110;              给变量赋值,H001 代表偏移量
T84 T86                           开液泵,开丝筒
G54 G90 G92 X0 Y0 U0 V0;          选工作坐标系、绝对坐标,设加工起点坐标
C007;                             起始加工条件
G01 X9. Y0;                       进刀线
G41 H000;                         设置偏移模态,左偏,表示要从零开始加偏移
C001;                             更换为正式加工条件
G41 H000;                         设置偏移模态,右偏,表示要从零开始加偏移
G01 X10. Y0;                      切入点
G41 H001;                         程序执行到此表示偏移已加上,其后的运动都是
                                  以带偏移的方式来加工
    X10. Y10.;                    加工直线
    X-10. Y10.;                   加工直线
    X-10. Y-10.;                  加工直线
G40 H000 G01 X9. Y0;              在退刀线上取消偏移,退到起点
M00;                              暂停
C007;                             更换为起始加工条件
G01 X15. Y0;                      退回穿丝点
T85 T87 M02;                      关液泵、关丝筒,程序结束
```

# 11.2 典型零件加工范例

## 11.2.1 图 纸

零件加工尺寸如图 11.12 所示。

## 11.2.2 评分标准

评分标准如表 11.6 所列。

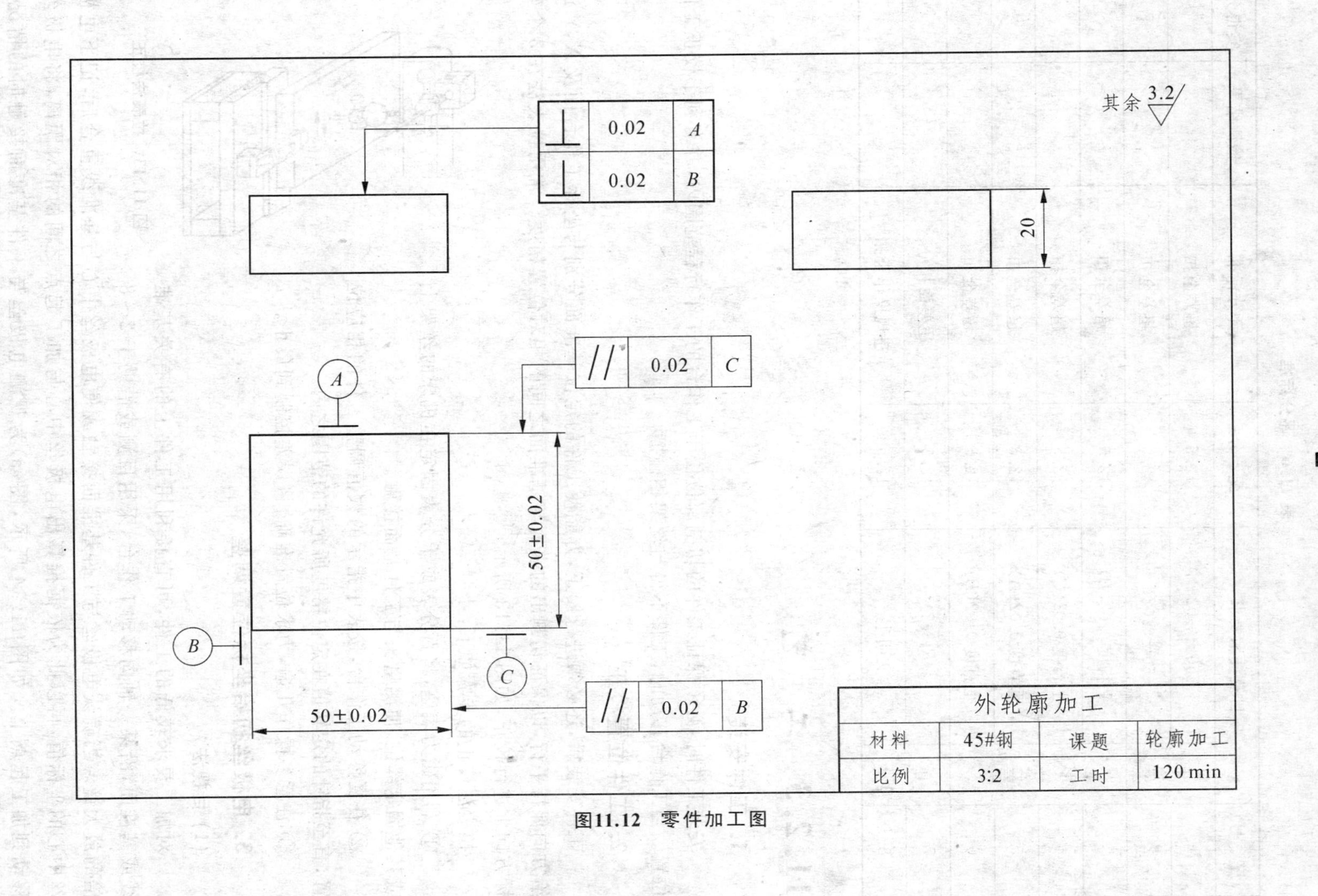
其余 3.2
0.02 A
0.02 B
20
0.02 C
A
50±0.02
B
C
0.02 B
50±0.02
外轮廓加工
材料 45#钢 课题 轮廓加工
比例 3:2 工时 120 min

图11.12 零件加工图

表 11.6　评分标准

| 序　号 | 项目及技术要求 | | 配　分 | 评分标准 | 检测结果 | 实得分 |
|---|---|---|---|---|---|---|
| 1 | 尺寸公差 | 50±0.02 | 12.5 | 超差全扣 | | |
| 2 | | 50±0.02 | 12.5 | 超差全扣 | | |
| 3 | 形位公差 | 平行度 0.02(*B*) | 12.5 | 超差全扣 | | |
| 4 | | 平行度 0.02(*C*) | 12.5 | 超差全扣 | | |
| 5 | | 垂直度 0.02(*A*) | 12.5 | 超差全扣 | | |
| 6 | | 垂直度 0.02(*B*) | 12.5 | 超差全扣 | | |
| 7 | 其他 | $R_a$3.2 | 12.5 | 超差面扣分 | | |
| 8 | | 文明生产 | 12.5 | 违规操作全扣 | | |

## 11.2.3　工　艺

### 1. 工件安装

安装工件时，必须保证工件的切割部位位于工作台的工作行程范围内，并有利于校正工件位置。当工作台移动时，工件不得与丝架相碰撞。

### 2. 工件位置校正

工件安装后，还必须进行校正，方能使工件的定位基准面分别与坐标工作台面及 *X*，*Y* 进给方向保持平行，以保证切割出的表面与基准面之间的相对位置精度。常用拉表法在 3 个坐标方向上进行校正，如图 11.13 所示。

拉表法校正的步骤如下：

① 利用磁力表座，将百分表或千分表固定在机床的丝架上或其他固定部位，使测量头与工件基面接触。

② 往复移动工作台，按表中指示的数值调整工件的相应位置，直至指针的定转值在定位精度所允许的范围之内。

③ 注意多操作几遍，力求位置准确，将误差控制到最小。

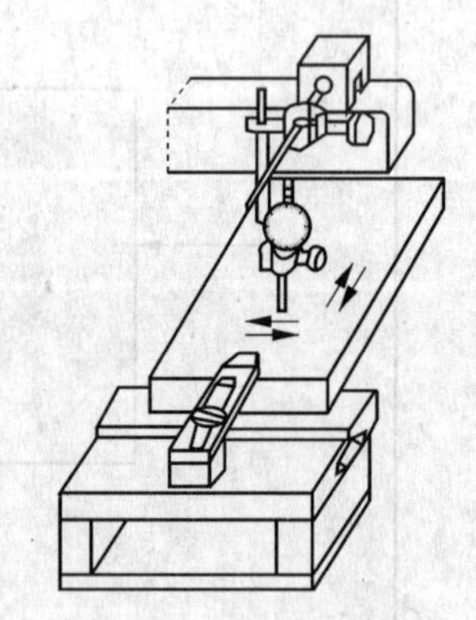

图 11.13　拉表法校正

### 3. 电极丝初始坐标位置调整

#### (1) 目视法

对加工要求较低的工件，可直接利用工件上的有关基准线或基准面，沿某一轴向移动工作台，采用目测或借助于 2～8 倍的放大镜。当确认电极丝与工件基准面接触或使电极丝中心与基准线重合后，记下电极丝中心的坐标值，再以此为依据推算出电极丝中心与加工起点之间的相对距离，将电极丝移动到加工起点上。如图 11.14 所示，图(a)为观测电极丝与工件基准面接触时的情况；图(b)为观测电极丝中心与穿丝孔处划出的十字基准线在纵、横两个方向上分别重合时的情况。

**注 意** 操作前应将工件基准面清理干净,不能有氧化皮、油污和工作液等。

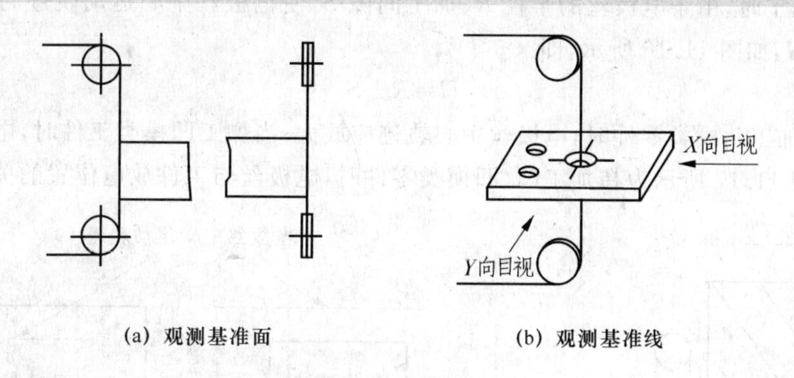


(a) 观测基准面　　(b) 观测基准线

图 11.14 目测法

**(2) 接触感知法**

目前,数控线切割机床都具有接触感知功能,用于电极丝定位最为方便。此功能是利用电极丝与工件基准面由绝缘到短路的瞬间,两者间电阻值突然变化的特点来确定电极丝接触到了工件,并在接触点自动停下来,显示该点的坐标,即为电极丝中心的坐标值,如图 11.15 所示。首先启动 $X$(或 $Y$)方向接触感知,使电极丝向工件基准面运动并感知到基准面,记下该点坐标,据此算出起点的 $X$(或 $Y$)坐标;再用同样的方法得到加工起点的 $X$(或 $Y$)坐标;最后将电极丝移动到加工起点。

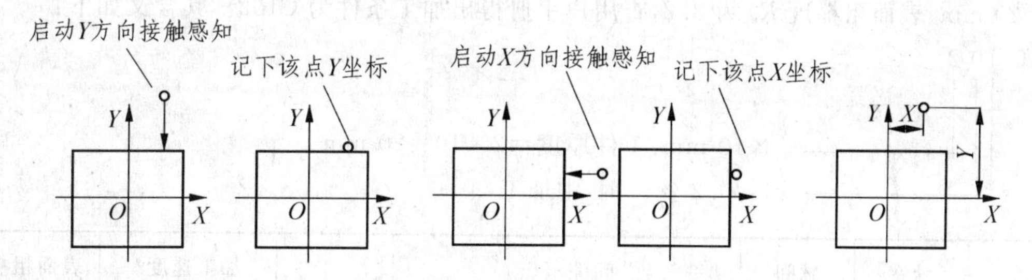


图 11.15 接触感知法

### 4. 程序输入与运行

线切割机床的所有功能一般均安排在几种模式下实现,通过在各模式间切换,输入加工程序并装入内存。执行程序前,先将程序模拟运行一遍,以检验程序的运行状况,避免实际加工后造成不良后果,然后按 Enter 键即可执行所输入的程序,加工零件。

### 5. 零件检验

加工结束,卸下零件,用相应测量工具检测有关加工参数。

## 11.2.4 编 程

加工设备选用北京阿奇夏米尔公司的数控电火花高速走丝线切割机床 FW1。

### 1. 电极丝轨迹的确定

在切割加工时，由于电极丝的半径 $R$、加工间隙 $S$，使电极丝中心运动轨迹与给定图线相差的距离为 $H$，如图 11.16 所示，即

$$H=R+S$$

这样，当加工凸模类零件时，电极丝中心轨迹应放大；当加工凹模类工件时，电极丝中心轨迹应缩小。图 11.17 所示为在加工凸、凹模类零件时，电极丝与工件放电位置的关系。

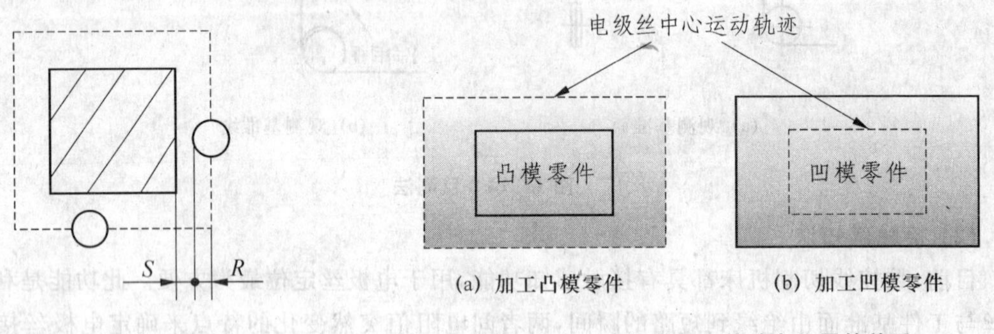


图 11.16 切割加工　　图 11.17 电极丝与工件放电位置的关系

### 2. 确定加工条件及偏移量

① 根据工件的材料、厚度、表面粗糙度查工艺参数表确定加工条件，材料为 Cr12、工件厚度为 20 mm、表面粗糙度 $R_a$ 为 3.2，查用户手册得出加工条件为 C102。其含义如下：

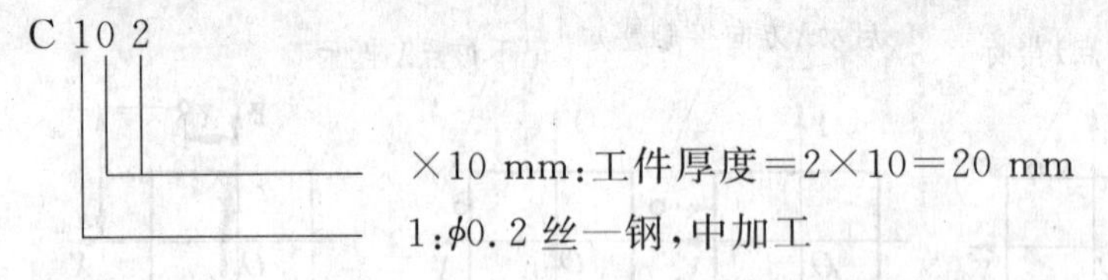


| 参数号 | 脉宽 NO | 脉间 OFF | 功率管数 IP | 间隙电压 SV | 波形 GP | 电压 $V$/V | 加工速度/ ($mm^2 \cdot min^{-1}$) | 表面粗糙度 $R_a/\mu m$ |
|---|---|---|---|---|---|---|---|---|
| C102 | 08 | 05 | 3.0 | 03 | 00 | 00 | 25 | 2.9 |

② 根据钼丝半径、放电间隙确定偏移量，并确定补偿方向。放电间隙通常为 0.01 mm，偏移量为

$$偏移量＝钼丝半径＋放电间隙＝0.1＋0.01＝0.11\ mm$$

### 3. 确定装夹方案及加工起点

确定装夹方案及加工起点是为了合理选择加工路线。加工工件时，应将工件与其夹持部分分割的线段安排在切割总程序的末端，目的是减小工件材料内部残余应力对加工的影响，如图 11.18 所示。

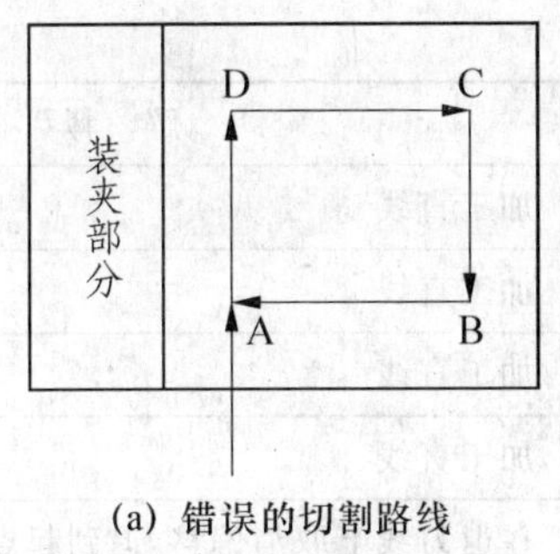


(a) 错误的切割路线

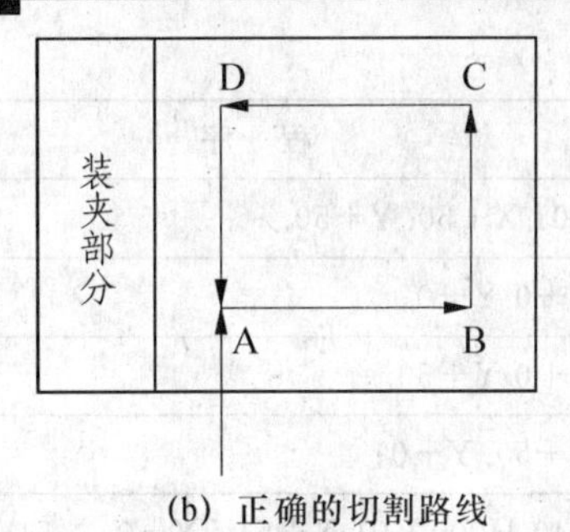


(b) 正确的切割路线

**图 11.18　选择加工路线**

图 11.18(a)所示的切割路径是 O→A→D→C→B→A→O 切割完第一段 A→D 线段后，继续加工时，由于原来主要连接部位被割离，余下材料与夹持部分连接较少，工件刚度下降，容易发生变形，影响加工精度。选择图 11.18(b)所示的切割路线 O→A→B→C→D→A→O，则可避免上述问题。

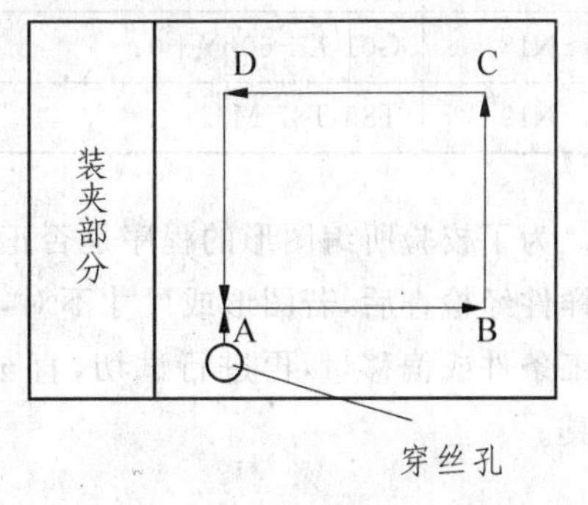


**图 11.19　最佳方案**

采用由内向外顺序切割路线如图 11.19 所示。图中应为选择切割起始点和切割路线的最佳方案，因为这样电极丝不由坯件的外部切入，而是将切割起始点取在坯件预制的穿丝孔中。这样，坯件材料不被分割，大大提高工件的夹持刚性，减少工件的变形。

## 4. 确定工件原点，计算坐标点，编写程序

程序卡如表 11.7 所列。

**表 11.7　程序卡**

| 行　号 | 程　序 | 解　释 |
|---|---|---|
| | O1； | 程序名 |
| N1 | H000＝0 H001＝110 ； | 给变量赋值，H001 代表偏移量 |
| N2 | T84 T86； | 打开冷却液泵，启动走丝机构 |
| N3 | G54 G90 G92 X＋60. Y＋0； | 选工作坐标系、绝对坐标，设加工起点坐标 |
| N4 | C007； | 起始加工条件 |
| N5 | G01 X＋51. Y＋0； | 进刀线 |
| N6 | G42 H000； | 设置偏移模态，右偏，表示要从零开始加偏移 |
| N7 | C102； | 更换为正式加工条件 |
| N8 | G42 H000； | 设置偏移模态，右偏，表示要从零开始加偏移 |
| N9 | G01 X＋50. Y＋0； | 切入点 |
| N10 | G42 H001； | 程序执行到此表示偏移已加上，其后的运动都是以带偏移的方式来加工 |

续表 11.7

| 行　号 | 程　序 | 解　释 |
|---|---|---|
| N11 | G01 X+50. Y+50.； | 加工直线 |
| N12 | X+0 Y+0； | 加工直线 |
| N13 | X+0 Y+50.； | 加工直线 |
| N14 | X+50. Y+0； | 加工直线 |
| N15 | G40 H000 G01 X+51. Y+0 | 在退刀线上取消偏移，退到起点 |
| N16 | M00； | 暂停 |
| N17 | C007； | 更换加工条件 |
| N18 | G01 X+60. Y+0； | 退回穿丝点 |
| N19 | T85 T87 M02； | 关液泵，关丝筒，程序结束 |

为了校验所编图形的程序是否正确，尺寸是否符合要求，通常需要试切一个样件。所切出的样件经检查后，若图形或尺寸不对，则首先应检查程序是否有错误；若程序无误，则适当调整加工条件或偏移量，再进行试切，直至切割出的样件形状和尺寸均符合要求，才能正式切割模具。

# 实训作业

1. 加工外接圆直径为 50 mm 的八方形凸模工件，材料为 Cr12，毛坯为 100×100×20，表面粗糙度 $R_a$ 为 4.0。

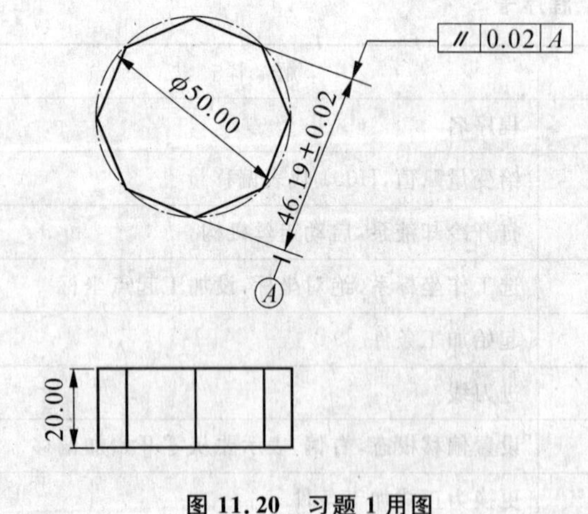


图 11.20　习题 1 用图

(1) 工件技术要求分析。

(2) 确定加工条件及偏移量。

(3) 确定工件的定位、装夹方案及加工起点。

(4) 确定工件原点，进行数值计算，确定坐标点。

(5) 填写程序单，并作简要说明。

2. 完成以下任务：

(1) 记录机床操作流程。

(2) 记录加工过程中的放电参数。

(3) 记录零件检验流程并就零件加工中的尺寸公差与表面粗糙度可能出现的问题进行分析。

# 第 12 章　内轮廓加工

## 课题名称　内轮廓加工

## 课题目标

本课题采用夹具装夹进行工件内轮廓的加工，掌握内轮廓加工参数的选择，并保证精度。

## 课题重点

☆ 夹具的正确使用。
☆ 工件坐标系原点的合理建立。
☆ 加工过程中工件装夹的分析。
☆ 工件加工中的编程。
☆ 工件的测量。
☆ 根据钼丝直径及材料选用放电参数。

## 实训资源

实训资源如表 12.1 所列。

**表 12.1　实训资源**

| 资源序号 | 资源名称 | 备　注 |
|---|---|---|
| 1 | 数控高速电火花线切割机床 FW1 | 北京阿奇夏米尔工业电子有限公司 |
| 2 | 内六角扳手 | 安装压板用 |
| 3 | 钼丝(ϕ0.20) | |
| 4 | 等高垫铁 | |
| 5 | 百分表 | |
| 6 | 图纸(含评分标准) | |
| 7 | 游标卡尺 | |
| 8 | 千分尺 | |
| 9 | 材料(Cr12) | 70×40×20 |
| 10 | 机床参考书和系统使用手册 | |

**注意事项**

1. 数控机床属于精密设备，未经许可严禁进行尝试性操作。观察操作时必须戴护目镜且站在安全位置，并关闭防护挡板。

2. 工件必须装夹稳固。

3. 严格按照教师给定的加工参数加工。

4. 加工中禁止用手触摸工件及电极丝。

# 12.1　编程基础

## 12.1.1　指令格式

格式：{平面指定}{圆弧方向}{终点坐标}{圆心坐标}；

用于两坐标平面的圆弧插补加工。平面指定默认值为 *XOY* 平面。G02 表示顺时针方向加工，G03 表示逆时针方向加工。圆心坐标分别用 *I*，*J*，*K* 表示，它是圆心相对于圆弧起点的坐标增量值。

例如：

```
G17 G90 G54 G00 X10. Y20.;
C001 G02 X50. Y60. I40.;
G03 X80. Y30. I20.;
```

其中，*I* 和 *J* 有一个为零时可以省略，如此例中的 J0，如图 12.1所示。但不能都为零、都省略，否则会出错。

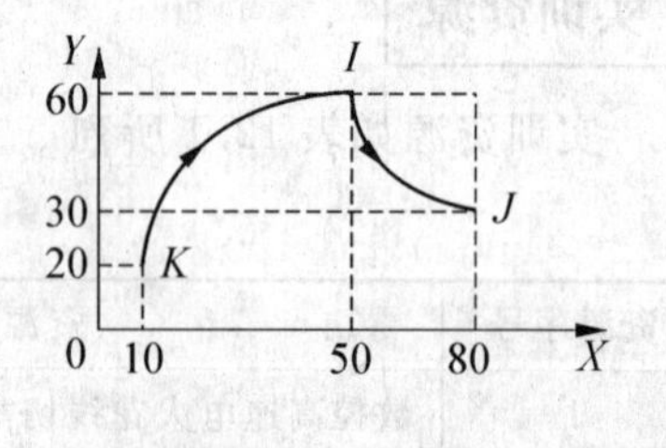


**图 12.1　编　程**

## 12.1.2　程序举例

［**例 12.1**］　编写圆弧加工程序，加工一个直径为 20 mm的圆柱。

```
H000 = 0 H001 = 110;
H005 = 0;
T84 T86 G54 G90 G92 X0 Y0 U0 V0;
C007;
G01 X9. Y0;G04 X0+H005;
G42 H000;
C003;
G42 H000;
G01 X10. Y0;G04 X0+H005;

G42 H001;
G02 X-10. Y0I-10.J0;G04 X0+H005;     顺时针加工圆弧，X，Y 为终点坐标，I，J 圆心坐标
X10. Y0 I10. J0;G04 X0 +H005;        顺时针加工圆弧，X，Y 为终点坐标，I，J 圆心坐标
G40 H000 G01 X9. Y0;
```

```
M00;
C007;
G01 X0 Y0;G04 X0 + H005;
T85 T87 M02;
```

[例 12.2] 以图 12.2 所示图形为例编制一个加工程序。编程前先根据编程和装夹需要确定坐标系和加工起点。本例编程坐标系和加工起点确定如图 12.3 所示。

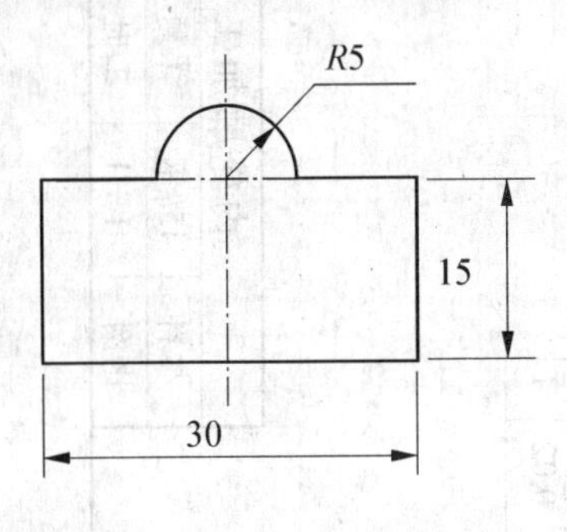


图 12.2 例题图形

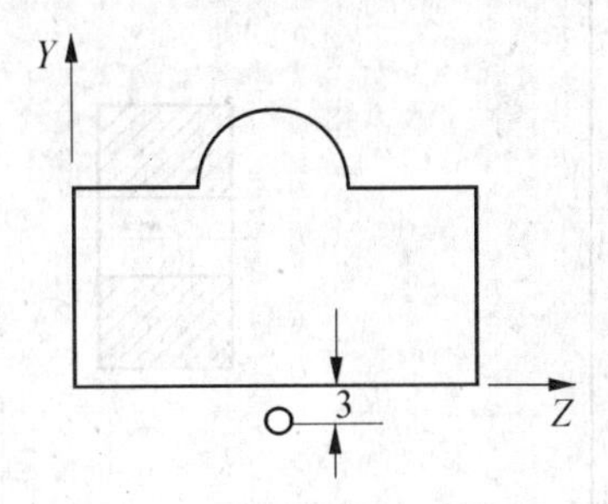


图 12.3 编程坐标系和加工起点确定

程序结构及注释如下：

```
H000 = 0 H001 = 110;                给变量赋值,H001 代表偏移量
T84 T86;                            开液泵,开丝筒
G54 G90 G92 X15.Y - 3.U0 V0;        选工作坐标系、绝对坐标,设加工起点坐标
C005;                               选加工条件
G42 H000;                           设置偏移模态,右偏,表示要从零开始加偏移
G01 X15. Y0;                        进刀线
G42 H001;                           程序执行到此表示偏移已加上,其后的运动都是
                                    以带偏移的方式来加工
G01 X30. Y0;                        加工直线
        Y15.;                       加工直线,模态、坐标不变时可省略
        X20.;
G03 X10. Y15. I - 5. J0;            加工圆弧,逆时针,终点坐标为(10,15),圆心
                                    相对于起点的坐标为( - 5,0)
G01 X0 Y15.;                        加工直线
      Y0;
      X15.;
G40 H000(G50 A000) G01 X15. Y - 3.; 在退刀线上取消偏移,退到起点
T85 T87 M02;                        关液泵,关丝筒,程序结束
```

# 12.2 典型零件加工范例

## 12.1.1 图 纸

零件加工尺寸如图 12.4 所示。

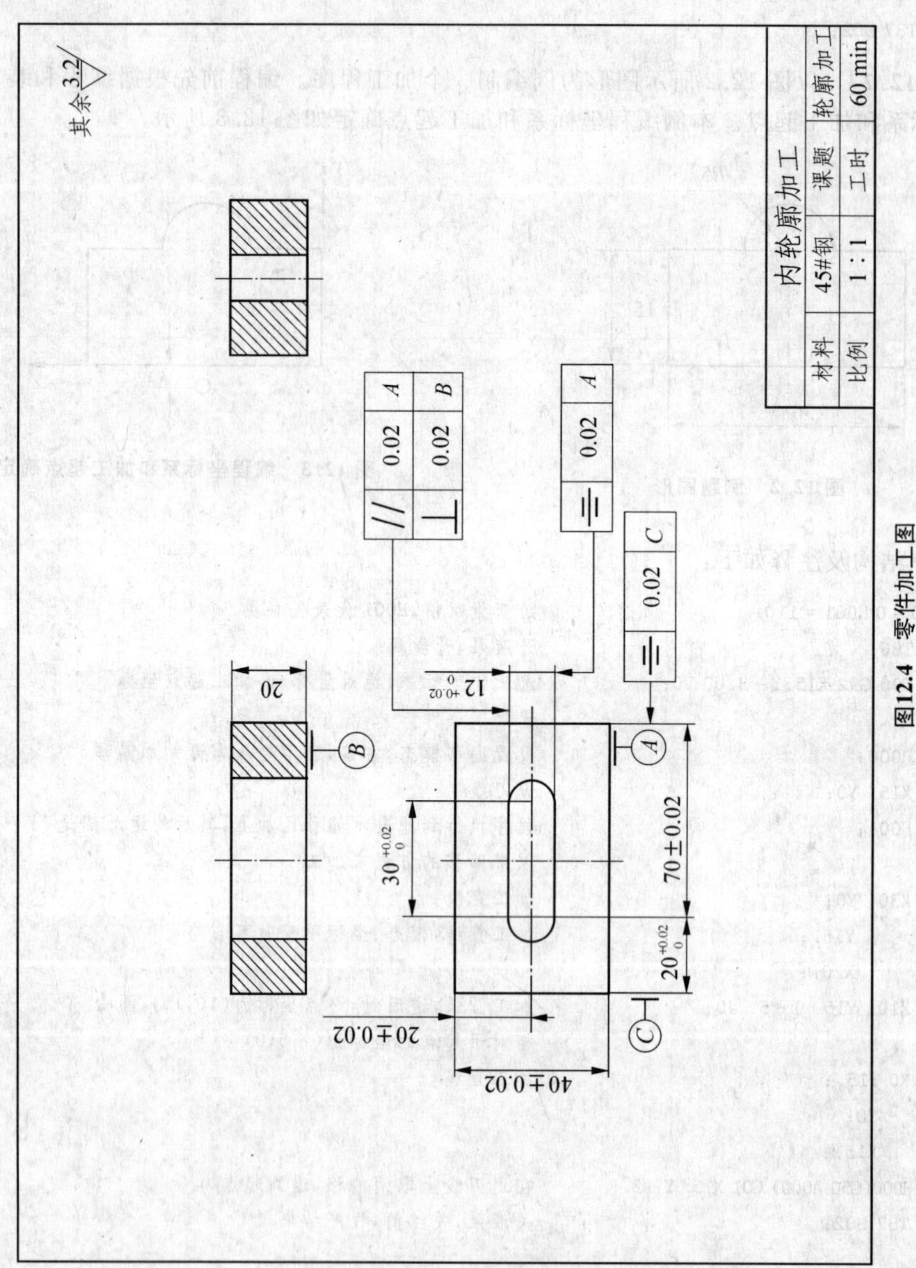

其余 3.2
内轮廓加工
材料
45#钢
课题
轮廓加工
比例
1 : 1
工时
60 min
0.02 A
0.02 B
0.02 A
0.02 C
A
B
C
20
12 +0.02 0
30 +0.02 0
70±0.02
20 +0.02 0
20±0.02
40±0.02


图12.4　零件加工图

## 12.2.2　评分标准

评分标准如表 12.2 所列。

表 12.2　评分标准

| 序号 | 项目及技术要求 | | 配　分 | 评分标准 | 检测结果 | 实得分 |
|---|---|---|---|---|---|---|
| 1 | 尺寸公差 | $20\pm0.02$ | 10 | 超差全扣 | | |
| 2 | | $12^{+0.02}_{0}$ | 10 | 超差全扣 | | |
| 3 | | $20^{+0.02}_{0}$ | 10 | 超差全扣 | | |
| 4 | | $30^{+0.02}_{0}$ | 10 | 超差全扣 | | |
| 5 | 形位公差 | 平行度 0.02(*A*) | 10 | 超差全扣 | | |
| 6 | | 对称度 0.02(*A*) | 10 | 超差全扣 | | |
| 7 | | 对称度 0.02(*C*) | 10 | 超差全扣 | | |
| 8 | | 垂直度 0.02(*B*) | 10 | 超差全扣 | | |
| 9 | 其他 | $R_a3.2$ | 10 | 超差面扣分 | | |
| 10 | | 文明生产 | 10 | 违规操作全扣 | | |

## 12.2.3　工　艺

### 1. 打底孔

在工件的中心位置加工一个穿丝孔，作为穿丝点和退出点。

### 2. 工件的安装

安装工件时，必须保证工件的切割部位位于工作台的工作行程范围内，并有利于校正工件位置。工作台移动时，工件不得与丝架相碰撞。

### 3. 工件位置的校正

工件安装后，还必须进行校正，方能使工件的定位基准面分别与坐标工作台面及 *X*、*Y* 进给方向保持平行，从而保证切割出的表面与基准面之间的相对位置精度。常用拉表法在 3 个坐标方向上进行，力求位置准确，将误差控制到最小。

### 4. 确定加工条件及偏移量

根据工件的材料、厚度、表面粗糙度等查工艺参数表确定加工条件；根据钼丝半径、放电间隙确定偏移量，并确定补偿方向。放电间隙通常为 0.01 mm，偏移量为

$$偏移量=钼丝半径+放电间隙=0.1+0.01=0.11\ mm$$

### 5. 程序输入与运行

线切割机床的所有功能一般均安排在几种模式下实现，通过在各模式间切换，输入加工程序并装入内存。执行程序前，先将程序模拟运行一遍，以检验程序的运行状况，避免实际加工后造成不良后果；然后按 Enter 键即可执行所输入的程序，加工零件。

### 6. 零件检验

加工结束，卸下零件，用相应测量工具检测有关加工参数。

## 12.2.4 编　程

### 1. 电极丝初始坐标位置调整

#### (1) 合理选择加工路线

应将工件与其夹持部分分割的线段安排在切割总程序的末端，目的是减小工件材料内部残余应力对加工的影响。

#### (2) 电极丝初始坐标位置的确定

利用数控机床的自动找中心功能，确定穿丝孔的中心位置，作为电极丝的起始位置，即让工件孔中的电极丝自动找正后停止在孔中心处实现定位。

具体方法：移动工作台至穿丝孔的位置，穿好电极丝后，在机床的手动界面启动找中心功能，工作台将自动沿 X 轴方向移动，使电极丝与一侧孔壁相接触短路，数控系统自动记下坐标值 $x_1$，工作台再自动反向移动至孔壁另一侧，记下相应坐标值 $x_2$；同理，也可得到 $y_1$ 和 $y_2$。经过数控系统的内部运算，得出基准孔中心的坐标位置为 $[(|x_1|+|x_2|)/2,\ (|y_1|+|y_2|)/2]$ 后，电极丝中心自动移至该位置即可定位，如图 12.5 所示。

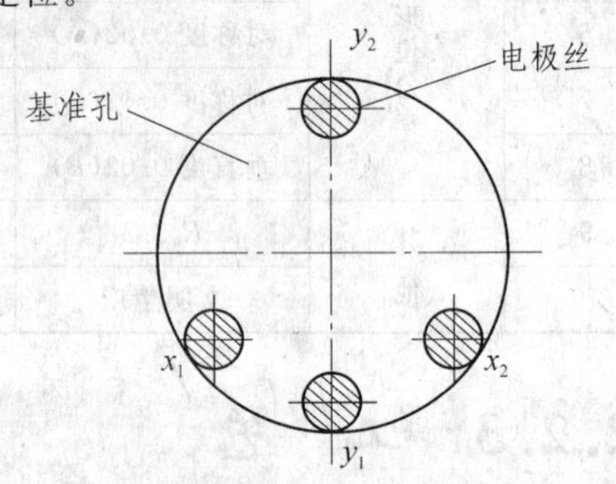


图 12.5　自动找中心

### 2. 参考程序

程序卡如表 12.3 所列。

表 12.3　程序卡

| 行　号 | 程　序 | 解　释 |
|---|---|---|
| | O2; | 程序名 |
| N1 | H000=0　H001=110; | 给变量赋值，H001 代表偏移量 |
| N2 | T84 T86; | 打开冷却液泵，启动走丝机构 |
| N3 | G54 G90 G92 X+20. Y+20; | 选工作坐标系，绝对坐标，设加工起点坐标 |
| N4 | C007; | 起始加工条件 |
| N5 | G01 X+11. Y+20.; | 进刀线 |
| N6 | G42 H000; | 设置偏移模态，右偏，表示要从零开始加偏移 |
| N7 | C102; | 更换为正式加工条件 |
| N8 | G42 H000; | 设置偏移模态，右偏，表示要从零开始加偏移 |
| N9 | G01 X+10. Y+20.; | 切入点 |

续表 12.3

| 行　号 | 程　序 | 解　释 |
|---|---|---|
| N10 | G42 H001; | 程序执行到此表示偏移已加上，其后的运动都是以带偏移的方式来加工 |
| N11 | G02 X+20. Y+30. I+10 J+0; | 顺时针加工圆弧 |
| N12 | G01 X+50. Y+30.; | 加工直线 |
| N13 | G02 X+50. Y+10. I+0 J-10.; | 顺时针加工圆弧 |
| N14 | G01 X+20. Y+10.; | 加工直线 |
| N15 | G02 X+10. Y+20. I+0 J+10.; | 顺时针加工圆弧 |
| N16 | G40 H00 G01 X11. Y+20.; | 在退刀线上取消偏移，退到起点 |
| N17 | M00; | 暂停 |
| N18 | C007; | 更换加工条件 |
| N19 | G01 X+20. Y+20.; | 退回穿丝点 |
| N20 | T85 T87 M02; | 关液泵，关丝筒，结束程序 |

为了校验所编图形的程序是否正确，尺寸是否符合要求，通常需要试切一个样件。所切出的样件经检查后，若图形或尺寸不对，则首先应检查程序是否有错误；若程序无误，则适当调整加工条件或偏移量，再进行试切，直至切割出的样件形状和尺寸均符合要求，才能正式切割模具。

# 实训作业

按图 12.6 所示图形编制加工程序，起切点、切割方向如图。要求：带偏移不带锥度，切成凹模，坐标系、加工条件、偏移量自定。同时，完成下列任务：

(1) 记录机床操作流程。

(2) 记录加工过程中的放电参数。

(3) 记录零件检验流程并就零件加工中的尺寸公差与表面粗糙度可能出现的问题进行分析。

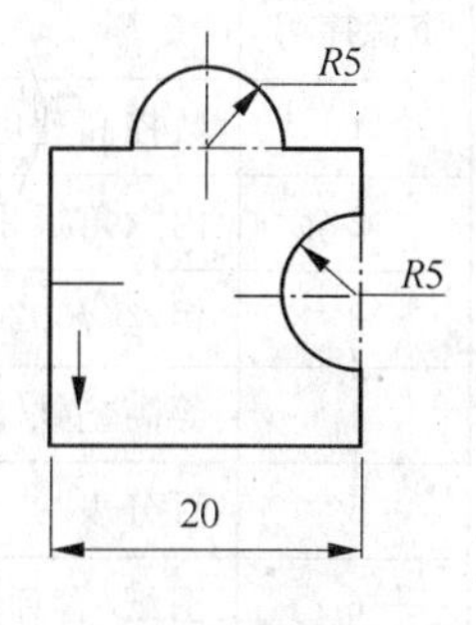


图 12.6　习题用图

# 第 13 章　复合轮廓加工

## 课题名称　复合轮廓加工

## 课题目标

本课题采用夹具装夹进行工件的内、外轮廓加工，掌握复杂零件加工参数的选择，并保证精度。

## 课题重点

☆ 夹具的正确使用。

☆ 工件坐标系原点的合理建立。

☆ 加工过程中工件装夹的分析。

☆ 工件加工中的编程。

☆ 工件的测量。

☆ 根据钼丝直径及材料选用放电参数。

## 实训资源

实训资源如表 13.1 所列。

表 13.1　实训资源

| 资源序号 | 资源名称 | 备　注 |
| --- | --- | --- |
| 1 | 数控高速电火花线切割机构 FW1 | 北京阿奇夏米尔工业电子有限公司 |
| 2 | 内六角扳手 | 安装压板用 |
| 3 | 钼丝($\phi$0.20) | |
| 4 | 等高垫铁 | |
| 5 | 百分表 | |
| 6 | 图纸(含评分标准) | |
| 7 | 游标卡尺 | |
| 8 | 千分尺 | |
| 9 | 材料(Cr12) | 100×60×20 |
| 10 | 机床参考书和系统使用手册 | |

**注意事项**

1. 数控机床属于精密设备，未经许可严禁进行尝试性操作。观察操作时必须戴护目镜且站在安全位置，并关闭防护挡板。

2. 工件必须装夹稳固。

3. 严格按照教师给定的加工参数加工。

4. 加工中禁止用手触摸工件及电极丝。

# 13.1　典型零件

## 13.1.1　图　纸

零件加工尺寸如图13.1所示。

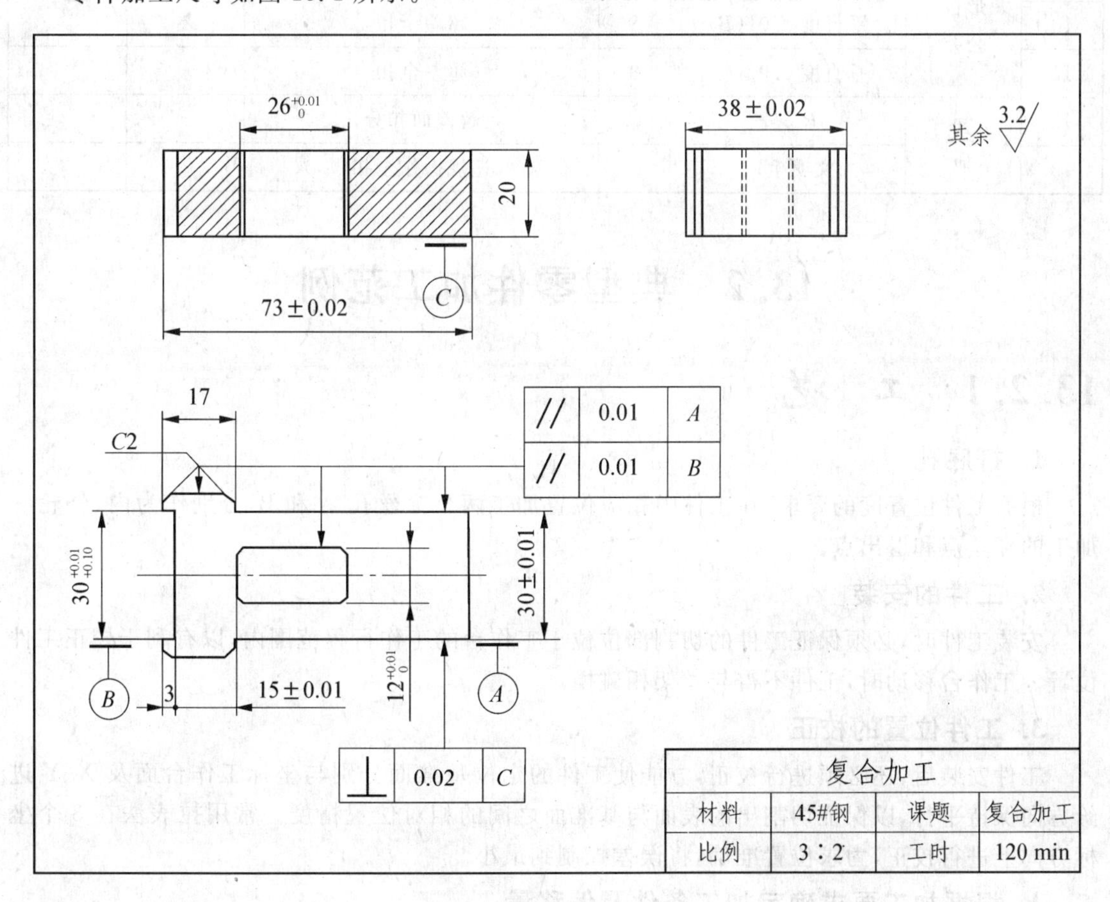


图13.1　零件加工图

## 13.1.2　评分标准

评分标准如表13.2所列。

表 13.2 评分标准

| 序号 | 项目及技术要求 | | 配分 | 评分标准 | 检测结果 | 实得分 |
|---|---|---|---|---|---|---|
| 1 | 尺寸公差 | $30^{+0.01}_{-0.10}$ | 6 | 超差全扣 | | |
| 2 | | $15\pm0.01$ | 6 | 超差全扣 | | |
| 3 | | $26^{+0.01}_{0}$ | 10 | 超差全扣 | | |
| 4 | | $15\pm0.01$ | 6 | 超差全扣 | | |
| 5 | | $12^{+0.01}_{0}$ | 10 | 超差全扣 | | |
| 6 | | $30\pm0.01$ | 6 | 超差全扣 | | |
| 7 | | $73\pm0.02$ | 6 | 超差全扣 | | |
| 8 | | $38\pm0.02$ | 6 | 超差全扣 | | |
| 9 | 形位公差 | 平行度 0.01(*A*) | 8 | 超差全扣 | | |
| 10 | | 平行度 0.01(*B*) | 8 | 超差全扣 | | |
| 11 | | 垂直度 0.02(*C*) | 8 | 超差全扣 | | |
| 12 | 其他 | $R_a3.2$ | 10 | 超差面扣分 | | |
| 13 | | 文明生产 | 10 | 违规操作全扣 | | |

# 13.2 典型零件加工范例

## 13.2.1 工 艺

### 1. 打底孔

根据工件位置度的要求，在工件中相应位置加工两个穿丝孔 A 和 B，分别作为内、外轮廓加工的穿丝点和退出点。

### 2. 工件的安装

安装工件时，必须保证工件的切割部位位于工作台的工作行程范围内，以有利于校正工件位置。工作台移动时，工件不得与丝架相碰撞。

### 3. 工件位置的校正

工件安装后，还必须进行校正，方能使工件的定位基准面分别与坐标工作台面及 *X*、*Y* 进给方向保持平行，以保证切割出的表面与基准面之间的相对位置精度。常用拉表法在 3 个坐标方向上进行校正，力求位置准确，将误差控制到最小。

### 4. 根据加工要求确定加工条件及偏移量

根据工件的材料、厚度、表面粗糙度查工艺参数表确定加工条件；根据钼丝半径、放电间隙确定偏移量，并确定补偿方向。放电间隙通常为 0.01 mm，偏移量为

$$偏移量=钼丝半径+放电间隙=0.1+0.01=0.11\ \text{mm}$$

### 5. 程序输入与运行

线切割机床的所有功能一般均安排在几种模式下实现，通过在各模式间切换，输入加工程序并装入内存。执行程序前，先将程序模拟运行一遍，以检验程序的运行状况，避免实际加工后造成不良后果；然后按 Enter 键即可执行所输入的程序，加工零件。

### 6. 零件检验

加工结束，卸下零件，用相应测量工具检测有关加工参数。

## 13.2.2 编　程

### 1. 电极丝初始坐标位置调整

#### (1) 合理选择加工路线

应将工件与其夹持部分分割的线段安排在切割总程序的末端，目的是减小工件材料内部残余应力对加工的影响。

#### (2) 电极丝初始坐标位置的确定

利用数控机床的自动找中心功能，确定第一穿丝孔 A 的中心位置作为内轮廓加工时电极丝的起始位置。内轮廓加工完后，工作台按程序指令自动移动到第二穿丝孔 B 的中心位置，穿丝后进行外轮廓的加工。

### 2. 参考程序

程序卡如表 13.3 所列。

表 13.3　程序卡

| 行　号 | 程　序 | 解　释 |
|---|---|---|
| | O1； | 程序名 |
| N1 | H000＝0　H001＝110； | 给变量赋值，H001 代表偏移量 |
| N2 | T84 T86； | 打开冷却液泵，启动走丝电机 |
| N3 | G54 G90 G92 X＋28. Y＋0； | 选工作坐标系、绝对坐标，设加工起点坐标 |
| N4 | C007； | 起始加工条件 |
| N5 | G01 X＋19. Y＋0.； | 进刀线 |
| N6 | G42 H000； | 设置偏移模态，右偏，表示要从零开始加偏移 |
| N7 | C102； | 更换为正式加工条件 |
| N8 | G42 H000； | 设置偏移模态，右偏，表示要从零开始加偏移 |
| N9 | G01 X＋18. Y＋0.； | 切入点 |
| N10 | G42 H001； | 程序执行到此表示偏移已加上，其后的运动都是以带偏移的方式来加工 |
| N11 | G01 X＋18 Y＋3； | 加工直线 |
| N12 | G02 X＋21. Y＋6. I＋3 J＋0； | 顺时针加工圆弧 |
| N13 | G01 X＋41. Y＋6.； | 加工直线 |

续表 13.3

| 行 号 | 程 序 | 解 释 |
|---|---|---|
| N14 | G02 X+44. Y+3. I+0 J−3； | 顺时针加工圆弧 |
| N15 | G01 X+44. Y0.； | 加工直线 |
| N16 | G01 X+44. Y−3.； | 加工直线 |
| N17 | G02 X+41. Y−6. I−3 J−0； | 顺时针加工圆弧 |
| N18 | G01 X+21. Y−6.； | 加工直线 |
| N19 | G02 X+18. Y−3. I−0 J+3.； | 顺时针加工圆弧 |
| N20 | G01 X+18. Y0； | 加工直线 |
| N21 | G40 H00 G01 X+19. Y+0.； | 在退刀线上取消偏移，退到进刀点 |
| N22 | M00； | 暂停 |
| N23 | C007； | 更换加工条件 |
| N24 | G01 X+28. Y+0.； | 退回第一穿丝点 A |
| N25 | T85 T87； | 关液泵，关丝筒 |
| N26 | M00； | 暂停 |
| N27 | M05 G00 X+83； | 忽略接触感知，移动 X 轴到第二穿丝点的位置 |
| N28 | M05 G00 Y−15； | 忽略接触感知，移动 Y 轴到第二穿丝点的位置 |
| N29 | M00； | 暂停(在第二穿丝点重新穿丝) |
| N30 | H000=0　H001=+110； | 给变量赋值，H001 代表偏移量 |
| N31 | T84 T86； | 打开冷却液泵，启动走丝机构 |
| N32 | G54 G90 G92 X+83. Y−15； | 选工作坐标系、绝对坐标，设加工起点坐标 |
| N33 | C007； | 起始加工条件 |
| N34 | G01 X+74. Y−15； | 进刀线 |
| N35 | G42 H000； | 设置偏移模态，右偏，表示要从零开始加偏移 |
| N36 | C102； | 更换为正式加工条件 |
| N37 | G42 H000； | 设置偏移模态，右偏，表示要从零开始加偏移 |
| N38 | G01 X+73. Y−15； | 切入点 |
| N39 | G42 H001； | 程序执行到此表示偏移已加上，其后的运动都是以带偏移的方式来加工 |
| N40 | X+73. Y+0.； | 加工直线 |
| N41 | G01 X+73. Y+15； | 加工直线 |
| N42 | X+17 Y+15； | 加工直线 |

续表 13.3

| 行 号 | 程 序 | 解 释 |
| --- | --- | --- |
| N43 | X+17 Y+17； | 加工直线 |
| N44 | X+15. Y+19； | 加工直线 |
| N45 | X+2. Y+19； | 加工直线 |
| N46 | X+0. Y+17； | 加工直线 |
| N47 | X+0 Y+15； | 加工直线 |
| N48 | X+3. Y+15； | 加工直线 |
| N49 | X+3. Y+0.； | 加工直线 |
| N50 | X+3. Y-15； | 加工直线 |
| N51 | X+0. Y-15； | 加工直线 |
| N52 | X+0. Y-17； | 加工直线 |
| N53 | X+2. Y-19； | 加工直线 |
| N54 | X+15. Y-19； | 加工直线 |
| N55 | X+17. Y-17； | 加工直线 |
| N56 | X+17. Y-15； | 加工直线 |
| N57 | X+73. Y-15； | 加工直线 |
| N58 | G40 H000 G01 X+74. Y-15； | 在退刀线上取消偏移，退到进刀点 |
| N59 | M00； | 暂停 |
| N60 | C007； | 更换加工条件 |
| N61 | G01 X+83. Y-15； | 退回第二穿丝点 B |
| N62 | T85 T87 M02 | 关液泵，关丝筒，程序结束 |

为了校验所编图形的程序是否正确，尺寸是否符合要求，通常需要试切一个样件。所切出的样件经检查后，若图形或尺寸不对，则首先应检查程序是否有错误；若程序无误，则适当调整加工条件或偏移量，再进行试切，直至切割出的样件形状和尺寸均符合要求，才能正式切割模具。

# 实训作业

1. 完成下列任务：

(1) 记录机床操作流程。

(2) 记录加工过程中的放电参数。

(3) 记录零件检验流程并就零件加工中的尺寸公差与表面粗糙度可能出现的问题进行分析。

2. 按图 13.2 所示的图形编制一个复合加工程序。要求：带偏移不带锥度，起切点、切割

方向坐标系、加工条件、偏移量自定。

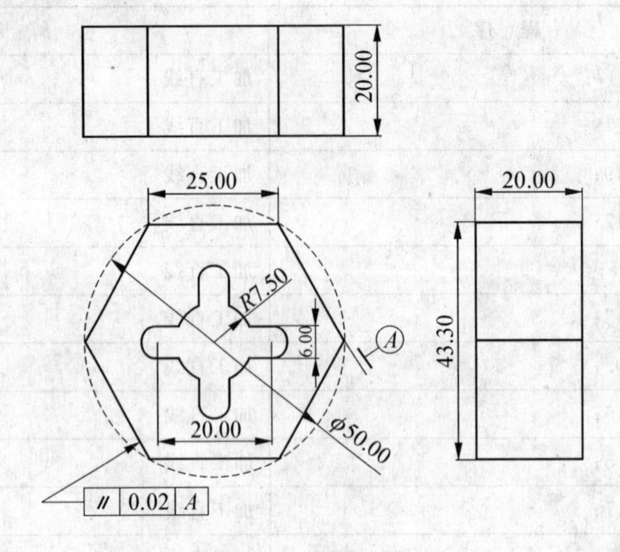


图 13.2　习题 2 用图

# 中级工实训操作试卷(三)

## 一、内轮廓加工练习

在 60×49×8 的材料上加工内六方形，加工尺寸及要求见图纸。

### 1. 图　纸

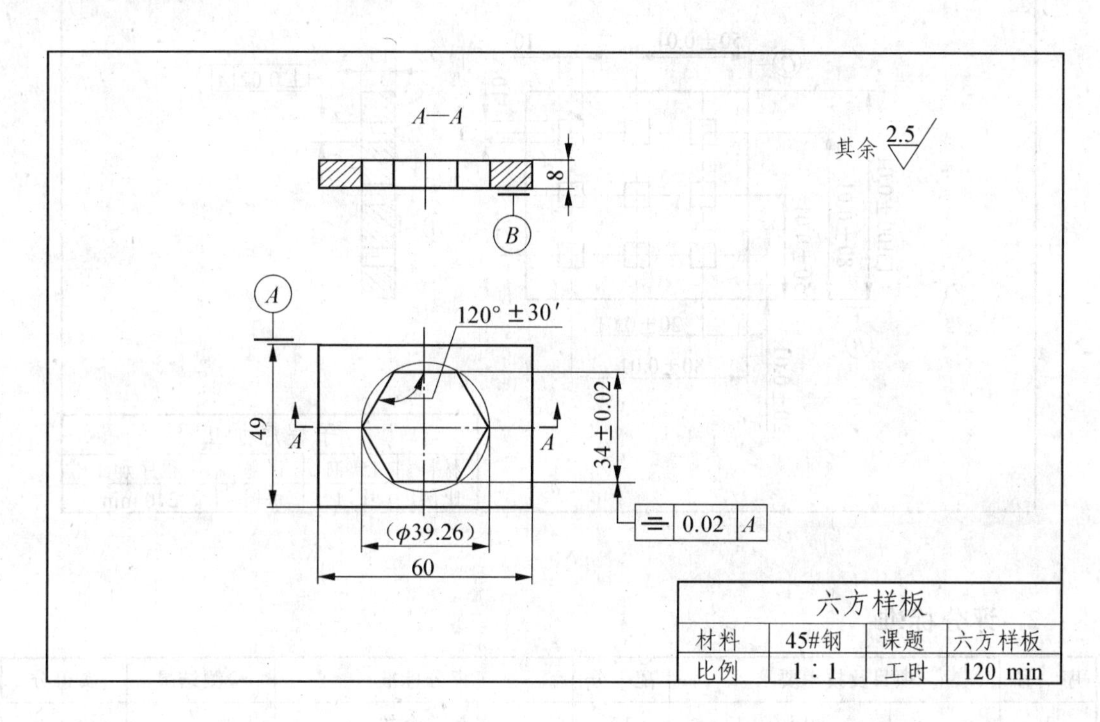


### 2. 评分标准

| 序　号 | 项目及技术要求 | | 配　分 | 评分标准 | 检测结果 | 实得分 |
|---|---|---|---|---|---|---|
| 1 | 尺寸公差 | 34±0.02 | 15 | 超差全扣 | | |
| 2 | | (φ39.26) | 15 | 超差全扣 | | |
| 3 | | 120°±30′ | 20 | 超差全扣 | | |
| 4 | | 对称度 0.02(A) | 15 | 超差全扣 | | |
| 5 | 其他 | 垂直度 0.02(B) | 10 | 超差合扣 | | |
| 6 | | 文明生产 | 25 | 违规操作全扣 | | |

## 二、利用子程序调用进行内轮廓加工

在已有毛坯 100×100×15 的钢板上利用子程序加工 9 个 10×10 的方孔，具体尺寸及要求见图纸。

### 1. 图 纸

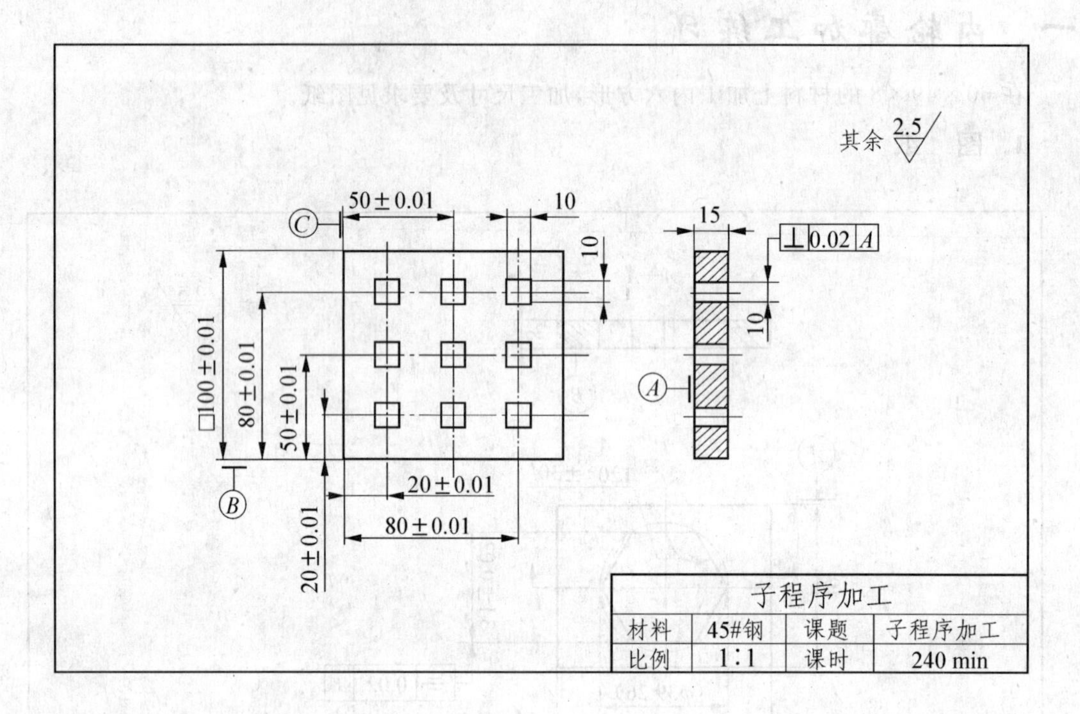


### 2. 评分标准

| 序 号 | 项目及技术要求 | | 配 分 | 评分标准 | 检测结果 | 实得分 |
|---|---|---|---|---|---|---|
| 1 | 尺寸公差 | 80±0.01 | 10 | 超差全扣 | | |
| 2 | | 50±0.01 | 12 | 超差全扣 | | |
| 3 | | 20±0.01 | 12 | 超差全扣 | | |
| 4 | | 100±0.01 | 12 | 超差全扣 | | |
| 5 | | 10±0.01 | 9×2 | 超差全扣 | | |
| 6 | 形位公差 | 垂直度 0.02(A) | 12 | 超差全扣 | | |
| 7 | 其他 | $R_a$2.5 | 12 | 超差全扣 | | |
| 8 | | 文明生产 | 12 | 违规操作全扣 | | |

## 三、外轮廓加工

在已有毛坯 100×100×10 的钢板上进行凸模加工，具体尺寸及要求见图纸。

**1. 图　纸**

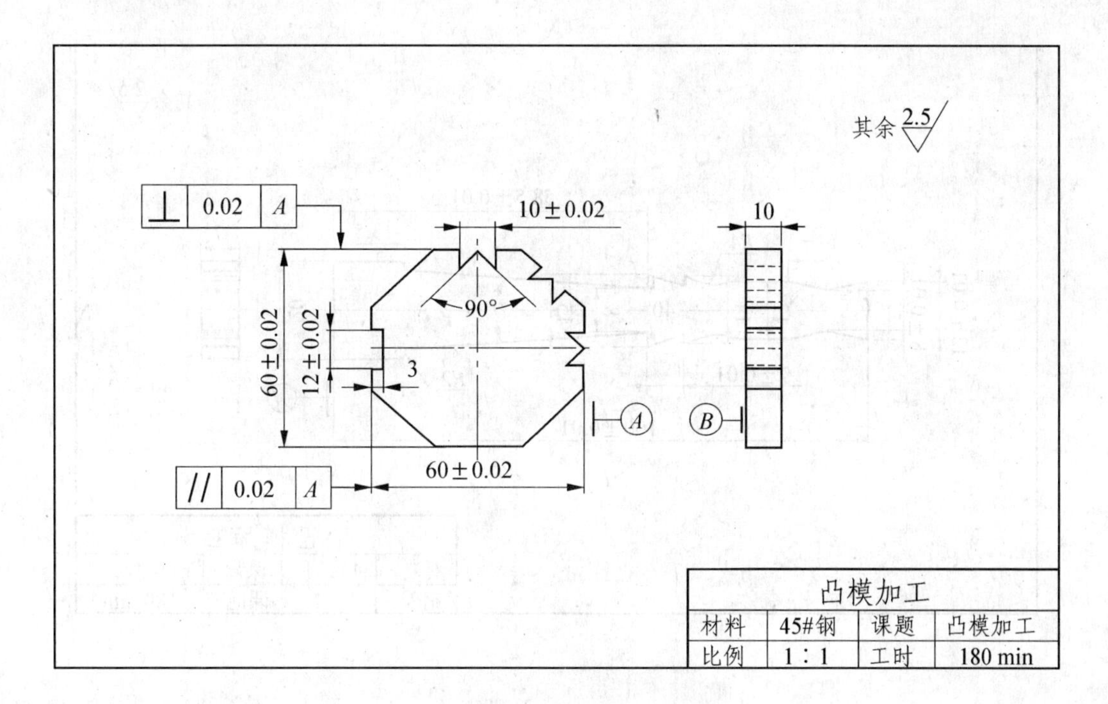


**2. 评分标准**

| 序　号 | 项目及技术要求 | | 配　分 | 评分标准 | 检测结果 | 实得分 |
|---|---|---|---|---|---|---|
| 1 | 尺寸公差 | 60±0.02 | 12.5 | 超差全扣 | | |
| 2 | | 12±0.02 | 12.5 | 超差全扣 | | |
| 3 | | 10±0.02 | 12.5 | 超差全扣 | | |
| 4 | 形位公差 | 垂直度 0.02(A) | 12.5 | 超差全扣 | | |
| 5 | | 平行度 0.02(A) | 12.5 | 超差全扣 | | |
| 6 | 其他 | 90° | 12.5 | 超差全扣 | | |
| 7 | | $R_a$ 2.5 | 12.5 | 超差全扣 | | |
| 8 | | 文明生产 | 12.5 | 违规操作全扣 | | |

# 四、外轮廓加工

在已有毛坯 120×50×7 的钢板上进行凸模加工，具体尺寸及要求见图纸。

**1. 图　纸**

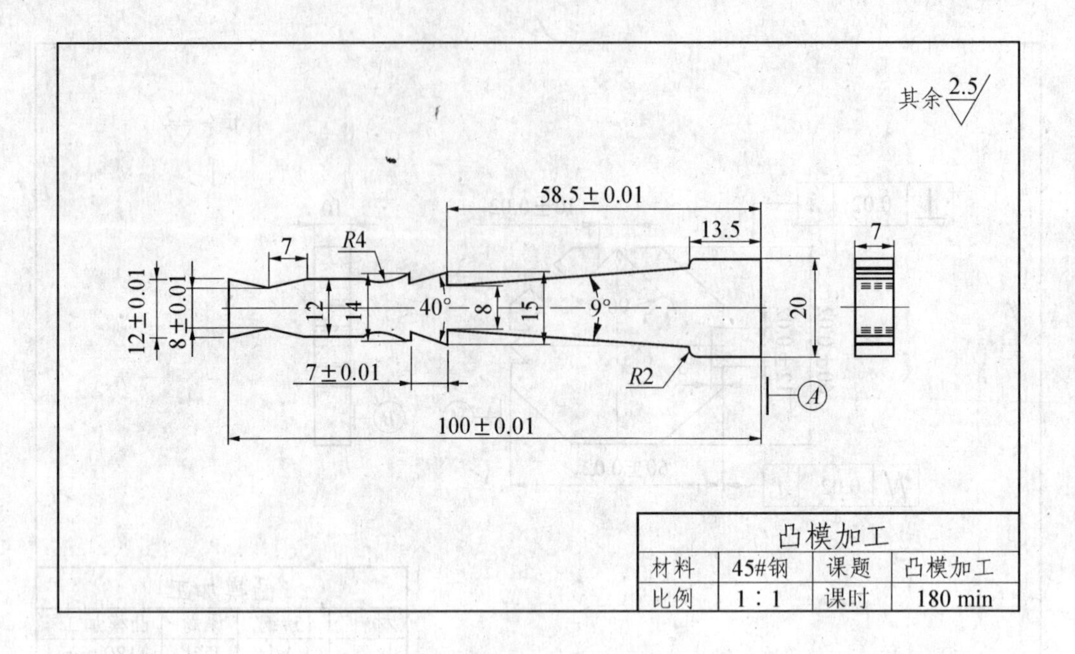


**2. 评分标准**

| 序　号 | 项目及技术要求 | | 配　分 | 评分标准 | 检测结果 | 实得分 |
|---|---|---|---|---|---|---|
| 1 | 尺寸公差 | 100±0.01 | 12 | 超差全扣 | | |
| 2 | | 58.5±0.01 | 12 | 超差全扣 | | |
| 3 | | 7±0.01 | 12 | 超差全扣 | | |
| 4 | | 12±0.01 | 12 | 超差全扣 | | |
| 5 | | 8±0.01 | 12 | 超差全扣 | | |
| 6 | | 9° | 5 | 超差全扣 | | |
| 7 | | 40° | 5 | 超差全扣 | | |
| 8 | | 20 | 5 | 超差全扣 | | |
| 9 | | 13.5 | 5 | 超差全扣 | | |
| 10 | 其他 | $R_a$2.5 | 10 | 超差全扣 | | |
| 11 | | 文明生产 | 10 | 违规操作全扣 | | |

# 五、复合轮廓加工

在120×80×10的毛坯上进行复合轮廓的加工，具体尺寸及要求见图纸。

## 1. 图　纸

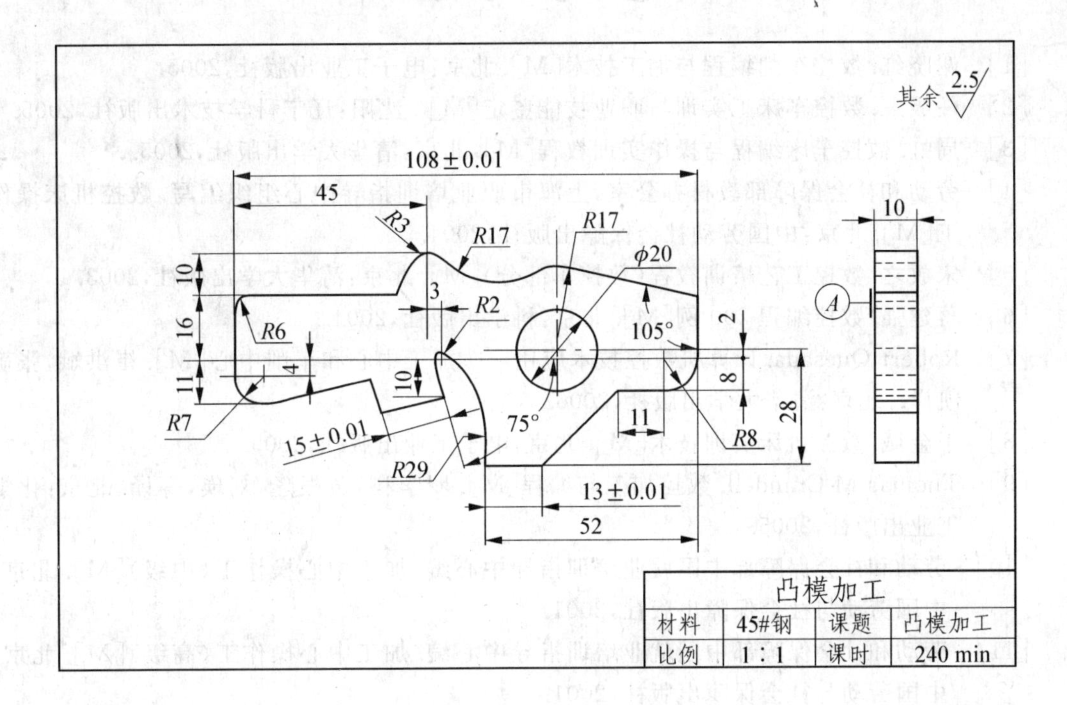


## 2. 评分标准

| 序　号 | 项目及技术要求 | | 配　分 | 评分标准 | 检测结果 | 实得分 |
|---|---|---|---|---|---|---|
| 1 | 尺寸公差 | 108±0.01 | 10 | 超差全扣 | | |
| 2 | | 15±0.01 | 10 | 超差全扣 | | |
| 3 | | 13±0.01 | 10 | 超差全扣 | | |
| 4 | | 105° | 10 | 超差全扣 | | |
| 5 | | 75° | 5 | 超差全扣 | | |
| 6 | | *R*17 | 5 | 超差全扣 | | |
| 7 | | *R*29 | 5 | 超差全扣 | | |
| 8 | | *R*3 | 5 | 超差全扣 | | |
| 9 | | 10 | 5 | 超差全扣 | | |
| 10 | | 45 | 5 | 超差全扣 | | |
| 11 | 其他 | $R_a2.5$ | 10 | 超差全扣 | | |
| 12 | | 文明生产 | 20 | 违规操作全扣 | | |

# 参考文献


[1] 谢晓红.数控车削编程与加工技术[M].北京:电子工业出版社,2005.

[2] 任级三.数控车床工实训与职业技能鉴定[M].沈阳:辽宁科学技术出版社,2005.

[3] 周虹.数控车床编程与操作实训教程[M].北京:清华大学出版社,2005.

[4] 劳动和社会保障部教材办公室,上海市职业培训指导中心组织编写.数控机床操作工[M].北京:中国劳动社会保障出版社,2004.

[5] 宋放之.数控工艺培训教程(数控车部分)[M].北京:清华大学出版社,2003.

[6] 蒋建强.数控编程 200 例[M].北京:科学出版社,2004.

[7] Robert Quesada.计算机数控技术应用——加工中心和车削中心[M].崔洪斌,张敬凯译.北京:清华大学出版社,2006.

[8] 王金城.数控机床实训技术[M].北京:电子工业出版社,2005.

[9] Thomas M Crandell.数控加工与编程[M].罗学科,黄根隆,刘瑛,等译.北京:化学工业出版社,2005.

[10] 劳动和社会保障部中国就业培训指导中心编.加工中心操作工(中级)[M].北京:中国劳动与社会保障出版社,2001.

[11] 劳动和社会保障部中国就业培训指导中心编.加工中心操作工(高级)[M].北京:中国劳动与社会保障出版社,2001.

[12] 刘晋春,赵家齐主编.特种加工[M].北京:机械工业出版社出版,2004.